职业教育模具设计与制造专业系列教材

CATIA 产品建模及 3D 打印制造

邹泽昌　梅明亮　主　编

陈　阳　张榕宾　副主编

U0217850

电子工业出版社

Publishing House of Electronics Industry

北京·BEIJING

内 容 简 介

本书基于 CATIA 软件建模，通过相关处理软件对三维模型进行参数设置和 3D 打印，并对模型进行优化修补以得到最终模型。第 1 章为 3D 打印概述，主要介绍 3D 打印的基础知识；第 2 章为 CATIA 软件基础，主要介绍 CATIA 软件的基础知识；第 3 章为日用产品造型及 3D 打印，主要介绍日用产品的建模及 3D 打印过程；第 4 章为电器产品造型及 3D 打印，主要介绍电器产品的建模及 3D 打印过程；第 5 章为机械产品造型及 3D 打印，主要介绍机械产品的建模及 3D 打印过程；第 6 章为曲面产品造型及 3D 打印，主要介绍曲面产品的建模及 3D 打印过程；第 7 章为钣金产品设计及 3D 打印，主要介绍钣金产品的建模及 3D 打印过程；第 8 章为鼓风机产品设计及 3D 打印，主要介绍鼓风机中各个零件的建模及 3D 打印过程。

本书既适合关注 3D 打印的相关人员阅读，又适合从事工艺设计和机械设计的相关人员阅读，还可用作职业培训、职业教育的教材。

图书在版编目（CIP）数据

CATIA 产品建模及 3D 打印制造 / 邹泽昌，梅明亮主编.
北京 ：电子工业出版社，2024. 9. -- ISBN 978-7-121
-48313-4

Ⅰ. TH122；TB4

中国国家版本馆 CIP 数据核字第 2024WT9540 号

责任编辑：康　静
印　　刷：天津嘉恒印务有限公司
装　　订：天津嘉恒印务有限公司
出版发行：电子工业出版社
　　　　　北京市海淀区万寿路 173 信箱　　　　邮编：100036
开　　本：787×1092　　　1/16　　　印张：22.5　　　字数：590 千字
版　　次：2024 年 9 月第 1 版
印　　次：2024 年 9 月第 1 次印刷
定　　价：59.90 元

凡所购买电子工业出版社图书有缺损问题，请向购买书店调换。若书店售缺，请与本社发行部联系，联系及邮购电话：（010）88254888，88258888。

质量投诉请发邮件至 zlts@phei.com.cn，盗版侵权举报请发邮件至 dbqq@phei.com.cn。

本书咨询联系方式：（010）88254609，hzh@phei.com.cn。

前　言

3D 打印技术出现在 20 世纪 90 年代中期，3D 打印机实际上是利用光固化和纸层叠等技术的最新快速成型装置。与普通打印机的工作原理基本相同，3D 打印机使用液体或粉末等"打印材料"，在与计算机连接后，通过计算机把"打印材料"一层层叠加起来，最终把计算机中的蓝图变成实物。

有关 3D 打印的新闻近来在媒体上经常出现，比如 3D 打印汽车、3D 打印房屋、3D 打印器官的新闻不停地刷新大众对 3D 打印的认识。有人把 3D 打印称作一场新的"革命"，这种提法并不过分，世界各国都在投入巨资发展 3D 打印技术，3D 打印将对我们的生活方式产生重要的影响。

在全球范围内，3D 打印技术已经广泛应用于各个领域，包括航空、医疗、教育、建筑等。同时，国际上对 3D 打印技术的投资也在不断增加，据统计，2019 年全球 3D 打印市场规模已经超过 100 亿美元，预计到 2025 年，将达到 250 亿美元。

近年来，中国政府对 3D 打印技术给予了大力支持，以推动其产业快速发展。2021 年，中国 3D 打印市场规模已经达到千亿元级别。同时，中国在 3D 打印技术的研究方面也取得了重要进展，科研机构和高校对 3D 打印技术的发展投入了大量精力，为 3D 打印技术提供了强大的理论支持。此外，中国在 3D 打印材料的研发和生产方面具备较高的水平，比如钛合金粉末、高分子材料等。

CATIA（Computer Aided Tri-Dimensional Interface Application）是由法国达索公司开发的一套集 CAD/CAE/CAM 于一体的工程应用软件。CATIA V4 只能在 UNIX 平台上运行，经过软件升级和功能改善后，现在的 CATIA V5 已经可以较好地在 Windows 平台上运行。CATIA V5 作为目前广泛使用的 CATIA 版本，具有功能强大、使用方便、界面人性化的特点。CATIA 起源于航空工业，被航空航天、汽车设计制造、船舶、电子电器及消费品等行业广泛用来进行复杂的模型设计。

CATIA V5 可以对产品开发过程的各个方面进行仿真，并能够实现工程人员和非工程人员之间的通信。产品的整个开发过程包括概念设计、详细设计、工程分析、产品定义和制造，以及产品在整个生命周期中的使用和维护。本书主要描述利用 CATIA 软件各种强大的 3D 造型功能，将设计的 3D 零件利用 3D 打印机快速打印出所需零件的原理过程。第 1 章为 3D 打印概述，主要介绍 3D 打印的基础知识；第 2 章为 CATIA 软件基础，主要介绍 CATIA 软件的基础知识；第 3 章为日用产品造型及 3D 打印，主要介绍日用产品的建模及 3D 打印过程；第 4 章为电器产品造型及 3D 打印，主要介绍电器产品的建模及 3D 打印过程；第 5 章为机械产品造型及 3D 打印，主要介绍机械产品的建模及 3D 打印过程；第 6 章为曲面产品造型及 3D 打印，主要介绍曲面产品的建模及 3D 打印过程；第 7 章为钣金产品设计及 3D 打印，主要介绍钣金产品的建模及 3D 打印过程；第 8 章为鼓风机产品设计及 3D 打印，主要介绍鼓风机中各个零件的建模及 3D 打印过程。

本书由福建船政交通职业学院、福建信息职业技术学院、福州职业技术学院、福州第一技师学院、福州经济技术开发区职业中专学校的机械制造及自动化、数字化设计与制造技术、3D 打印技术应用等专业教师合作完成。邹泽昌、张榕宾作为本书主编人员与福建信息职业技术学院梅明亮、福州职业技术学院林峰、福州经济技术开发区职业中专学校陈阳等共同研讨了教材结构设计、典型产品选取、呈现形式等。

邹泽昌编写了第 1 章；梅明亮、程艳编写了第 2 章；胡星晔、陈阳编写了第 3 章；林峰、蓝敏俐编写了第 4 章；张榕宾、程艳编写了第 5 章；邹泽昌、胡星晔编写了第 6 章；张榕宾、林峰编写了第 7 章；邹泽昌、钱剑艺、林潇丽、王敏编写了第 8 章。福建船政交通职业学院邹泽昌、福州第一技师学院张榕宾完成最后统稿。

特别感谢未来三维教育科技（厦门）有限公司钱剑艺、福建万象三维科技有限公司张细明在本书编写过程中给予的大力支持与帮助。另外，本书还参考了康鹏工作室、陈丽华等编写的相关教材内容。在此，对给予支持的相关作者及电子工业出版社的相关工作人员表示感谢！

由于时间紧迫，加上编者水平有限，书中不足之处在所难免，恳请广大读者批评指正。

编者

2024.6

目 录

第 1 章

3D 打印概述

—————— 本章导读 ——————

3D 打印是一种以数字模型文件为基础，运用粉末状金属或塑料等可黏合材料，通过逐层打印的方式来构造物体的技术。过去，这项技术常在模具制造、工业设计等领域被用于制造模型，现在正逐渐用于一些产品的直接制造，这意味着这项技术正在普及。

3D 打印机能打印出汽车、步枪甚至房子，看起来很不可思议，那么，3D 打印技术的原理是什么呢？本章将对其进行简要探讨。

1.1 3D 打印技术简介

1.1.1 3D 打印技术的发展历史

3D 打印技术的核心制造思想最早起源于 19 世纪末的美国，在 20 世纪 80 年代已有雏形，当时的学术界将其称为快速成型技术。

1984 年，Charles Hull 发明了将数字资源打印成三维立体模型的技术，并于 1986 年发明了立体光刻工艺，且获得了专利。1988 年，3D Systems 公司生产出了第一台 3D 打印机 SLA-250，标志着 3D 打印技术开始逐渐发展成熟并商业化。

1.1.2 3D 打印技术的应用领域

利用 3D 打印技术，工程师可以验证开发中的新产品，将 CAD 数字模型用 3D 打印机生成实体模型，方便地对设计进行验证，及时发现问题。与传统的方法相比，这种方法可以节约大量的时间和成本。

3D 打印技术也可以用于小批量产品的生产，甚至可以省去模具的成本，比如电影中用到的各种定制道具。如图 1-1 所示，左边的是某工艺品的原型，右边的是用 3D 打印机打印出来的产品，从造型上看，两者基本上没有差别。如图 1-2 所示，电影《机械公敌》中的奥迪 RSQ 汽车就是用 3D 打印机打印的。

图 1-1　3D 打印产品与原型对比　　　　图 1-2　3D 打印机打印的奥迪 RSQ 汽车

1.1.3　3D 打印技术的发展趋势

随着近年来科技的高速发展，3D 打印技术逐渐深入我们的工作和生活。作为一项革命性的技术，3D 打印技术能够以更加快捷、精确、经济的方式制造出各种各样的产品，不仅给人们的消费带来了方便，还让很多行业出现了新的发展机遇和成果。

目前来看，3D 打印技术的发展趋势如下。

1．设备高速化

随着科技的不断革新，3D 打印机的打印速度也在不断提高。现在已经有了一些高速打印机，它们的打印速度比传统 3D 打印机快得多。虽然速度的提高会影响打印的精度，但是随着技术的不断发展，相信这个问题也可以得到解决。

2．原料多样化

目前，3D 打印技术所涉及的原料主要是树脂和塑料，但是未来的发展趋势将是原料种类的多样化。越来越多的原材料将被研究，并被投入使用。这将极大地拓展 3D 打印技术的应用范围，推动各行业的快速发展。

3．软件技术不断升级

软件是 3D 打印机运转的重要组成部分，也是其最重要的驱动力之一，软件的质量越高，打印出的产品就越精确。为了适应不断进步的打印技术，软件技术也在不断升级。软件开发将成为所有 3D 打印技术中的重要一环。

1.1.4　3D 打印技术的发展前景

未来，3D 打印技术有望在很多领域得到广泛应用，以下是其中几种常见的应用场景。

1．医疗领域

3D 打印技术最具潜力的作用将体现在医疗健康领域。人们已经看到从颅骨和面部植入假体材料到低成本的假体，再到可更换的气管等在内的诸多 3D 打印产品。未来，在此领域还将出现更多的新创意。虽然打印完全功能的器官还需要一段时间，但是为个别患者定制打印某种器官的功能将会出现。医生们有了强大的 3D 打印机，可以打印出更加精确的人体模型，并在手术前进行预测和规划，加快手术的速度，提高手术的成功率。与此同时，人们的生活也会因此而更加美好。

2．工业制造领域

3D 打印技术可以为工厂的生产线带来更高效的生产方法，使其通过 3D 打印机直接制造出零件，简化和缩短生产流程，节省时间，从而提高生产效率。

3．艺术设计领域

借助 3D 打印技术，艺术家可以随心所欲地打印自己的艺术设计构想，实现"所想即所得"。同时，3D 打印技术可以为艺术家带来天马行空般自由的艺术灵感，快速制造出各种各样的艺术品，拓宽艺术设计的思路。

4．航空航天领域

在航空航天领域，过去一些制造难度高的零部件，现在可以借助 3D 打印技术被比较轻松地制造出来。3D 打印技术提高了传统车间的制造效率，并解决了一些长期制约航空航天技术发展的难题。比如，飞机发动机的涡轮叶片，过去使用传统制造加工技术很难完成，而使用 3D 打印技术可以很轻松地解决这个问题。使用 3D 打印轻量化技术，可以生产轻量化的无人机旋臂，既保证了旋臂的力学强度，又减轻了无人机的机体质量。

5．教育和培训领域

3D 打印技术已经开始改变教育和培训领域。未来，学生将能够通过 3D 打印技术更深入地理解工程和设计原理。这将激发下一代创新者的创造力，并为他们提供解决复杂问题的工具。同时，专业培训也将受益于 3D 打印技术，工程师和设计师可以使用 3D 打印机来快速制作原型和测试新产品。

1.2　3D 打印材料

下面介绍常用的几种 3D 打印材料。

1．工程塑料

工程塑料指被用作工业零件或外壳材料的塑料，是在强度、耐冲击性、耐热性、硬度及抗老化性方面均表现良好的塑料。工程塑料是当前应用最广泛的一类 3D 打印材料，常见的有 Acrylonitrile Butadiene Styrene（ABS）类材料、PolyCarbonate（PC）类材料、尼龙类材料等。ABS 类材料是 Fused Deposition Modeling（FDM）技术常用的热塑性工程塑料，具有强度高、韧性好、耐冲击等优点，正常变形温度超过 90℃，可进行机械加工（钻孔、攻螺纹）、喷漆及电镀。

2．光敏树脂

光敏树脂即 Ultraviolet Rays（UV）树脂，由聚合物单体与预聚体组成，其中含有光（紫外线）引发剂（或称为光敏剂）。在一定波长的紫外线（250～300nm）照射下能立刻引起聚合反应，完成固化。光敏树脂一般为液态，可用于制作高强度、耐高温、防水材料。目前，研究光敏材料 3D 打印技术的主要有美国 3D Systems 公司和以色列 Objet 公司。常见的光敏树脂有 Somos NEXT 材料、树脂 Somos11122 材料、Somos19120 材料和环氧树脂。

3. 橡胶类材料

橡胶类材料具备多种级别弹性材料的特征，这些材料所具备的硬度、断裂伸长率、抗撕裂强度和拉伸强度，使其非常适用于要求表面防滑或柔软的应用领域。3D 打印的橡胶类产品主要有消费类电子产品、医疗设备，以及汽车内饰、轮胎、垫片等。

4. 金属材料

近年来，3D 打印技术逐渐应用于实际产品的制造中，其中，金属材料的 3D 打印技术发展尤其迅速。在国防领域，欧美发达国家非常重视 3D 打印技术的发展，不惜投入巨资进行研究，而 3D 打印的金属零部件一直是研究和应用的重点。3D 打印所使用的金属粉末材料一般要求纯净度高、球形度好、粒径分布窄、氧含量低。目前，3D 打印所使用的金属粉末材料主要有钛合金、钴铬合金、不锈钢和铝合金等，此外还有用于打印首饰的金、银等贵金属粉末材料。

1.3 3D 打印步骤

3D 打印主要包括：三维模型数据获取、打印及后处理等步骤。

1. 三维模型数据获取

三维模型数据的获取方式简单来讲有 3 种。

（1）通过三维软件建模获取。先通过计算机进行软件建模，再将创建的三维模型"分区"成逐层的截面，即切片，从而指导 3D 打印机逐层打印。设计软件和打印机之间协作的标准文件格式是 STL 文件格式。一个 STL 文件使用三角片来近似模拟物体的表面。三角片越小，其生成的表面分辨率越高。

（2）通过扫描仪扫描实物获取其模型数据。

（3）通过拍照的方式拍摄实物的多角度照片，并通过计算机相关软件将照片数据转换为模型数据。

2. 打印

3D 打印机通过读取文件中的横截面信息，用液体状、粉状或片状的材料将这些截面逐层地打印出来，再将各截面以各种方式黏合起来，从而制造出一个实体。这种 3D 打印技术的特点在于其几乎可以制造出任何形状的物品。3D 打印机打印出的截面的厚度（即 z 轴方向）及平面方向（即 xy 平面方向）的分辨率是以 dpi（像素每英寸）或 μm 来计算的，一般的截面厚度为 100μm，即 0.1mm，也有部分 3D 打印机（如 Objet Connex 系列和三维 Systems' ProJet 系列）可以打印出厚度仅为 16μm 的截面；而平面方向则可以实现与激光打印机相近的打印分辨率。用传统方法制造出一个模型通常需要数十个小时到数天，由模型的尺寸及复杂程度而定；而用 3D 打印技术则可以将时间缩短为数个小时。

3. 后处理

3D 打印机的分辨率对大多数情况来说已经足够（在弯曲的表面可能会比较粗糙，像图像上的锯齿一样），要获得更高分辨率的物体，可以通过如下方法实现：先用当前的 3D 打印机打印出稍大一点的物体，再进行表面打磨以得到表面光滑的"高分辨率"物体。有些 3D 打印机在打印的过程中还会用到支撑物，比如在打印出一些有倒挂状的物体时，就需要用到一些易于去除的东西（如可溶的东西）作为支撑物，之后将其去除即可。

1.4　3D 打印技术

3D 打印技术从产生以来，出现了十几种不同的方法。本书仅介绍目前工业领域较为常用的方法。目前，占主导地位的 3D 打印技术共有以下 4 类。

1.4.1　FDM 技术

FDM（Fused Deposition Modeling，熔融沉积成型）技术是指将丝状的热熔性材料加热熔化，由三维喷头在计算机的控制下，根据截面轮廓信息，将材料选择性地涂敷在工作台上，快速冷却后形成一层截面，在一层截面成型完成后，工作台下降一个高度（即分层厚度）再成型下一层截面，直至形成整个实体造型。FDM 打印原理如图 1-3 所示。

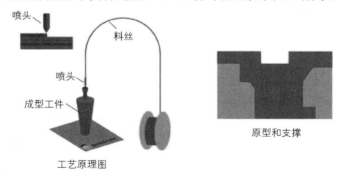

喷头

料丝

喷头

成型工件

工艺原理图

原型和支撑

图 1-3　FDM 打印原理

FDM 技术的优点如下。

（1）操作环境干净、安全，材料无毒，可以在办公室、家庭环境下进行，没有产生毒气和化学污染的危险。

（2）无须激光器等贵重元器件，因此价格便宜。

（3）原材料为卷轴丝形式，节省空间，易于搬运和替换。

（4）材料利用率高，可备选材料很多，价格也相对便宜。

FDM 技术的缺点如下。

（1）成型后表面粗糙，需要进行后续抛光处理。最高精度只能为 0.1mm。

（2）速度较慢，因为喷头要做机械运动。

（3）需要材料作为支撑结构。

1.4.2 SLS 技术

SLS（Selective Laser Sintering，选择性激光烧结）技术是指将一层粉末材料平铺在已成型零件的上表面，并加热至恰好低于该粉末烧结点的某一温度，由系统控制激光束按照该层的截面轮廓在粉层上扫描，使粉末的温度升到熔化点，进行烧结并与下面已成型的部分实现黏结，在一层截面完成后，工作台下降一定高度（即分层厚度），由铺料辊在上面铺上一层均匀、密实的粉末，进行新一层截面的烧结，直至完成整个模型。SLS 打印原理如图 1-4 所示。

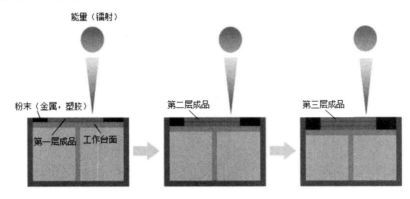

图 1-4　SLS 打印原理

SLS 技术的优点如下。

（1）可用多种材料。其可用材料包括高分子、金属、陶瓷、石膏、尼龙等多种粉末材料。

（2）制造工艺简单。由于可用材料比较多，因此该工艺按材料的不同可以直接生成复杂形状的原型、型腔模三维构件或部件及工具。

（3）高精度。一般能够达到工件整体范围（0.05～2.5mm）内的公差。

（4）无须支撑结构。叠层过程中出现的悬空层可直接由未烧结的粉末来支撑。

（5）材料利用率高。由于无须支撑结构，不用添加底座，因此 SLS 技术为常见的几种 3D 打印技术中材料利用率最高的，且价格相对便宜。

SLS 技术的缺点如下。

（1）表面粗糙。由于原材料是粉末状的，而原型构建是由材料粉末层经过加热熔化实现逐层黏结的，原型表面严格来讲是粉粒状的，因此表面质量不高。

（2）烧结过程中有异味。在 SLS 工艺中，粉末层需要使用激光加热来达到熔化状态，因此高分子材料或粉粒在激光烧结时会挥发有异味的气体。

（3）无法直接成型高性能的金属和陶瓷零件，在成型大尺寸零件时容易发生翘曲变形。

（4）加工时间长。在加工前，需要有 2 小时的预热时间；在零件构建后，要花费 5～10小时的时间冷却才能将模型从粉末缸中取出。

（5）由于使用了大功率激光器，因此除了本身的设备成本，还需要很多辅助保护工艺，这使得整体技术应用难度大，制造和维护成本非常高，普通用户无法承受。

1.4.3　SLA 技术

SLA（Stereo Lithography Apparatus，立体光固化成型）技术是目前应用非常广泛的一种快速成型制造工艺。在液槽中充满液态光敏树脂，其在紫外激光器所发射的紫外激光束照射下，会快速固化（SLA 与 SLS 技术所用的激光不同，SLA 技术用的是紫外激光，而 SLS 技术用的是红外激光）。在成型开始时，可使工作台处于液面以下，刚好为一层截面厚度的高度。通过透镜聚焦后的激光束，按照机器指令将截面轮廓沿液面进行扫描。扫描区域的树脂快速固化，从而完成一层截面的加工过程，得到一层塑料薄片。之后，工作台下降一层截面厚度的高度，再固化另一层截面，这样层层叠加构成三维实体。SLA 打印原理如图 1-5 所示。

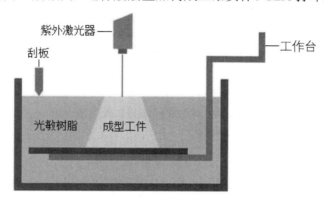

图 1-5　SLA 打印原理

SLA 技术的优点如下。

（1）发展时间长，工艺成熟，应用广泛。在全世界安装的快速成型机器中，立体光固化成型机约占 60%。

（2）成型速度较快，系统工作稳定。

（3）具有高度柔性。

（4）精度很高，可以做到微米级别，如 25μm。

（5）表面质量好，比较光滑，适合制作精细零件。

SLA 技术的缺点如下。

（1）需要支撑结构，而且支撑结构需要在未完全固化时去除，容易破坏成型工件。

（2）设备造价高，而且使用和维护成本都较高。SLA 系统需要基于对液体进行操作的精密设备，对工作环境要求苛刻。

（3）光敏树脂有轻微毒性，对环境有污染，对部分人体皮肤会造成过敏反应。

（4）树脂材料价格高，而且成型后的强度、刚度、耐热性都有限，不利于长时间保存。

（5）由于材料是树脂，温度过高会熔化，因此工作温度不能超过 100℃，而且固化后较脆，易断裂，可加工性不好。成型工件易吸湿膨胀，抗腐蚀能力不强。

1.4.4　LOM 技术

LOM（Laminated Object Manufacturing，分层实体制造）技术的基本原理如图 1-6 所示。先将单面涂有热熔胶的纸张通过加热辊加热黏合在一起，再由位于上方的激光器按照 CAD

分层模型所获得的数据，用激光束将纸张切割成所制零件的内外轮廓，然后将新的一层纸张叠加在上面，通过热压装置和下面的已切割层黏合在一起，用激光束再次切割，这样反复逐层切割、黏合、切割，直到整个零件模型制造完成。此方法只需切割轮廓，特别适合制造实心零件。一旦零件制造完成，多余的材料就需要手动去除，此过程可以通过激光在三维零件周围切割一些方格形小孔而简单化。

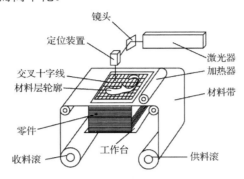

图 1-6　LOM 技术的基本原理

LOM 技术的优点如下。

（1）无须设计和构建支撑结构。

（2）激光束只需要沿着物体的轮廓扫描，无须填充式扫描，成型效率高。

（3）成型工件的内应力和翘曲变形小；制造成本低。

LOM 技术的缺点如下。

（1）材料利用率低。

（2）表面质量差。

（3）后处理难度大，尤其是中空零件的内部残余废料不易去除。

（4）可以选择的材料种类有限，目前常用的主要是纸张。

（5）对环境会造成一定的污染。

LOM 技术适合用于制作大中型原型件，以及翘曲变形小和形状简单的实体类零件，通常用于产品设计的概念建模和零件的功能测试，而且由于制成的零件具有木质属性，因此特别适合用于直接制作砂型铸造模。

1.5　3D 打印机的分类

1. 按市场定位分

目前，国内还没有一个明确的 3D 打印机分类标准，但是我们可以按设备的市场定位将其简单分为三类：个人级 3D 打印机、专业级 3D 打印机和工业级 3D 打印机。

1）个人级 3D 打印机

国内各大电商网站上销售的个人级 3D 打印机如图 1-7 所示。大部分国产的 3D 打印机都是基于国外开源技术延伸的，由于采用开源技术，技术成本得到了很大程度上的压缩，因此售价为 3000 元～1 万元，十分有吸引力。国外进口的品牌个人级 3D 打印机售价一般为 2 万元～4 万元。

这类设备都采用 FDM 技术，打印材料都以 ABS 塑料或 PLA 塑料为主，主要用于满足个人用户生活中的使用要求，因此各项技术指标都不突出，优点在于体积小、性价比高。

2）专业级 3D 打印机

专业级 3D 打印机如图 1-8 所示，可供选择的成型技术和耗材（塑料、尼龙、光敏树脂、高分子、金属粉末等）比个人级 3D 打印机要丰富得多。其设备结构和技术原理相对更先进，自动化程度更高，应用软件的功能及设备的稳定性也是个人级 3D 打印机望尘莫及的。这类设备的售价一般为十几万元到上百万元。

图 1-7　个人级 3D 打印机　　　　　　图 1-8　专业级 3D 打印机

3）工业级 3D 打印机

工业级 3D 打印机如图 1-9 所示。工业级的设备除了满足材料的特殊性要求、大尺寸物体的制造要求等，更关键的是制造的物体需要符合一系列特殊应用标准。

比如飞机制造中用到的钛铝合金材料，就对物体的刚性、韧性、强度等参数有一系列要求，而且由于很多设备是根据需求定制的，因此售价很难估量。

图 1-9　工业级 3D 打印机

2. 按原材料分

3D 打印机与传统打印机最大的区别在于它使用的"墨水"是实实在在的原材料，堆叠薄层的形式多种多样，可用于打印的介质种类也多种多样，从繁多的塑料到金属、陶瓷及橡胶类物质。按使用的原材料，可以将 3D 打印机分为喷墨 3D 打印机、粉剂 3D 打印机和生物 3D 打印机。

1）喷墨 3D 打印机

部分 3D 打印机使用喷墨打印机的原理进行打印。Objet 公司是以色列的一家 3D 打印机生产企业，其生产的打印机利用喷墨头在一个托盘上喷出超薄的液体塑料层，并经过紫外线照射而凝固，之后托盘略微降低，在原有薄层的基础上添加新的薄层。另一种方式是熔融沉淀型。Stratasys 公司应用的就是这种方法，具体过程是在一个打印机头里先将塑料熔化，然后喷出丝状材料，从而构成一层层薄层。

2）粉剂 3D 打印机

粉剂 3D 打印机使用粉剂作为打印材料，这些粉剂在托盘上被分布成一层薄层，并与喷出的液体黏结而凝固。在一个被称为激光烧结的处理程序中，通过激光的作用，这些粉剂可以熔融成用户想要的样式。德国的 EOS 公司把这一技术应用于他们的添加剂制造机中。瑞典的 Arcam 公司通过真空中的电子束将打印机中的粉末熔融在一起，用于 3D 打印。

为了制造一些内部空间和结构复杂的构件，可以用凝胶及其他材料作为支撑，或者将空间预留出来，用没有熔融的粉末填满（填充材料随后可以被冲洗或吹掉）。

3）生物 3D 打印机

一些研究人员开始使用 3D 打印机来打印简单的生命体组织，如皮肤、肌肉及血管等。较大的人体组织（如肾脏、肝脏甚至心脏）在将来的某一天可能也可以被打印，如果生物 3D 打印机能够使用病人自己的干细胞进行打印，那么在进行器官移植后，其身体就不可能对打印出来的器官产生排斥。

1.6 常用 3D 打印软件

目前 3D 打印软件很多，有些公司的 3D 打印机配有自行研发的软件，也有可以通用的 3D 打印软件，下面介绍几款常用软件。

1. Cura 软件

Cura 是 Ultimaker 公司设计的 3D 打印软件，它使用 Python 开发，集成 C++开发的 CuraEngine 作为切片引擎。由于其具有切片速度快、切片稳定、对 3D 模型结构包容性强、设置参数少等诸多优点，拥有越来越多的用户。

Cura 软件的主要功能包括载入 3D 模型进行切片，载入图片生成浮雕并切片，连接打印机打印模型。

Cura 软件的优点在于兼容性非常高，可以兼容多款打印机。

软件界面提供了支撑和可解决翘边的平台附着类型，能够尽可能地帮助用户成功打印。另外，根据不同的参数设置，软件计算的打印完成时间也不同。

2. Magics 软件

Magics 是一个强大的 STL 文件自动化处理工具，可以对 STL 文件进行浏览、测量和修补，还可以对 STL 文件进行分割、冲孔、布尔运算，以及生成中心腔体和检测表面缺陷、零件冲突等操作。所以，Magics 是一个能很好地满足 3D 打印技术要求和特点的软件，此软件可以提供在一个表面上同时生成几种不同支撑类型及不同支撑结构的组合支撑类型，并且可以快速地对含有各种错误的 STL 文件进行修复，使文件格式转换过程中产生的损坏三角片得以修复。

Magics 软件具有以下优势功能。

（1）三维模型的可视化。在 Magics 软件中，可以方便、清楚地查看 STL 零件中的任何细节，并且可以进行测量、标注等。

（2）自动检查和修复 STL 文件错误。

（3）能够接收 PROE、UG、CATIA、STL、DXF、VDA*、IGES*、STEP 等格式的文件，以及 ASC 点云文件、SLC 层文件等，并转换为 STL 文件，直接进行编辑。

（4）能够将多个零件快速而方便地放在加工平台上，并从库中调用各种不同加工机器的参数来放置零件。底部平面功能能够在几秒内将零件形成所希望的成型角度。

（5）分层功能。可以将 STL 文件切片，输出不同的文件格式（SLC、CLT、F&S、SSL），并且可以快速、简便地执行切片校验。

（6）STL 操作。直接对 STL 文件进行修改和设计操作，包括移动、旋转、镜像、阵列、拉伸、偏移、分割、抽壳等功能。例如，即使非常复杂的零件也能通过偏移功能方便地抽出薄壳，因为在成型过程中产生的内部应力较少，所以做出的零件更精确，并且成型速度更快。

（7）支撑设计模块。可以在很短的时间内自动设计支撑。支撑的可选形式有多种，例如，采用点状支撑可以使支撑容易去除，并且可以保证支撑面的光洁度。

3. RPData 软件

西安交通大学研发的 RPData 软件是在 Windows 环境的基础上，切实考虑 3D 打印技术的要求，经过大量的程序改进、优化制作的 Windows 软件。该软件增加了多模型制作模块，采用了面向对象的程序设计方法及基于 OpenGL 的图形处理功能，功能强大、界面友好。

4. Makerware 软件

Makerware 是针对 MakerBot 机型专门设计的 3D 打印控制软件，但也支持其他 3D 打印机产品。该软件的全英文界面对于非英文用户来说不太容易上手。但是由于 Makerware 软件本身的设计比较简单，操作比较直观，因此，对于基础 3D 打印机用户来说，使用起来没有特别大的困难。

Makerware 软件的主界面相对简洁、直观，界面左上方的按钮主要用于对模型进行移动和编辑，界面上方的按钮主要用于对模型进行载入、保存和打印。

值得注意的是，Makerware 软件的支撑是自动生成的，可以为初学者提供便利，但限制了用户的编辑自由性。对于同一打印对象，Makerware 软件的切片速度比较慢，并且在完成度达到 64% 后，容易出现错误，不能完成切片。

Makerware 软件具有以下优势功能。

（1）查看便捷。Makerware 软件载入模型文件后，按住鼠标左键选中模型并移动鼠标可以很方便地从不同角度查看模型。

（2）预览功能。这不是 Makerware 软件独有的功能，FlashPrint 软件在切片后也有预览功能，但是 FlashPrint 软件需要在保存文件后才能预览，而 Makerware 软件在切片后，使用预览功能可以直接预览，方便使用者修改。在这一点上，Makerware 软件的设计者考虑到了使用者的舒适度，非常人性化。

5. FlashPrint 软件

FlashPrint 是闪铸科技针对 Dreamer（梦想家）机型专门研发的软件。从 Dreamer 机型开始，闪铸科技在新产品上均使用该软件，目前覆盖的机型包括 Dreamer、Finder、Guider。

在首次启动 FlashPrint 软件时，用户需要根据提示对所用机型进行选择。

FlashPrint 软件默认采用中文界面，但是用户可以根据需要改成其他语言界面，并且闪铸科技为了能够让用户获得更好的体验，在出厂之前针对用户的语言习惯进行了语言设置。

就支撑而言，FlashPrint 软件支持自动生成支撑和手动编辑支撑，并且提供了线状支撑和树状支撑两种方案。树状支撑是闪铸科技独有的支撑方案，在很大程度上解决了支撑难以去除的难题。另外，相比线状支撑，树状支撑能够在很大程度上节省耗材。用户还可以手动添加支撑和修改支撑，对于 3D 打印用户来说，该软件在使用方面的操作性大大提高。

FlashPrint 软件具有以下优势功能。

（1）浮雕功能。FlashPrint 软件的浮雕功能和 Cura 软件的浮雕功能一样简便，可以一键生成 3D 模型。

（2）切割功能。当打印模型的尺寸超过打印机打印的尺寸时，可以使用切割功能。同时，为了更方便打印，也可以将模型切割后再打印。这样打印的成功率可以大大提高。使用切割功能还可以有效地减少支撑的数量，从而节省耗材。用户可以根据自己的需求选择切割方向，相应操作也非常简便，即使首次使用，也可以轻松上手。

6. XYZware 软件

XYZware 软件可以导入 STL 格式的 3D 模型文件，并导出为三纬 da Vinci 1.0 3D 打印机专有格式。.3w 格式是经过 XYZware 软件切片后的文件格式，可以直接在三纬 da Vinci 1.0 3D 打印机上进行打印，从而省去每次打印时需要对 3D 模型做切片的步骤。

XYZware 软件界面左侧一列为查看和调整 3D 模型的操作选项，可以用于设置顶部、底部、前、后、左、右 6 个查看视角。选中模型后，还可以进行移动、旋转、缩放等调整操作，不过，调整好的模型需要先保存再进行切片。

XYZware 软件具有以下优势功能。

（1）细致易用。三纬 da Vinci 1.0 3D 打印机的打印软件 XYZware 具有查看、调整、保存 3D 模型的作用，并且有可以将 3D 模型切片转换为 3D 打印机可识别的数字模型的操作选项。

（2）高级选项。在高级选项中，可以设置更为详细的打印参数。3D 密度决定了模型内部蜂窝状结构的多少，3D 密度越高，蜂窝状结构越多，成品的强度越高。

第**2**章

CATIA 软件基础

——————— 本章导读 ———————

　　本章主要介绍 CATIA 软件的启动和退出、操作界面、操作技巧与工作环境。用户只要掌握了基本的操作方法和各部分的位置与用途，就可以方便、快捷地进行设计工作。CAITA 软件的操作以鼠标单击为主，以键盘输入为辅，使设计工作更方便。

2.1 CATIA 软件的启动和退出

　　CATIA 软件的启动和其他程序类似，只需双击桌面上的 CATIA 图标，或者单击"开始"菜单按钮，在弹出的菜单中选择"所有程序"→"CATIA"→"CATIA V5-6 R2016"命令，其启动界面如图 2-1 所示。

图 2-1　CATIA 软件的启动界面

　　启动 CATIA 软件后，其初始视图如图 2-2 所示，上方是 CATIA V5 的标题栏和菜单栏；中间的工作窗口用于显示工作对象，可以在这里完成具体的操作；右侧和下侧均为工具栏，它们都包含很多常用的命令,这些命令会随着打开的模块不同而改变;在最下方的文本框中,可以手动输入一些命令和参数,快速完成某种操作。

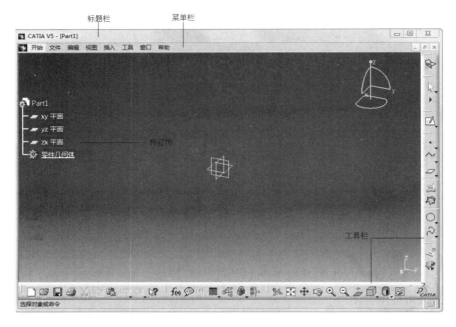

图 2-2　CATIA 软件的初始视图

当工作完成后,在菜单栏中选择"开始"→"退出"命令,即可退出 CATIA 软件,也可以直接单击界面右上角的"关闭"按钮 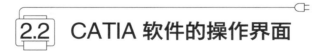 来退出 CATIA 软件。

2.2　CATIA 软件的操作界面

由于 CATIA 软件的功能强大,因此其操作界面中有较多的工具栏及相关按钮,可以充分满足设计者的需求。为了使设计者更加轻松地使用设计工具,CATIA 软件的操作界面拥有三维效果、背景渐变填充等特点,下面将对 CATIA 软件的操作界面进行详细介绍。

2.2.1　工作窗口

CATIA 软件允许用户自己设置个性化的界面。建议读者在安装好 CATIA 软件后先对其进行设置。在零件设计、曲面设计及装配体设计模块中,软件默认只有一列工具按钮,很多工具按钮都被隐藏了,如果读者的显示器足够大,则可以多显示几列以使工具按钮都显示出来。在设置工作窗口时,应该尽量固定工具按钮的位置,这样在操作时更加方便,可以提高工作效率。

2.2.2　标题栏

标题栏中显示当前所设计的零件名称,最小化、最大化及关闭按钮,如图 2-3 所示。

CATIA V5 - [Part1]

图 2-3　标题栏

2.2.3　菜单栏

菜单栏中包含设计者在设计过程中要用到的各种菜单，下面对其中主要的几个进行讲解。

1．"文件"菜单

在"文件"菜单中，可以进行基本功能操作，如新建、打开某文件，这与一般软件是类似的，如图 2-4 所示。

（1）"新建"命令：支持新建可以在 CATIA 软件中生成的文件（如分析文件、工程图文件、零件设计文件等）。当选择此命令时，弹出"新建"对话框，如图 2-5 所示。

（2）"新建自"命令：将用户当前编辑的文件以一个新的名称导出，并打断其中所有的链接。

（3）"打开"命令：可以打开一个 CATIA 文件。当选择此命令时，弹出"选择文件"对话框，如图 2-6 所示。双击要打开的文件，或者选择要打开的文件并单击"打开"按钮，即可将其打开。

图 2-4　"文件"菜单　　图 2-5　"新建"对话框

（4）"关闭"命令：可以将当前编辑的文件关闭。

（5）"保存"命令：可以将当前编辑的文件保存。如果当前编辑的文件尚未保存，则会弹出"另存为"对话框，如图 2-7 所示，可以在此设置保存的文件名及保存类型。

图 2-6　"选择文件"对话框　　　　图 2-7　"另存为"对话框

（6）"另存为"命令：既可以将当前编辑的文件保存为 CATIA 软件专用的 CATProduct 文件，又可以将当前编辑的文件保存为 stp 文件（图形数据文件）等，之后导入到专业数据分析软件中进行求解、变形等操作。不同的保存类型如图 2-8 所示。

（7）"保存管理"命令：此命令的功能比普通保存命令的功能强大，当选择此命令时，弹出"保存管理"对话框，如图 2-9 所示，可以对当前编辑文件的状态、名称、动作、访问方式等特征进行管理。

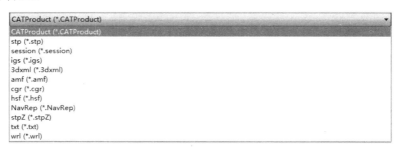

图 2-8　不同的保存类型

图 2-9　"保存管理"对话框

（8）"打印"命令：可以调整打印的方向、打印的位置与大小。当选择此命令时，弹出"打印"对话框，如图 2-10 所示。单击该对话框中的"选项"按钮，可以选择打印的颜色、位置等。

（9）"发送至"命令：可以将文件以邮件或文件夹的形式发送，且在发送之前需要先将文件保存。

（10）"文档属性"命令：可以显示文件的名称、路径、保存日期等信息。当选择此命令时，弹出"属性"对话框，如图 2-11 所示。

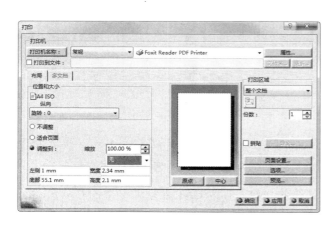

图 2-10　"打印"对话框

图 2-11　"属性"对话框

2. "编辑"菜单

"编辑"菜单中包含"撤销"、"剪切"、"复制"和"粘贴"等命令，如图 2-12 所示。

（1）"撤销"和"重复"命令：与寻常软件相似，可以针对上一步的操作执行撤销或重复操作。对于这种常用的操作，应该掌握其快捷键以加快操作。

（2）"更新"命令：在修改部件的几何外形和约束后，将各部件调整到对应的正确位置。

（3）"剪切"、"复制"和"粘贴"命令：与寻常软件相似，可以针对 CATIA 软件不同模块中的元素执行剪切、复制和粘贴操作。例如，当希望使用 AutoCAD 软件绘制的图形作为草图时，由于不能在草图绘制模块中导入 DWG 文件，因此可以先转换到工程图设计模块中将文件打开（工程图设计模块中提供了专门的 AutoCAD 文件识别程序），再通过复制、粘贴等手段将工程图设计模块中的草图复制到草图绘制模块中。

图 2-12　"编辑"菜单

（4）"选择性粘贴"命令：在复制一个以上的对象并粘贴到其他位置时控制文件之间的链接关系。在"选择性粘贴"对话框（见图 2-13）中，如果选中"粘贴"单选按钮，则粘贴后的对象与原始对象之间没有链接关系，当原始对象改变时，粘贴后的对象不会跟着改变；如果选中"使用链接粘贴"单选按钮，则粘贴后的对象与原始对象之间存在链接关系。

（5）"删除"命令：可以将当前选中的某个对象删除。

（6）"搜索"命令：可以让用户搜索出具有特定性质的对象，比如名称、类型、颜色、工作台、外观及某种特殊属性等。当选择此命令时，弹出"搜索"对话框，如图 2-14 所示。

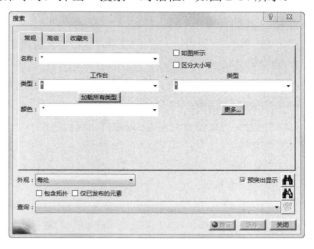

图 2-13　"选择性粘贴"对话框　　　　**图 2-14　"搜索"对话框**

（7）"选择集"命令：可以让用户查找及编辑之前定义的选择集，帮助用户将对象分类管理。在使用此命令的功能时，先选择要归类的对象，再选择"编辑"→"选择集"命令，即可建立一个选择集。

（8）"链接"命令：可以把对象或文件链接起来，在装配设计中使用。

（9）"属性"命令：可以确认、查询及修改颜色、线型、线宽、透明度等对象特性。当选择此命令时，弹出"属性"对话框，如图 2-15 所示。

（10）"扫描或定义工作对象"命令：可以显示对象的设计流程。"扫描"工具栏如图 2-16 所示。在查阅其他人的设计时，可以通过这个工具栏了解其设计思想。在使用"扫描"工具栏时，可以单击 ▶ 按钮，查看下一步的设计，也可以单击 ◀ 按钮，查看上一步的设计。同时，单击 ◀◀ 按钮可以显示设计的第一个特征，单击 ▶▶ 按钮可以显示设计的最后一个特征。

图 2-15 　"属性"对话框

图 2-16 　"扫描"工具栏

3."视图"菜单

"视图"菜单主要用于设置工具栏中的工具，对视图进行缩放、旋转、查看，以及对对象进行渲染等，如图 2-17 所示。

（1）"工具栏"命令：单击"工具栏"命令右侧的黑色小三角，可以对视图中显示的工具进行自定义设置。

（2）"全部适应"命令：可以对视图中所有的对象调整大小，使它们一起显示出来。

（3）"缩放"命令：可以通过按住鼠标左键并上下移动鼠标来改变观察距离的远近。

（4）"平移"命令：可以让对象平移。

（5）"旋转"命令：可以让对象旋转。

（6）"渲染样式"命令：在"渲染样式"子菜单中，可以选择对象着色方式及边线的显示情况，如图 2-18 所示。

（7）"浏览模式"：可以以步行或飞行模式显示场景。

（8）"照明"命令：可以显示对象的照明情况，并对其进行调整，如调整光源的类型及位置、强度等。

（9）"放大镜"命令：可以对选中的对象进行放大操作。

（10）"隐藏/显示"命令：可以对选中的对象或特征进行隐藏或显示操作。

（11）"全屏"命令：可以隐藏工具栏。在进行复杂设计时，为了更详细地了解设计细节，这个命令会经常用到。在全屏模式下单击鼠标右键，取消全屏选中，即可退出全屏状态。

4."插入"菜单

"插入"菜单随工作状态的不同会显示出不同的命令。在零件设计模块下,可以使用"插入"菜单中的命令插入对象、几何体或几何图形集,也可以对对象中的标注及约束进行修改,并插入特征等,如图 2-19 所示。在一般情况下,右侧工具栏中的命令都可以在"插入"菜单中找到,这部分内容会在后面介绍各个模块时详细讲述。

图 2-17　"视图"菜单　　　图 2-18　"渲染样式"子菜单　　　图 2-19　"插入"菜单

5."工具"菜单

"工具"菜单中包含很多命令,支持很多复杂的设置功能,包括公式编辑、捕获图像或视频等,还可以自定义工作环境,调整各种参数,如设置显示字体、调整语言显示、对各个模块的特性进行分别设置,使用户在操作过程中更加流畅,如图 2-20 所示。

(1)"公式"命令:允许用户自己编辑公式来表示某些特征,或者以已经存在的特征作为参考来定义新的特征,以实现参数化设计。此命令在设计齿轮等需要用方程精确控制轮廓形状的情况时非常有用。当选择此命令时,弹出"公式:Part1"对话框,如图 2-21 所示,可以通过对某个参数设置公式来形成复杂的数学曲线轮廓。

(2)"图像"命令:允许用户对当前对象进行图像或视频截取,并对图像背景、图像质量进行设置。

(3)"宏"命令:与 Word 中的"宏"命令类似。熟练使用"宏"命令可以极大地提高工作效率,特别是对于重复率高的工作。选择"工具"→"宏"→"启动录制"命令,可以录制宏指令。在录制完成后,选择"工具"→"宏"→"停止录制"命令,可以结束宏指令的录制工作。

（4）"实用程序"命令：会调用批处理监视器，其中有很多 CATIA 软件中预定义的程序，以加快设计速度，比如 CATAsmUpgradeBatch 是一个用于装配升级的批处理程序，PLMBatchDrawingUpdate 可以用于与 PLM 批量更新工程图。

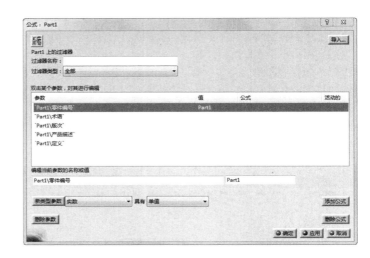

图 2-20　"工具"菜单　　　　　图 2-21　"公式：Part1"对话框

（5）"显示"和"隐藏"命令：可以对当前对象的点、线、面及参考元素进行显示或隐藏的设置。

（6）"工作对象"命令：此命令对应的子菜单中的命令可以对工作对象的位置及特征树的位置进行设置，如图 2-22 所示。

图 2-22　"工作对象"子菜单

①"扫描或定义工作对象"命令：可以以扫描的方式对整个设计进行逐步查看，方便了解设计者的设计思想。

②"使工作对象居中显示在图中"命令：针对特征树的操作命令，当特征树的位置不合理时，可以使用此命令将特征树快速调整到合理位置。

③"使工作对象居中"命令：针对当前视图中的工作对象进行位置调整。如果当前工作对象在视图中的位置不利于进行设计时，可以使用此命令将其快速调整到合理位置。

（7）"参数化分析"命令：提供了一个强大的过滤器，可以分别针对各种约束情况、错误特征等进行分析。

（8）"父级/子级"命令：可以将选定特征的父级和子级特征显示出来。

（9）"删除无用元素"命令：可以将所有的草图及特征显示出来，供用户进行操作。

（10）"3D 工作支持面"命令：可以定义工作环境的轴系情况。

（11）"目录浏览器"命令：此命令对应的对话框中包含了很多 CATIA 软件中预定义的零

件，这些零件可以直接使用。

（12）"自定义"命令：当选择此命令时，弹出"自定义"对话框，在这里可以定义开始菜单、用户工作台、工具栏、命令与选项，设置出最适合自己使用的环境，如图 2-23 所示。

图 2-23　"自定义"对话框

2.2.4　主要工具栏

1."标准"工具栏

"标准"工具栏如图 2-24 所示。

图 2-24　"标准"工具栏

（1）"新建"按钮：创建新文件。当单击该按钮时，弹出"新建"对话框，如图 2-25 所示，选择需要生成的文件类型即可进入相应的工作台。

（2）"打开"按钮：打开现有文件。单击该按钮后，用户可以打开各种 CATIA 文件，并根据所打开文件的类型进入相应的工作台。

（3）"保存"按钮：保存活动的文件。

（4）"快速打印"按钮：在默认的打印机上打印文件，不做任何设置，直接输出图形。

（5）"剪切"按钮：将选定的文本或几何特征、几何体剪切到剪贴板上。

（6）"复制"按钮：将选定的文本或几何特征、几何体复制到剪贴板上。

（7）"粘贴"按钮：选定插入位置，将剪贴板中的内容插入到相应的位置。

（8）"撤销"按钮：单击该按钮右下角的黑色小三角，将出现"撤销"按钮和"按历史撤销"按钮。当单击"撤销"按钮时，只能撤销刚刚完成的上一步操作，若想撤销多步操作，则需要多次单击该按钮。在默认情况下，CATIA 软件最多记录 10 步操作，因此用户最多只能撤销前 10 步操作。另外，用户还可以通过按历史撤销的方式来撤销当前完成的操作，单击"按历史撤销"按钮后，系统将弹出如图 2-26 所示的"按历史撤销"对话框，选中其中的任意一步操作，并单击该对话框中的按钮，即可完成撤销操作。

图 2-25 "新建"对话框　　　　　图 2-26 "按历史撤销"对话框

（9）"重做"按钮：类似于"撤销"按钮，单击该按钮右下角的黑色小三角，将出现"重做"按钮和"按历史重做"按钮。

2. "视图"工具栏

"视图"工具栏如图 2-27 所示。

图 2-27 "视图"工具栏

（1）"飞行模式"按钮：当单击该按钮时，弹出"视图投影类型"对话框，如图 2-28 所示。飞行模式仅可用于透视投影，在"视图投影类型"对话框中单击"是"按钮，"视图"工具栏将更改为飞行模式，如图 2-29 所示。

图 2-28 "视图投影类型"对话框　　　图 2-29 飞行模式下的"视图"工具栏

（2）"检查模式"按钮：单击该按钮后，系统将退出飞行模式，进入检查模式，即回到原来的视图模式。

（3）"转头"按钮：以屏幕中心为球心转动几何体。单击该按钮后，按住鼠标左键并移动鼠标即可转动几何体，这种旋转模式不太适合使用一般显示器的用户。

（4）"飞行"按钮：单击该按钮后，按住鼠标左键并移动鼠标，几何体开始飞行。

（5）"加速"按钮：用于加快几何体的飞行速度。

（6）"减速"按钮：用于减慢几何体的飞行速度。

（7）"全部适应"按钮：放大或缩小视图，使整个几何体在绘图区中可见。

（8）"移动"按钮：移动视图。单击该按钮后，按住鼠标左键，通过移动鼠标来移动几何体。

（9）"旋转"按钮：以屏幕中心为球心旋转几何体。单击该按钮后，按住鼠标左键并移动鼠标即可旋转几何体。

（10）"放大"按钮：放大视图。单击该按钮后，即可实现几何体的放大。

（11）"缩小"按钮：缩小视图。单击该按钮后，即可实现几何体的缩小。

（12）"法线视图"按钮：用所选平面的法矢方向显示几何体。

（13）"创建多视图"按钮：单击该按钮，即可创建多个视图窗口。

（14）"快速查看"按钮：单击该按钮右下角的黑色小三角，将弹出如图 2-30 所示的"快速查看"工具栏。

（15）"视图模式"按钮：单击该按钮右下角的黑色小三角，将弹出如图 2-31 所示的"视图模式"工具栏。

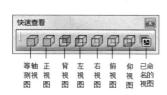

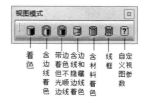

图 2-30　"快速查看"工具栏　　　　　图 2-31　"视图模式"工具栏

（16）"显示/隐藏"按钮：选择要显示或隐藏的对象，单击该按钮后，将显示或隐藏所选对象。

（17）"交换可视空间"按钮：当图形对象被隐藏时，单击该按钮后，可以显示隐藏对象。

2.2.5　特征树

CATIA 软件提供了特征树，可以使用户方便地操作特征。它将具体操作步骤详细列出，可供用户修改特征，或者从特征树中了解设计者的设计思想。特征树操作包括对特征进行剪切、复制、粘贴、隐藏、删除等，如图 2-32 所示。

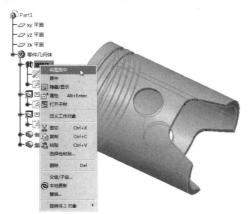

图 2-32　特征树操作

（1）"将图居中"命令：当选择该命令时，整个特征树的位置变为以该特征为中心。

（2）"居中"命令：当选择该命令时，对象的位置在视图中自动居中。

（3）"隐藏/显示"命令：可以控制对象是否可视，如果将对象隐藏，则对象在特征树上的符号会呈现灰色半透明状态。

（4）"属性"命令：可以对特征的名称、颜色、透明度进行设置。

（5）"打开子树"命令：如果特征树还有子树，则可以选择"打开子树"命令来打开它，也可以直接单击特征树中的+号来展开子树，如图 2-33 所示。

（6）"定义工作对象"命令：用于定义目前的工作对象。当同时操作多个对象时，必须定义目前的操作是对哪一个对象进行的，如果在操作过程中发现某些按钮不能使用，则可能是因为没有把这个对象定义为工作对象。

（7）"选择性粘贴"命令：在复制一个以上的对象并粘贴到其他位置时控制文件之间的链接关系。

（8）"父级/子级"命令：可以显示选中的对象与其他特征及约束之间的关系。当选择此命令时，弹出"父级和子级"对话框，如图 2-34 所示。

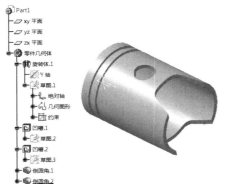

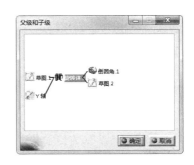

图 2-33　展开子树　　　　　　图 2-34　"父级和子级"对话框

（9）"替换"命令：可以用其他对象替换现在的对象，比如可以对同一个特征进行草图的替换。

（10）"本地更新"命令：可以更新选中的对象。

（11）"旋转体.1 对象"命令：会根据所选对象的不同而改变名称。它包含对选中对象的草图及特征进行修改的功能，其子菜单如图 2-35 所示。

用户还可以使用鼠标调整特征树的位置、大小。在默认状态下，使用鼠标中键上下滚动即可调整特征树的位置。如果想调整特征树的大小，则要先从文档状态调整到特征树状态。这种状态调整方法是单击界面右下角的坐标或特征树上的直线。之后可以发现文档中的对象变灰了，如图 2-36 所示。接着通过鼠标调整特征树的大小，调整方法与在文档状态下调整对象大小的方法相同，即按住鼠标中键不放，再按下鼠标左键或右键，此时将鼠标上下移动，即可看到特征树的大小开始变化。若仅按住鼠标中键，则可以使特征树平移。

图 2-35　"旋转体.1 对象"子菜单　　　　　　图 2-36　变灰后的对象

2.3　CATIA 软件的操作技巧

2.3.1　鼠标操作

使用三键鼠标可以完成数种操作，包括选择和编辑对象、移动对象、弹出快捷菜单、旋转对象、缩放对象等，如图 2-37 所示，具体操作步骤如下。

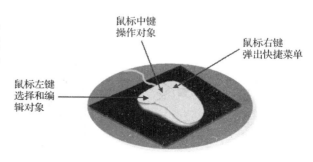

图 2-37　鼠标操作

（1）选择和编辑对象：单击鼠标左键。

（2）移动对象：按住鼠标中键不放，对象随鼠标的移动而移动。

（3）弹出快捷菜单：单击鼠标右键，可弹出快捷菜单。

（4）旋转对象：先按住鼠标中键不放，再按住鼠标左键或右键，同时控制鼠标移动即可旋转对象，单击鼠标中键可确定旋转中心。

（5）缩放对象：先按住鼠标中键不放，再单击鼠标左键或右键，此时将鼠标上下移动即可缩放对象。实际上，对象并没有真正改变大小，只是由于视角的改变而显示出对象大小的改变而已。

2.3.2　指南针操作

在 CATIA 软件操作界面的右上角有一个指南针，它可以控制对象的旋转、平移等操作。在进行零件设计、装配设计时，利用指南针进行操作可以起到事半功倍的效果。

指南针的使用方法如下。

（1）自由旋转：捕捉指南针 z 轴顶点，并移动鼠标，指南针会以红色方块为原点自由旋转，同时屏幕上的对象也会跟着自由旋转，如图 2-38 所示。

（2）旋转：捕捉指南针平面上的弧线，并移动鼠标，即可使指南针旋转。例如，捕捉指南针 xy 平面上的弧线，则指南针可以绕 z 轴旋转，同时屏幕上的对象也会跟着旋转，如图 2-39 所示。

（3）轴向移动：捕捉指南针上的轴，并移动鼠标，屏幕上的指南针和对象会沿着轴的方向平移，如图 2-40 所示。

图 2-38　自由旋转

图 2-39　旋转

图 2-40　轴向移动

（4）平面移动：捕捉指南针上的平面，并移动鼠标，屏幕上的控件和对象会在这个平面上移动，如图 2-41 所示。

（5）单一物体移动：捕捉指南针上的红色方块，并移动指南针到某物体的任意一点，即可直接对该物体进行平移、旋转等操作，如图 2-42 所示，在装配时，此功能非常有用。

（6）快捷菜单：在指南针上单击鼠标右键，弹出快捷菜单，如图 2-43 所示。

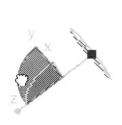

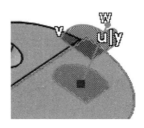

图 2-41　平面移动　　　　图 2-42　单一物体移动　　　　图 2-43　快捷菜单

2.3.3　选择对象

选择对象有很多种方法，下面对此进行介绍。

当只选择一个对象时，可以直接使用鼠标左键单击对象，或者在特征树上单击对象的名称，选中的对象会高亮显示，效果对比如图 2-44 和图 2-45 所示。

图 2-44　未选中的对象　　　　　　　　　图 2-45　选中的对象

当一次性选择多个对象时，可以先按住 Ctrl 键，再使用鼠标左键单击多个对象；也可以使用鼠标左键框选；还可以使用"编辑"菜单中的"搜索"命令，按指定的属性选择具有同一属性的对象。

2.3.4　CATIA 文件管理

文件作为一种容器，用于保存用户在 CATIA 软件的各个模块中创建及修改的各种模型。CATIA 文件按数据建立的不同而有不同类型的数据存储格式，常用的类型如下。

（1）装配体设计模块的工作文件保存为*.CATProduct 文件。

（2）零件设计、草图绘制、线框和曲面设计模块的工作文件保存为*.CATPart 文件。

（3）绘图模块的工作文件保存为*.CATDrawing 文件。

（4）创成式结构分析模块的工作文件保存为*.CATAnalysis 文件。

（5）各种数控加工模块的工作文件保存为*.CATProcess 文件。

（6）CATIA 软件支持在单个软件环境下打开多个相同或不同类型的文件，用户可以自如地在各个窗口之间切换。随着不同文件的载入，CATIA 软件的模块和工具栏会发生变化以适应相关文件的操作。

2.4　工作环境的设置

2.4.1　基本设置

选择菜单栏中的"工具"→"选项"命令，弹出"选项"对话框，"选项"对话框中包含 CATIA 软件各模块的通用环境设置及详细设置，如图 2-46 所示。这里仅介绍各模块的通用环境设置，各模块的详细设置将在后面章节中分别介绍。

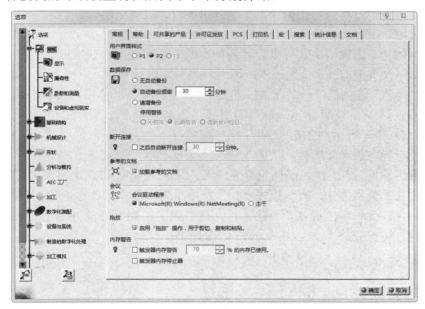

图 2-46　"选项"对话框

（1）在"常规"选项卡中，可以设置界面样式。它包括"用户界面样式"、"数据保存"、"断开连接"、"参考的文档"、"会议"、"拖放"和"内存警告"7 个选项组。

① "用户界面样式"选项组包括 P1、P2、P3 三种平台选项。

- P1 平台只包括最基础的模块，功能较少，对计算机要求比较低，适合学习者使用。
- P2 平台包括常用的模块，相对 P1 而言增加了很多功能，对于一般企业已经够用。现在一般企业使用的都是 P2 平台。
- P3 平台拥有最完整的模块，对产品的显示也更有立体感，但是它需要消耗大量的系统资源，寻常硬件设备难以满足它的要求，一般只应用于工作站中。

②"数据保存"选项组可以设置保存频率。

- 无自动备份：当选中"无自动备份"单选按钮时，只能通过单击"保存"按钮 ![保存] 对数据进行保存。
- 自动备份频率：当选中"自动备份频率"单选按钮时，可以让 CATIA 软件对正在编辑的数据进行自动保存，将自动备份频率值设置得越小，就越耗费系统资源。
- 递增备份：可以针对当前对数据修改、增加的部分进行备份。

③"断开连接"选项组：允许用户设置是否自动断开与许可服务器的连接，以及多长时间后断开连接。在断开连接后，立即释放许可证，其他人才可以使用该许可证。

④"参考的文档"选项组：在默认状态下是被选中的，当父文档被装载时，与它相关的子文件也会被装载。

⑤"会议"选项组：可以设置会议驱动程序，可选择的会议驱动程序包括"Microsoft（R）Windows（R） NetMeeting（R）"和"主干"两种。其中，"主干"要求设置主干域，这是与使用 UNIX 机器的工作人员一起举行会议的唯一方式。

⑥"拖放"选项组：设置在视图中是否启用拖放操作。如果勾选相应复选框，则在移动一个对象时，可以直接用鼠标把对象拖放到目的地。

⑦"内存警告"选项组：在内存不足时发出警告，以避免因内存不足导致死机而使文件丢失的情况。用户可以自行设置内存警告的数值。

（2）在"帮助"选项卡中，可以设置各种帮助工具的位置。它包括"技术文档"、"用户助手"和"上下文优先级"3 个选项组，下面对其分别进行介绍。

①"技术文档"选项组：可以设置技术文档的位置和语言，如图 2-47 所示。CATIA 软件的技术文档不仅详细地说明了各个命令的用法，还结合每个工具分别介绍了一些实例，对 CATIA 软件的学习具有很大的帮助作用。在一般情况下，CATIA 软件的技术文档是需要单独安装的，有时安装完技术文档后，CATIA 软件并不能自动找到技术文档的位置，就需要在这个选项组中进行设置。当对技术文档设置完成后，即可使用 F1 键在浏览器中打开它。如果希望了解某个工具的使用方法，则可以先单击"标准"工具栏中的"这是什么"按钮 ![按钮]，再选择要查询的命令，此时会出现该命令的简单介绍，如图 2-48 所示，单击蓝色的"更多信息"文字链接即可直接打开技术文档中关于该命令的说明。

放大（"视图"菜单）
递增放大。
更多信息…

图 2-47 "技术文档"选项组　　　　图 2-48 命令的简单介绍

②"用户助手"选项组：在"位置"文本框中可以输入用户助手的位置。

③"上下文优先级"选项组：可以设置在使用 CATIA 软件时优先选用技术文档还是用户助手。

（3）在"可共享的产品"选项卡中，可以显示可共享的产品，如图 2-49 所示。

（4）在"许可证发放"选项卡中，可以显示各种授权信息，如图 2-50 所示。用户在使用 CATIA 软件前，必须先得到一个许可证，若无许可证，则无法使用 CATIA 软件中的任何模块。

①"许可证信息"选项组：可以显示当前的授权文件信息。

②"许可证设置"选项组：可以设置当授权文件出现问题时的警报频率。

③ "可用的配置或产品列表" 选项组：可以对当前可用的授权产品进行配置。

图 2-49　"可共享的产品" 选项卡

图 2-50　"许可证发放" 选项卡

（5）在 "PCS" 选项卡中，可以设置可撤销全局事务的最大数目，如图 2-51 所示。设置的 "堆栈大小" 值越大，消耗的系统资源就越多。

（6）在 "宏" 选项卡中，可以进行宏指令的相关设置，如图 2-52 所示，其中包含 "默认编辑器"、"外部参考" 和 "默认宏库" 3 个选项组。

① "默认编辑器" 选项组：可以设置宏的默认编辑器。在 CATIA V5 中，共有 "CATScript"、"MS VBA" 和 "MS VBScript" 3 种宏语言，可以分别为其定义相应的编辑器。

② "外部参考" 选项组：可以加入外部应用程序组件。

③ "默认宏库" 选项组：可以管理已有的各种宏，并且可以执行 VBA 项目。

图 2-51　"PCS" 选项卡　　　　　　　图 2-52　"宏" 选项卡

（7）在 "打印机" 选项卡中，可以显示各种打印机的信息，包括打印机列表及相关驱动程序等，如图 2-53 所示。

（8）在 "搜索" 选项卡中，可以设置超级输入的默认搜索范围、显示的最多结果数等选项，如图 2-54 所示。

图 2-53 "打印机"选项卡

图 2-54 "搜索"选项卡

（9）在"文档"选项卡中，可以对文档环境进行设置。

①"文档环境"选项组：选择一个选项后，可以单击"允许"或"不允许"按钮来修改相应的状态，如图 2-55 所示。

②"'文件'选项"选项组：可以进行 4 项设置，分别是"对于文档名称使用大写"、"仅对编辑器范围应用'保存'"、"激活 DLName 的逻辑文件树"和"允许部分加载"，如图 2-56 所示。

图 2-55 "文档环境"选项组

图 2-56 "'文件'选项"选项组

- 对于文档名称使用大写：在"文件"菜单命令中对文件名称使用大写。
- 仅对编辑器范围应用"保存"：在保存文件时，"文件"菜单中的"全部保存"命令只适用于编辑器范围。
- 激活 DLName 的逻辑文件树：允许"文件"菜单命令处理 DLName 的逻辑文件树。
- 允许部分加载：允许部分加载指向不可访问文档的文档。

（10）在"统计信息"选项卡中，可以统计出花费在工作台上的时间及相关资料，如图 2-57 所示。它包括"常规"和"统计主题列表"两个选项组。

①"常规"选项组：可以设置统计信息的缓冲区大小，单位为千字节，当统计信息超过缓冲区大小时，其内容将被转移至"统计信息"文件中。

- 缓冲区大小：可以设置统计信息的缓冲区大小。
- 文件的最大大小：用于设置每个统计信息文件的最大大小。当超过统计信息文件的最大大小时，将会创建一个副本，并重置这个统计信息文件。

- 最大副本数和位置：顾名思义，可以设置最大副本数和存放副本的位置。

② "统计主题列表" 选项组：可以设置是否激活各项统计信息。

图 2-57　"统计信息" 选项卡

2.4.2　显示设置

在显示设置界面中，可以对画面的显示效果进行设置，如线的品质、透明度的设置、线和面的着色设置、字体的选择等，如图 2-58 所示。

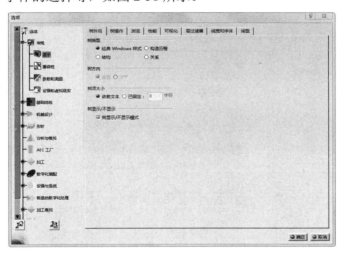

图 2-58　显示设置界面

（1）在 "树外观" 选项卡中，可以设置 CATIA 绘图环境中特征树的显示方式，其中包括 "树类型"、"树方向"、"树项大小" 和 "树显示/不显示" 4 个选项组。

① 在 "树类型" 选项组中，可以设置 4 种特征树类型。

- 经典 Windows 样式：默认值，按照常规的样式显示特征树，如图 2-59 所示。
- 结构：将特征树外观显示为结构样式，如图 2-60 所示。
- 构造历程：以特征的构造顺序显示特征树，如图 2-61 所示。
- 关系：显示效果如图 2-62 所示。在采用 "构造历程" 样式或 "关系" 样式显示时，可以设置特征树显示方向为垂直或水平。

② 在 "树方向" 选项组中，可以设置特征树为垂直显示或水平显示，在默认状态下，特征树都是垂直显示的。

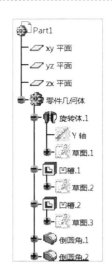

图 2-59　经典 Windows 样式

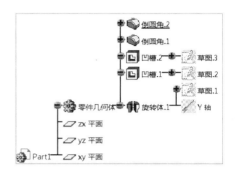

图 2-60　结构

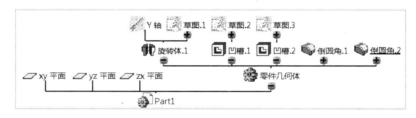

图 2-61　构造历程

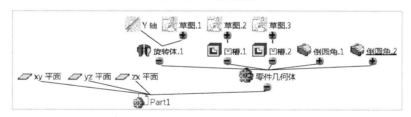

图 2-62　关系

③ 在"树项大小"选项组中，可以设置特征树中的树项大小，包括"依赖文本"和"已固定"两个单选按钮。若选中"依赖文本"单选按钮，则有几个字符就显示几个字符；若选中"已固定"单选按钮，则只会显示所设定的字符个数，超过的字符将被省略。

④ 在"树显示/不显示"选项组中，可以将视图中的对象显示或隐藏。若勾选"树显示/不显示模式"复选框，则对象在特征树上的符号会呈现灰色半透明状态；若取消勾选"树显示/不显示模式"复选框，则显示和隐藏的对象在特征树上的符号状态会相同。在设定好此选项组后，需要重启 CATIA 软件，才能使改变的设置生效。

（2）"树操作"选项卡中包括 3 个选项组，分别是"滚动"、"自动展开"和"缩放树"，如图 2-63 所示。

① "滚动"选项组：可以设置在拖放时是否允许用鼠标滚动特征树。

② "自动展开"选项组：可以自动展开子树，此项设置会在下次打开文档时生效。

③ "缩放树"选项组：可以在单击任何分支后对树进行缩放。

图 2-63　"树操作"选项卡

（3）"浏览"选项卡中包括"选择"、"浏览"、"飞行/步行"、"鼠标速度"和"键盘旋转的角度值"5 个选项组，可以用于设置视图的显示模式。

① 在"选择"选项组中，可以设置单击对象的各种方式，如图 2-64 所示。

- 在几何视图中进行预选择：勾选此复选框，在将鼠标指针放置到对象上时，对象边缘会自动高亮显示。
- 预选浏览器继于 2.0 秒：勾选此复选框，若光标停止 2 秒不动，则会出现一个选择框，显示此点附近存在的对象，光标停止时间可以自己设置。
- 突出显示面和边线：勾选此复选框，被单击对象的边线及面皆高亮显示。
- 显示操作边界框：勾选此复选框，可以在单击边界时高亮显示。

② 在"浏览"选项组中，可以设置重力场的方向及高度，如图 2-65 所示。

- 浏览期间的重力效果：可以设置重力场的方向，默认为 z 轴。
- 沿地面，高度为（毫米）：可以设置重力场的高度，默认高度为 0。
- 视点修改期间的动画：决定在操作时是否打开动画效果。
- 禁用旋转球体显示：可以在视点操作期间隐藏旋转球体。

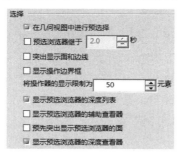

图 2-64　"选择"选项组

图 2-65　"浏览"选项组

③ "飞行/步行"选项组如图 2-66 所示，其中，"已启用冲突检测"复选框用于在使用飞行/步行模式的过程中进行碰撞检测，还可以设置鼠标的灵敏度和启动速度。

④ 在"鼠标速度"选项组中，可以设置鼠标的反应速度，如图 2-67 所示。

图 2-66　"飞行/步行"选项组

图 2-67　"鼠标速度"选项组

⑤ 在"键盘旋转的角度值"选项组中，可以设置键盘旋转的角度值，如图 2-68 所示。

图 2-68 "键盘旋转的角度值"选项组

（4）"性能"选项卡主要用于调整显示时的品质，如图 2-69 所示，包括"遮挡剔除"、"3D 精度"、"2D 精度"、"细节级别"、"像素剔除"、"透明度质量"、"每秒帧数"、"3D×设备的每秒帧数"、"其他"、"启用背面剔除"、"显示除去了隐藏线的几何图形时带有晕轮"和"选取"选项组，下面对它们进行详细介绍。

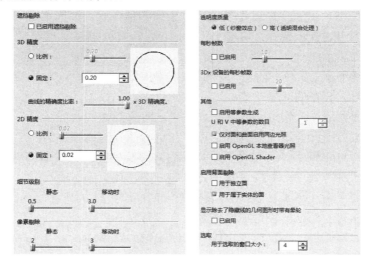

图 2-69 "性能"选项卡

① "遮挡剔除"选项组：在使用数字模型时，将数字模型中的不可视物去除，使对象设计的显示更加清楚明了。

② "3D 精度"选项组：可以调整三维对象显示的准确度，数值越接近 0.01，代表对象分割越精细。3D 精度调节功能有两种调节方式，分别为"比例"方式和"固定"方式。

- 比例：对象分割的数目根据对象大小不同而调整。
- 固定：对象分割的数目是固定的，不会因对象大小不同而改变。
- 曲线的精确度比率：可以调整三维曲线的误差程度。

③ "2D 精度"选项组：可以调整二维对象显示的准确度，与"3D 精度"选项组类似，"比例"方式指对象分割的数目根据对象大小不同而调整；"固定"方式指对象分割的数目是固定的，不会因对象大小不同而改变。

④ "细节级别"选项组：包括"静态"和"移动时"两个选项，这两个选项都是数值越小，显示的内容越精细。

- 静态：设置对象处于静止状态时显示的精确度。
- 移动时：设置对象移动时显示的精确度。

⑤ "像素剔除"选项组：设置当前屏幕能显示多少内容，包括"静态"和"移动时"两个选项。

- 静态：数值越小，表示显示的内容越精细，能看到更多的细节，反之则越粗糙。
- 移动时：设置物体移动时的显示质量，数值越小，显示的内容越精细，但会影响移动速度。

⑥"透明度质量"选项组：设置对象的透明度。

- 低（纱窗效应）：相当于透过网孔看物体，当选中此单选按钮时，无法在属性中调整对象的透明度。
- 高（透明混合处理）：相当于透过玻璃看物体，当选中此单选按钮时，可以在属性中完全控制对象的透明度。

⑦"每秒帧数"选项组：设置动画放映时每秒的帧数。当设置的每秒帧数越少时，画面被处理得越精细，同时移动过程越粗糙；相反，当设置的每秒帧数越多时，移动过程显得较为平滑，但画面质量会下降。

⑧"3D×设备的每秒帧数"选项组：设置处理三维模型时的显示情况。

⑨"其他"选项组：勾选"启用等参数生成"复选框后，才能激活等参数生成功能。其他选项可以用于设置一些关于照明的功能。

⑩"启用背面剔除"选项组：可以对独立面或属于实体的面进行背面剔除。

⑪"显示除去了隐藏线的几何图形时带有晕轮"选项组：可以对除去了隐藏线的几何图形加入晕轮，以产生透视的效果。

⑫"选取"选项组：对选取的窗口大小及是否启用精确选取进行设置。

（5）在"可视化"选项卡中，可以对 CATIA 软件中的颜色及立体效果等进行设置，包括"颜色"、"深度显示"、"抗锯齿"、"启用立体模式"、"以平行模式显示当前比例"和"在 HRD 模式下将透明面处理为不透明"选项组。

① 在"颜色"选项组中，可以设置背景及各种元素的颜色，如图 2-70 所示。

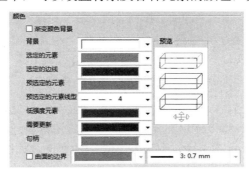

图 2-70　"颜色"选项组

- 渐变颜色背景：可以让 CATIA 绘图环境的背景色出现逐渐过渡的颜色。
- 背景：可以设置背景色。
- 选定的元素：设置被选中的元素的显示颜色。
- 选定的边线：设置被选中的边线的颜色。
- 预选定的元素：设置当鼠标指针移动到元素上面时元素显示的颜色。
- 预选定的元素线型：设置当鼠标指针移动到元素上面时元素显示的线型。
- 低强度元素：设置低密度对象的颜色。
- 需要更新：设置需要更新的对象的颜色。

- 句柄：设置手柄的显示颜色。
- 曲面的边界：设置曲面边界的显示颜色和线宽。

②"深度显示"选项组如图 2-71 所示，它支持用户选择是否启用"使用 Z 缓冲区深度显示所有元素"功能，以便隐藏所有元素。若勾选"使用 Z 缓冲区深度显示所有元素"复选框，则所有元素都将按照其在 3D 场景中的真实深度进行显示，否则线和面元素总是显示在其他元素的前面。

③ 在"抗锯齿"选项组中，可以对边缘和整个场景进行反失真处理，如图 2-72 所示。在进行反失真处理后，有锯齿状的边缘和场景会变得光滑。

④ 在"启用立体模式"选项组中，可以设置是否打开"启用立体模式"显示方式，如图 2-73 所示。在打开"启用立体模式"显示方式后，可以让对象看起来更有立体感。

图 2-71 "深度显示"选项组　　图 2-72 "抗锯齿"选项组　　图 2-73 "启用立体模式"
选项组

⑤ 在"以平行模式显示当前比例"选项组中，可以设置在对对象进行缩放时，右下角是否会实时显示出比例，如图 2-74 所示。

⑥ 在"在 HRD 模式下将透明面处理为不透明"选项组中，可以设置是否打开"在 HRD 模式下将透明面处理为不透明"显示方式，如图 2-75 所示。

（6）在"层过滤器"选项卡中，只有一个选项组，如图 2-76 所示。

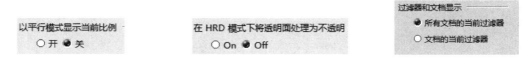

图 2-74 "以平行模式显示
当前比例"选项组　　　　图 2-75 "在 HRD 模式下将
透明面处理为不透明"选项组　　　图 2-76 "过滤器和文档
显示"选项组

- 所有文档的当前过滤器：可以使用当前过滤器显示所有文档。
- 文档的当前过滤器：可以使用文档自身的当前过滤器显示每个文档。

（7）在"线宽和字体"选项卡中，可以设置边线的宽度，如图 2-77 所示。

索引	大小以像素计	大小以毫米计
1	1	0.13
2	2	0.35
3	3	0.70
4	4	1.00
5	5	1.40
6	6	2.00
7	7	2.30
8	8	2.60

图 2-77 "线宽和字体"选项卡

- 线宽：当修改大小以像素计的值时，会影响显示器的显示效果；当修改大小以毫米计的值时，会影响打印效果。
- 在 CATIA 中使用系统 TrueType 字体：勾选此复选框后，允许用户在 CATIA 软件中使用 Windows 系统提供的 TrueType 字体。

（8）"线型"选项卡如图 2-78 所示，显示了 CATIA 软件中可用的各种线型。其中，第 1～8 项为系统保留线型，不可修改。若在第 9 项之后的线型上双击，则会弹出"线型编辑器"对话框，显示当前可用的线型，如图 2-79 所示，若选中某一线型并双击，则会弹出"二维线型编辑器"对话框，如图 2-80 所示，在这里可以对线型进行修改。

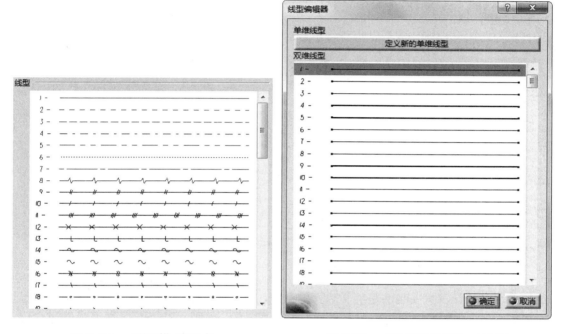

图 2-78　"线型"选项卡　　　　　图 2-79　"线型编辑器"对话框

图 2-80　"二维线型编辑器"对话框

2.4.3 个性化设置

选择菜单栏中的"工具"→"自定义"命令，弹出"自定义"对话框，在该对话框中可以定义开始菜单、用户工作台、工具栏、命令与选项，设置出最适合自己使用的环境，如图 2-81 所示。下面仅介绍其中的"开始菜单"选项卡和"选项"选项卡。

（1）在"开始菜单"选项卡中，可以选中某模块并单击 ⟶ 按钮，把该模块添加到右侧的列表框中，此时该模块在程序左上角的"开始"菜单中就会显示出来。当需要删除某模块时，可以选中某模块并单击 ⟵ 按钮。

（2）在"选项"选项卡中，可以对界面进行简单的设置，包括设置图标大小、用户界面语言等，如图 2-82 所示。

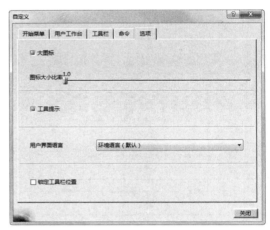

图 2-81 "自定义"对话框   图 2-82 "选项"选项卡

如果用户的计算机安装的是英文版操作系统，则在安装 CATIA 软件时，显示的用户界面可能为英文的，用户可以在这里将其调整为简体中文的，如图 2-83 所示。在重新启动 CATIA 软件后，就会采用新的用户界面语言。"锁定工具栏位置"复选框很有用，在完成工具栏设置后，勾选该复选框就可以保持习惯的设置。

图 2-83 调整"用户界面语言"

2.4.4 工具栏设置

选择菜单栏中的"工具"→"自定义"命令，弹出"自定义"对话框。在"工具栏"选项卡中，用户可以向当前工作台中添加或删除工具栏，如图 2-84 所示。

（1）新建：单击此按钮，弹出"新工具栏"对话框，如图 2-85 所示，可以添加新的工具栏。添加完成后，将出现新工具栏，如图 2-86 所示。

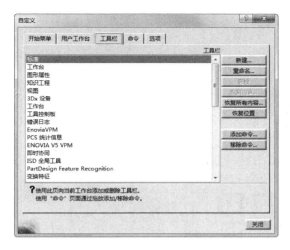

图 2-84　"工具栏"选项卡

图 2-85　"新工具栏"对话框

图 2-86　新工具栏

（2）重命名：可以修改工具栏的名称。

（3）删除：可以删除在左侧列表框中选定的工具栏。

（4）恢复内容和恢复所有内容：可以恢复刚才做出的改变。

（5）恢复位置：可以将工具栏的位置恢复到默认设置。在使用此按钮时必须小心，因为它会将我们自定义好的工具栏位置恢复原状，所以建议只在某常用工具实在无法找到时使用此按钮，从而快速找到相应的常用工具。

（6）添加命令：可以添加新的命令到选定的工具栏中。

（7）移除命令：可以从选定的工具栏中移除命令。

第 3 章

日用产品造型及 3D 打印

─────── 本章导读 ───────

3D 打印技术日渐走进我们的视野和生活。

本章主要介绍常见的几款日用产品，如方向盘、牛奶杯、纽扣、门把手、瓶盖模型的创建及 3D 打印过程。通过本章的学习，读者应当掌握如何在 CATIA 软件中创建模型并将其导入到 Cura 软件中以打印出模型。

3.1 方向盘

首先利用 CATIA 软件创建方向盘模型，然后利用 Cura 软件进行参数设置并打印，最后对打印出来的方向盘模型进行去除支撑和毛刺处理，如图 3-1 所示。

图 3-1　方向盘模型的创建流程

3.1.1　创建模型

首先绘制草图，通过"旋转体"命令创建方向盘模型的中间部分和外圈部分；然后绘制草图，通过"肋"和"圆形阵列"命令创建轮辐。

1．新建文件

选择菜单栏中的"开始"→"机械设计"→"零件设计"命令，弹出"新建零件"对话框，输入零件名称"fangxiangpan"，单击"确定"按钮，进入零件设计平台。

2．绘制"草图.1"

（1）单击"草图编辑器"工具栏中的"草图"按钮，在特征树中选择"xy 平面"为草图绘制平面，进入草图绘制平台。

（2）单击"轮廓"工具栏中的"轴"按钮，绘制一条水平中心线作为旋转轴，单击"轮廓"工具栏中的"直线"按钮，绘制如图 3-2 所示的"草图.1"。单击"工作台"工具栏中的"退出工作台"按钮，退出草图绘制平台。

3．创建方向盘模型的中间部分

（1）单击"基于草图的特征"工具栏中的"旋转体"按钮，弹出如图 3-3 所示的"定义旋转体"对话框。

（2）系统自动选择步骤 2 绘制的"草图.1"为轮廓，选择"草图轴线"为旋转轴，在"第一角度"和"第二角度"文本框中分别输入"360deg"和"0deg"。

（3）单击"确定"按钮，创建如图 3-4 所示的方向盘模型的中间部分。

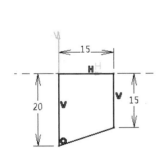

图 3-2　绘制"草图.1"　　图 3-3　"定义旋转体"对话框（1）　　图 3-4　创建方向盘模型的
中间部分

知识点　　　　　　　　　　　　　　　　　　　旋转体

旋转体是指将草绘轮廓绕指定轴旋转所形成的三维实体特征。

"定义旋转体"对话框中的部分选项说明如下。

（1）"限制"选项组：用于设置旋转的起始和终止角度。

（2）"轮廓/曲面"选项组：用于设置旋转的轮廓特性。对于基于包括多个封闭轮廓的草图创建的旋转体，这些轮廓不能相交，且必须位于轴的同一侧。如果创建的是薄旋转体，则可以使用几何图形集中的开放轮廓。

- 选择：用于选择旋转所需的轮廓，该轮廓可以是草图、线、曲面，也可以通过单击鼠标右键，在弹出的快捷菜单中选择相应命令进行轮廓的定义，还可以通过单击选择框

右侧的 ⚄ 按钮，进入草图绘制平台以绘制新的轮廓。

- 厚轮廓：创建薄旋转体后，用于在创建旋转体的轮廓两侧添加厚度。
- 反转边：用于控制是在轴和轮廓之间创建材料，还是在轮廓和现有材料之间创建材料。可以将此选项应用于开放或封闭的轮廓。

（3）"轴"选项组：用于设置旋转轴的属性。

- 选择：用于选择旋转所需的轴。如果选定的草图包含了轴，则系统会自动选择"草图轴线"为旋转轴。
- 反转方向：用于控制旋转的起始方向。

（4）单击对话框中的"更多"按钮，展开的"定义旋转体"对话框如图 3-5 所示。如果勾选"厚轮廓"复选框，则"薄旋转体"选项组可用，"厚度 1""厚度 2"文本框用于设置轮廓两侧添加材料的厚度。

图 3-5　展开的"定义旋转体"对话框

- 中性边界：将材料平均添加到轮廓的两侧。将"厚度 1"文本框定义的厚度均匀分布在轮廓的每一侧。
- 合并末端：将轮廓端点连接到相邻几何图形（轴或现有材料）上。

4. 绘制"草图.2"

（1）单击"草图编辑器"工具栏中的"草图"按钮 ⚄，在特征树中选择"xy 平面"为草图绘制平面，进入草图绘制平台。

（2）单击"轮廓"工具栏中的"轴"按钮，绘制一条水平中心线作为旋转轴，单击"轮廓"工具栏中的"圆"按钮 ⊙，绘制如图 3-6 所示的"草图.2"。单击"工作台"工具栏中的"退出工作台"按钮 ⚄，退出草图绘制平台。

5. 创建方向盘模型的外圈部分

（1）单击"基于草图的特征"工具栏中的"旋转体"按钮 ⚄，弹出如图 3-7 所示的"定义旋转体"对话框。

（2）系统自动选择步骤 4 绘制的"草图.2"为轮廓，选择"草图轴线"为旋转轴，在"第一角度"和"第二角度"文本框中分别输入"360deg"和"0deg"。

（3）单击"确定"按钮，创建如图 3-8 所示的方向盘模型的外圈部分。

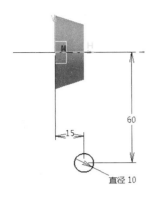

图 3-6　绘制"草图.2"　图 3-7　"定义旋转体"对话框（2）　图 3-8　创建方向盘模型的外圈部分

6. 绘制"草图.3"

（1）单击"草图编辑器"工具栏中的"草图"按钮，在特征树中选择"xy 平面"为草图绘制平面，进入草图绘制平台。

（2）单击"轮廓"工具栏中的"样条"按钮，绘制如图 3-9 所示的"草图.3"。单击"工作台"工具栏中的"退出工作台"按钮，退出草图绘制平台。

7. 创建基准平面

（1）单击"参考元素"工具栏中的"平面"按钮，弹出如图 3-10 所示的"平面定义"对话框。

（2）在"平面类型"下拉列表中选择"平行通过点"选项，单击"参考"选择框后在特征树中选择"zx 平面"为参考平面，选择步骤 6 绘制的"草图.3"的下端顶点为参考点，单击"确定"按钮，创建的基准平面如图 3-11 所示。

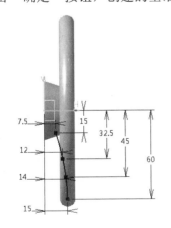

图 3-9　绘制"草图.3"　　　图 3-10　"平面定义"对话框　　　图 3-11　创建的基准平面

8. 绘制"草图.4"

（1）单击"草图编辑器"工具栏中的"草图"按钮，在特征树中选择步骤 7 创建的基准平面为草图绘制平面，进入草图绘制平台。

（2）单击"轮廓"工具栏中的"圆"按钮⊙，绘制如图 3-12 所示的"草图.4"。单击"工作台"工具栏中的"退出工作台"按钮 ，退出草图绘制平台。

9. 创建轮辐

（1）单击"基于草图的特征"工具栏中的"肋"按钮 ，弹出如图 3-13 所示的"定义肋"对话框。

（2）选择步骤 8 绘制的"草图.4"为扫掠轮廓，选择步骤 6 绘制的"草图.3"为扫掠的中心曲线，在"控制轮廓"选项组中选择"保持角度"选项。

（3）单击"确定"按钮，完成轮辐的创建，如图 3-14 所示。

图 3-12　绘制"草图.4"　　　图 3-13　"定义肋"对话框　　　图 3-14　创建轮辐

知识点　　　　　　　　　　　　　　　肋

肋特征是指将一定的轮廓沿中心曲线扫掠所留下的实体特征。

"定义肋"对话框中的部分选项说明如下。

（1）轮廓：用于定义创建肋特征的轮廓。单击选择框后面的 按钮，进入草图绘制平台，对轮廓进行编辑。注意，创建的轮廓可以由几个轮廓组成，但轮廓必须封闭且各轮廓不能相交。

（2）中心曲线：用于定义轮廓扫掠的中心曲线，同样可以单击选择框后面的 按钮，进入草图绘制平台，对轮廓进行编辑。注意，中心曲线可以是二维曲线，也可以是三维曲线；中心曲线靠近轮廓一端的端点切线方向不能与轮廓平面平行。关于中心曲线，必须注意以下 3 个规则。

- 三维的中心曲线必须相切连续，如果中心曲线是二维的，则没有此要求，可以是多折线。
- 若中心曲线是平面的，则可以相切不连续。
- 中心曲线不能由多个几何元素组成。

（3）控制轮廓：用于控制轮廓沿中心曲线扫掠时的方向，提供了"保持角度"、"拔模方向"和"参考曲面"3 种控制方式。

- 保持角度：在轮廓沿中心曲线扫掠过程中，轮廓平面的法线方向和中心曲线的切线方向始终保持不变。

- 拔模方向：在轮廓沿中心曲线扫掠过程中，轮廓平面的法线方向始终指向拉出方向。选择该选项后，可以通过其下的"选择"选择框来选择平面或直线作为拔模方向曲线。例如，若中心曲线为空间螺旋线，则需要使用此选项。在这种情况下，将选择空间螺旋线的轴作为拔模方向曲线。
- 参考曲面：在轮廓沿中心曲线扫掠过程中，轮廓平面的法线方向始终与参考曲面的法线方向保持恒定的角度值。
- 将轮廓移动到路径：当中心曲线与轮廓不相交时，勾选该复选框后，程序会自动将轮廓移动到与中心曲线最近的交点处。

（4）合并肋的末端：勾选该复选框后，表示将扫掠实体的端面与其他已有实体面融合。

（5）厚轮廓：勾选该复选框后，表示在现有轮廓的两侧添加材料以创建薄肋，此时可以在"薄肋"选项组中的"厚度 1""厚度 2"文本框中定义轮廓两侧填充材料的厚度。

10. 倒圆角

（1）单击"修饰特征"工具栏中的"倒圆角"按钮，弹出"倒圆角定义"对话框。

（2）在该对话框中单击"半径"按钮和"常量"按钮，在"半径"文本框中输入半径值"2.5mm"，选择如图 3-15 所示的轮辐与方向盘模型中间部分和外圈部分的边线为要圆角化的对象，单击"确定"按钮，倒圆角后的实体如图 3-16 所示。

图 3-15　"倒圆角定义"对话框和对象选择

图 3-16　倒圆角后的实体

知识点	倒圆角

倒圆角是指在两个相邻面之间创建平滑过渡曲面，该曲面将与这两个曲面相切并接合这两个曲面。在零件设计中，通过倒圆角将一些直角边进行圆角化，可以减少应力集中。

"倒圆角定义"对话框中的部分选项说明如下。

（1）半径/弦长：单击该对话框中的"半径"按钮和"弦长"按钮，可以决定是通过半径还是弦长来定义圆角大小，并且可以通过文本框输入要创建圆角的半径/弦长大小。

（2）要圆角化的对象：在绘图区中选择需要倒圆角的边线，单击选择框右侧的按钮，弹出如图3-17所示的"圆角边线"对话框，通过该对话框可以将所有倒圆角半径相同的对象同时选中。

（3）传播：用于设置倒圆角的生成方式，包括"相切"、"最小"、"相交"和"与选定特征相交"4种方式。下面仅介绍前两种方式。

- 相切：对选定的边线及其相切边线倒圆角，即在选定边线之外继续倒圆角，直到遇到相切不连续的边线为止，如图3-18所示。

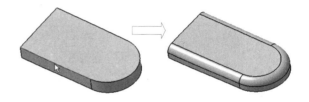

图3-17　"圆角边线"对话框　　　　图3-18　"相切"方式

- 最小：只对选定的边线倒圆角，如图3-19所示。

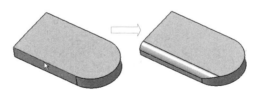

图3-19　"最小"方式

（4）变化：分为"变量"和"常量"两种方式。

- 变量：创建的圆角半径随边线长度发生变化。在选择"变量"方式时，"点"和"变化"选项可用。

  ➢ 点：单击该选择框，然后在绘图区中选择位于边线上的点作为半径变化的控制点。每选择一条边线，该边线的端点就成为圆角半径控制点。要删除或增加控制点，可单击选择框右侧的按钮，打开"指向元素"对话框，选取控制点，单击"关闭"按钮，返回"倒圆角定义"对话框。

  ➢ 变化：用于定义圆角半径随边线变化的方式，提供了"线性"和"立方体"两种方式。

- 常量：创建恒定半径的圆角。

（5）二次曲线参数：用于定义圆角截面的形状，在勾选该复选框后，可以通过设置其右侧文本框中的参数值来定义圆角截面的形状。

- 当 0<参数值<0.5 时，圆角截面的形状为椭圆圆弧。
- 当参数值=0.5 时，圆角截面的形状为抛物线。
- 当 0.5<参数值<1 时，圆角截面的形状为双曲线。

3 种不同参数值的区别如图 3-20 所示。

| 0 < 参数值 < 0.5 | 参数值=0.5 | 0.5 < 参数值 < 1 |

图 3-20　二次曲线参数的不同参数值

（6）修剪带：当传播模式为"相切"方式时，勾选该复选框后，将对创建圆角特征时产生的重叠部分进行自动修剪。

单击"倒圆角定义"对话框中的"更多"按钮，展开的"倒圆角定义"对话框如图 3-21所示。

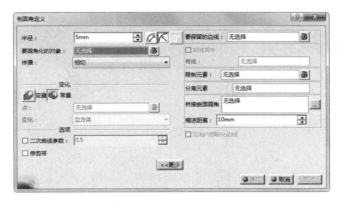

图 3-21　展开的"倒圆角定义"对话框

（7）要保留的边线：在对边线倒圆角时，当指定的圆角半径较大时，所选择的边线可能会影响其他边线，此时可以在绘图区中将这些可能受影响的边线添加到该选择框中。在进行倒圆角处理时，应用程序会检测这些边线并停止对这些边线倒圆角。

（8）限制元素：用平面和点等几何元素对圆角特征的长度进行限制。

（9）分离元素：用平面和点等几何元素对创建的圆角特征进行分割。

（10）桥接曲面圆角：在对多条相交边线直接进行倒圆角处理时，在边线的交点处往往无法实现理想的倒圆角效果。在这种情况下使用"桥接曲面圆角"选项，系统将自动计算出边线的交点，并给每条边线定义一个回退距离，同时，系统将对回退距离所决定的区域重新计算零件的表面形状。

（11）缩进距离：上面已经提到，为了实现比较理想的倒圆角效果，在对多条相交边线倒圆角时，往往需要使用"桥接曲面圆角"选项，此时系统会给每条边线定义一个回退距离，并在绘图区中的相应位置看到"缩进距离"的尺寸约束。要修改某个"缩进距离"数值，可以先在绘图区中单击该数值，然后回到"倒圆角定义"对话框，在"缩进距离"文本框中输入相应的数值。"缩进距离"数值通常需要进行多次定义才能得到满意的结果，当系统提示无法生成实体时，说明所定义的回退距离不满足系统计算并生成新的表面形状的需求，用户需要重新输入数值以实现比较好的倒圆角效果。

11. 阵列轮辐

（1）单击"阵列"工具栏中的"圆形阵列"按钮 ◇，弹出"定义圆形阵列"对话框。

（2）在该对话框中设置"参数"为"实例和角度间距"，输入实例个数"3"和角度间距值"120deg"，选择轮辐和圆角特征为要阵列的对象，在"参考元素"选择框中单击鼠标右键，在弹出的快捷菜单中选择"X轴"命令，其他选项采用默认设置，如图3-22所示。

（3）单击"确定"按钮，完成轮辐和圆角特征的阵列，效果如图3-23所示。

图3-22　"定义圆形阵列"对话框

图3-23　阵列效果

 知识点　　　　　　　　　　圆形阵列

圆形阵列是指将原始特征复制成按圆形排列的重复特征。

"定义圆形阵列"对话框中的部分选项说明如下。

该对话框中包含"轴向参考"和"定义径向"两个选项卡。"轴向参考"选项卡用于设置重复特征在每圈内的排列形式，而"定义径向"选项卡用于设置重复特征在各圈之间的排列形式。

1. "轴向参考"选项卡

（1）参数：提供了5种不同的圆形阵列参数定义方式。

- 实例和总角度：通过定义每圈内重复特征的个数和这些特征沿整个圆形区域分布的总角度来创建圆形阵列。选择该方式后，需要在下面的"实例"和"总角度"文本框中分别输入实例个数和总角度值。
- 实例和角度间距：通过定义每圈内重复特征的个数和各相邻特征之间的角度间距来创建圆形阵列。选择该方式后，需要在下面的"实例"和"角度间距"文本框中分别输入实例个数和各相邻特征之间的角度间距值。

- 角度间距和总角度：通过定义各相邻特征之间的角度间距和这些特征沿整个圆形区域分布的总角度来创建圆形阵列。选择该方式后，需要在下面的"角度间距"和"总角度"文本框中分别输入各相邻特征之间的角度间距值和总角度值。
- 完整径向：表示在一个封闭的圆弧上创建重复特征，这些特征将等间距地分布在该圆弧上。因此，选择该方式后，在创建圆形阵列时，只需要在下面的"实例"文本框中输入实例个数即可。当遇到重复特征分布在同一圆弧上的时候，一般都使用这种方式。
- 实例和不等角度间距：通过定义每圈内重复特征的个数和每相邻特征之间的角度间距来创建角度间距不相等的圆形阵列。在"实例"文本框中输入实例个数后，在绘图区中双击相邻特征之间的角度标注，在弹出的"角度间距"文本框中输入想要的角度间距值。

（2）参考方向：用于定义圆形阵列圆弧的中心轴。该轴将通过圆弧的圆心，并垂直于圆弧所在的平面。单击"参考元素"选择框，之后在绘图区中选择所需的轴，或者通过单击鼠标右键，在弹出的快捷菜单中选择相应命令来创建中心轴。单击"反转"按钮，可以改变参考元素的旋转方向。

（3）要阵列的对象：用于选择创建圆形阵列的原始特征。可以在绘图区中选择所需的实体特征作为要阵列的对象。

2. "定义径向"选项卡

前面介绍的圆形阵列是指重复特征沿圆周方向分布，但有时会遇到重复特征在沿圆周方向分布的同时，也会沿径向分布的情况。单击"定义圆形阵列"对话框中的"定义径向"选项卡，系统将展开如图3-24所示的"定义圆形阵列"对话框中的"定义径向"选项卡。

图3-24　"定义径向"选项卡

（1）"参数"下拉列表中提供了"圆和径向厚度"、"圆和圆间距"及"圆间距和径向厚度"3种定义重复特征沿径向分布的方式。

- 圆和径向厚度：通过定义沿径向分布的重复特征的个数和首尾两个特征之间的距离来创建圆形阵列。选择该方式后，需要在下面的"圆"文本框中输入重复特征的个数，在"径向厚度"文本框中输入首尾两个特征沿径向分布的距离值。
- 圆和圆间距：通过定义沿径向分布的重复特征的个数和各相邻特征之间的距离来创建

圆形阵列。选择该方式后，需要在下面的"圆"文本框中输入重复特征的个数，在"圆间距"文本框中输入各相邻特征沿径向分布的距离值。

- 圆间距和径向厚度：通过定义沿径向分布的各相邻特征之间的距离和首尾两个特征之间的距离来创建圆形阵列。选择该方式后，需要在"圆间距"文本框中输入各相邻特征沿径向分布的距离值，在"径向厚度"文本框中输入首尾两个特征沿径向分布的距离值。

（2）单击"定义圆形阵列"对话框右下角的"更多"按钮，展开的"定义圆形阵列"对话框如图 3-25 所示。

图 3-25　展开的"定义圆形阵列"对话框

- 对象在阵列中的位置：用于控制原始特征在阵列操作后的排列位置和整个阵列特征的旋转角度。在"角度方向的行"和"半径方向的行"文本框中分别输入原始特征在角度和径向方向上的行值，以定义其在整个阵列特征中的位置。在"旋转角度"文本框中输入整个阵列特征的旋转角度值。
- 旋转实例：在默认情况下，整个阵列特征在圆周方向上旋转，而各个重复特征之间没有相对旋转。在勾选"对齐实例半径"复选框后，各重复特征也进行旋转，以保证其在圆周方向上的相对旋转角度保持不变。
- 阵列展示：在勾选"已简化展示"复选框后，可简化阵列的几何图形。在勾选"已简化展示"复选框并双击不需要的实例后，这些实例在阵列定义期间以虚线表示，并在阵列创建后不再可见。

12. 保存文件

选择菜单栏中的"文件"→"保存"命令，弹出"另存为"对话框，采用默认设置，单击"保存"按钮，保存文件。

3.1.2　打印模型

Cura 软件拥有良好的 Windows 操作界面，适用于不同的快速成型机器。Cura 软件支持 STL、OBJ 和 AMF 三种 3D 模型格式，其中以 STL 为最常用的模型格式。Cura 软件可以根据导入的 STL 模型格式文件对模型进行切片，从而生成整个三维模型的 GCode 代码，方便脱机打印。导出的文件扩展名为".gcode"，生成的代码文件适用于打印方式为 FDM（Fused

Deposition Modeling）、打印材料为工程塑料的 3D 打印机。

1. 将模型导出为*.stl 文件

（1）若需要将创建的模型导出为* .stl 文件，则选择"文件"→"另存为"命令，如图 3-26 所示。

图 3-26　选择"另存为"命令

（2）打开"另存为"对话框，如图 3-27 所示，在"保存类型"下拉列表中选择"stl"选项，并单击"保存"按钮。

图 3-27　"另存为"对话框

注意

（1）所保存的文件将以三角片的形式进行保存。为了保证打印质量，可以通过 Cura 软件查看其外观的精细程度，如果不满足打印要求，则可以在 CATIA 软件中进行修改，选择菜单栏中的"工具"→"选项"命令，弹出如图 3-28 所示的"选项"对话框，在"性能"选项卡中将 3D 精度和 2D 精度调小，以便保证打印质量。

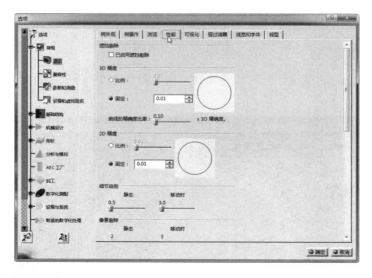

图 3-28　"选项"对话框

（2）所保存的文件名应由英文或数字组成。

（3）如果模型的精细程度仍然不满足要求，则可以先将其另存为三维软件通用的文件（如*.igs，*.stp 文件等），再通过其他三维设计软件（Solidworks、NX 等）打开，并修改其精细程度后另存为*.stl 文件。

2. 检查*.stl 文件

对于*.stl 文件，很多 3D 软件内部都自带检查程序。另外，还有一些专业检查软件，下面以 netfabb Studio 软件为例进行介绍。

（1）打开 netfabb Studio 软件，选择"项目"→"打开"命令，弹出"打开文件"对话框，如图 3-29 所示。

图 3-29　弹出"打开文件"对话框

（2）在该对话框中选择"fangxiangpan"文件，单击"打开"按钮，软件会自动对模型进行一系列检查。其中，检查的项目主要包括模型中是否有未闭合空间，是否存在方向相反的法线，是否有孤立的边线等。如果发现问题，则会在屏幕右下角显示红色感叹号。若加载模型后没有显示红色感叹号，则说明模型检查无误，如图 3-30 所示。反之，模型检查出错，需要重新修改模型。

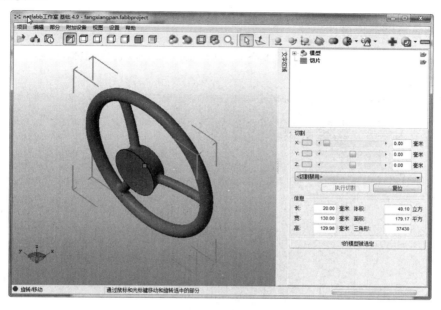

图 3-30　模型检查无误

（3）选择"部分"→"输出零件"→"为 STL（ASCII）"命令，输出 STL 模型文件，保存零件，如图 3-31 所示。

图 3-31　输出 STL 模型文件

检查的目的是查看所创建的模型是否有破面、共有边和共有面等错误，如果用户对所创建的模型有疑问，则可以进行检查，否则可以略过此步操作。

3. 打印软件的具体操作步骤

（1）双击桌面上的 Cura14.12.1 图标，打开 Cura 软件，其界面如图 3-32 所示。

图 3-32　Cura 软件界面

 知识点　　　　　　　　　　　　Cura 软件界面

Cura 软件界面左侧为主菜单和参数栏，主菜单中包含所有操作命令，参数栏中包含基本设置、高级设置及插件等；右侧为三维视图栏，可用于对模型进行移动、缩放、旋转、对齐、分层查看等操作；右上角为模型查看模式。

（2）在导入模型前，首先需要根据模型的大小及 3D 打印机的参数进行软件的参数设置。根据 3D 打印机的型号设置机器类型，选择主菜单中的"File"→"Machine settings"命令或"Machine"→"Machine settings"命令。

弹出"Machine settings"（机器设置）对话框，对机器所能打印模型的尺寸进行设置，以市面上常见的机器为例，具体参数设置如图 3-33 所示，设置结束后单击"Ok"按钮。

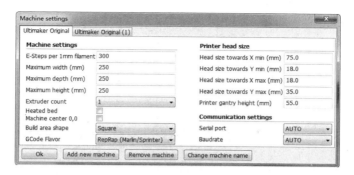

图 3-33　机器具体参数设置

 注意

（1）E-Steps per 1mm filament 为送丝的速度，一般设置为 280～315。

（2）Maximum width 为 x 轴即宽度的打印范围，可根据机器的实际尺寸设定 x 轴的打印范围，本书以型号为 250 的机器为例，将 "Maximum width" 的值设置为 250。Maximum depth 为 y 轴即长度的打印范围，对于型号为 250 的机器，应将其值设置为 250。Maximum height 为 z 轴即高度的打印范围，对于型号为 250 的机器，应将其值设置为 250。

（3）其他参数可采用系统默认设置。

（3）导入 STL 模型。选择主菜单中的 "File" → "Load model file" 命令或单击三维视图栏左上角的 "载入模型" 按钮 ，在弹出的 "Open 3D model" 对话框中选择要打开的模型文件 "fangxiangpan"，如图 3-34 所示。单击 "打开" 按钮，导入 STL 模型，如图 3-35 所示。

图 3-34　"Open 3D model" 对话框

图 3-35　导入 STL 模型

（4）正确放置模型。为了使模型被顺利打印，应当将模型摆放至合理位置。在通过鼠标左键选中模型后，三维视图的左下角会出现 "旋转" 按钮 ，单击该按钮，模型周围会出现相应的旋转轴，单击相应的旋转轴，该旋转轴会高亮显示，同时按住鼠标左键即可旋转模型，旋转幅度为 15°。若按住鼠标左键+Shift 键进行旋转，则旋转幅度为 1°。为了方便打印，可将模型旋转 90°，使方向盘模型向上放置，如图 3-36 所示。

（5）基本设置。下面对模型进行基本设置，如图 3-37 所示。

① Layer height 表示层高，是指打印的每层的厚度，是决定侧面打印质量的重要参数，最大厚度不得超过喷头直径的 80%。0.1mm 的层高的打印精度比较高，如果要节省打印时间，

则可以将该参数值设置得大一些，即层高值越大，打印时间越短。注意，层高值太小，容易虚丝，不建议将该参数设置为小于 0.1mm 的值，如图 3-38 所示。

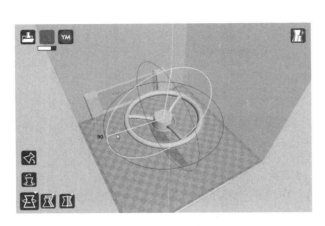

图 3-36　旋转模型

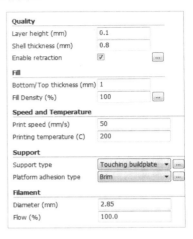

图 3-37　基本设置

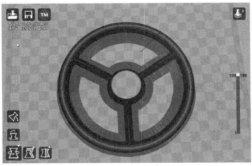

（a）0.1mm 的层高

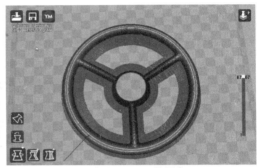

（b）0.03mm 的层高

图 3-38　模型的层高设置

②　Shell thickness（mm）表示模型侧面外壁的厚度，即壁厚，一般被设置为喷头直径的整数倍。0.4mm 的壁厚太薄，而 1.2mm 的壁厚会导致打印时间长，一般而言，0.8mm 的壁厚刚好合适，所以建议将该参数值设置为 0.8mm，如图 3-39 所示。

（a）0.4mm 的壁厚

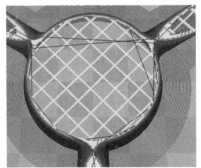

（b）0.8mm 的壁厚

图 3-39　模型的壁厚设置

③ Enable retraction 用于决定喷头快速移动时是否漏丝，勾选此复选框后，可防止漏丝，否则会影响外观。

④ Bottom/Top thickness 表示模型顶/底面的厚度，一般为层高的整数倍。对于填充密度较小（≤20%）的模型，使用较小的厚度值容易造成模型的顶/底面有空洞。建议将该参数值设置为 1mm。对于填充密度较大的模型，可以根据模型需要调整。

⑤ Fill Density 表示模型的填充密度，默认该参数值为 20%，可调范围为 0%～100%。0%表示全部空心，100%表示全部实心，用户可以根据打印模型的强度需要自行调整。一般将该参数值设置为 20%，就可以达到一定的强度。对于体积小且侧壁较薄的模型，可以设置较大的填充密度。例如，对烟缸模型设置 20%的填充密度即可达到其所要求的强度，设置过高的填充密度会使打印时间增加，如图 3-40 所示。

⑥ Print speed 表示打印时喷嘴的移动速度，也就是吐丝时的运动速度。在打印复杂模型时使用低速，在打印简单模型时使用高速，建议速度为 50mm/s，当速度超过 90mm/s 时容易出现质量问题。

⑦ Printing temperature 表示喷头熔化耗材的温度。不同厂家的耗材熔化温度不同，当使用 PLA 材料时，从 190℃开始熔融，但是材料的黏度较大，建议温度为 200℃以上，特别是当打印速度快、层高值比较大时，可以把温度设置得高一点。

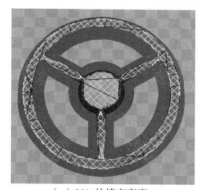
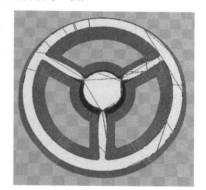

（a）20%的填充密度　　　　　　　　　（b）100%的填充密度

图 3-40　模型的填充密度设置

⑧ Support type 表示模型的支撑类型，包含三个可选项：第一个为"None"，指创建的模型与平台接触处不设立支撑；第二个为"Touching buildplate"，指创建的模型与平台接触处设立支撑，但是模型内部的悬空部分不设立支撑；第三个为"Everywhere"，指创建的模型与平台接触处设立支撑，模型内部的悬空部分也设立支撑。对于"fangxiangpan"模型，可选择"Touching buildplate"支撑类型，如图 3-41 所示。

⑨ Platform adhesion type 表示模型与平台的附着方式，即用什么样的方式使模型固定在平台

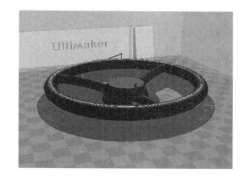

图 3-41　"Touching buildplate"支撑类型

上，包含三个可选项：第一个为"None"，指创建的模型与平台无任何附着方式；第二个为

"Brim"，指在创建的模型底层边缘处由内向外创建一个单层的宽边界，且边界圈数可调；第三个为"Raft"，指在创建的模型底部和工作台之间创建一个网格形状的底盘，且网格以厚度可调。为了防止模型在打印过程中产生翘边现象，可以选择"Brim"或"Raft"附着方式，而"Brim"附着方式较"Raft"附着方式易于清除，所以打印时一般选择"Brim"附着方式。模型的附着方式如图 3-42 所示。

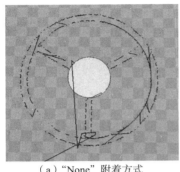（a）"None"附着方式　　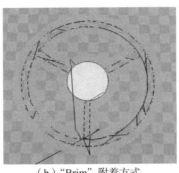（b）"Brim"附着方式　　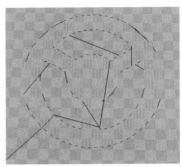（c）"Raft"附着方式

图 3-42　模型的附着方式

⑩ Diameter 表示打印材料的直径，直径越小，出丝会越多，不易虚丝，但是出丝过多，会让模型变"胖"。建议将该参数值设置为 2.85mm。

⑪ Flow 表示出丝比例，增大出丝比例和减小丝直径的效果是一样的。建议将该参数值设置为 100%。

 注意

所给出的各项参数的建议值为一般情况下的值，新用户可以使用建议值，高级用户可以根据自己需要打印的模型来具体设置。

（6）在模型加载完成后，软件会自行进行分层及加工时间计算，可以在三维视图栏左上角观察所需要的打印时间，如图 3-43 所示。

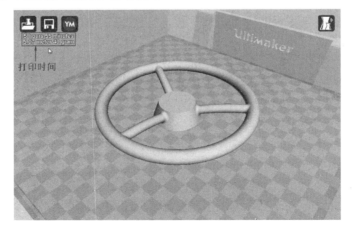

图 3-43　观察所需要的打印时间

（7）准备生成机器码文件*.gcode。将参数设置完毕，将模型位置、大小等也调整完毕，选择主菜单中的"File"→"Save GCode"命令，弹出如图 3-44 所示的"Save toolpath"对话框，选择要保存到的目录，单击"保存"按钮保存文件，也可以单击三维视图栏上的"保存"按钮进行保存。所生成的*.gcode 文件就是要打印的模型文件，将*.gcode 文件复制到 SD 卡中，并把 SD 卡插入相应机器即可实现脱机打印。

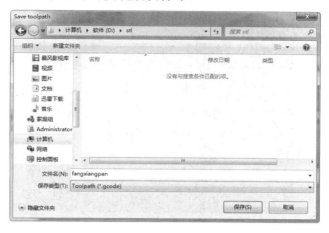

图 3-44 "Save toolpath"对话框

保存模型文件的路径中不要包含中文，且模型文件名中也不能有中文，否则将导致*.gcode 文件输出失败。

（8）将 SD 卡插入 3D 打印机中，打开电源，旋转按钮，选择"print from SD"选项，选中"fangxiangpan"模型，即可开始打印。

3.1.3 处理模型

使用 Cura 软件对模型进行分层处理，并使用相应打印机进行打印。打印完成后，需要将模型从打印平台中取出，并对模型进行去除支撑处理，同时需要对支撑与模型接触的部位进行打磨处理等，之后才能得到理想的模型。

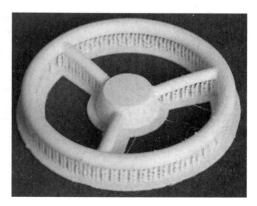

1. 取出模型

打印完成后，将打印平台降至零位，用刀片等工具将模型底部与平台底部撬开，以便取出模型。取出后的方向盘模型如图 3-45 所示。

图 3-45 取出后的方向盘模型

（1）如果打印平台的温度过高，则为了避免烫伤，需要等待温度下降到室温后再进行操作。

（2）在取出模型时，注意不要损坏模型比较薄弱的地方，如果不方便撬动模型，则可以适当除去部分支撑，以便顺利取出模型。

2. 去除支撑

如图 3-45 所示，取出后的方向盘模型底部存在一些打印过程中生成的支撑，可以使用刀片、钢丝钳、尖嘴钳等工具将方向盘模型底部的支撑去除，如图 3-46 所示。

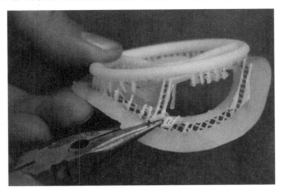

图 3-46　去除方向盘模型底部的支撑

3. 打磨模型

根据去除支撑后的模型粗糙程度，可先用锉刀、粗砂纸等工具对支撑与模型接触的部位进行粗磨，如图 3-47 所示，然后用较细粒度的砂纸对模型进一步打磨，处理后的方向盘模型如图 3-48 所示。

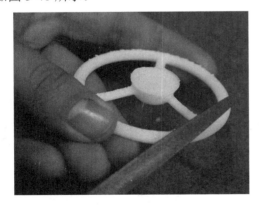

图 3-47　用锉刀粗磨方向盘模型

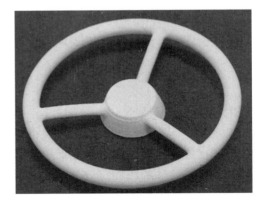

图 3-48　处理后的方向盘模型

3.2　牛奶杯

首先利用 CATIA 软件创建牛奶杯模型，然后利用 Cura 软件进行参数设置并打印，最后对打印出来的牛奶杯模型进行去除支撑和毛刺处理，如图 3-49 所示。

图 3-49　牛奶杯模型的创建流程

3.2.1　创建模型

首先绘制草图，通过"凸台"和"抽壳"命令创建牛奶杯模型主体；然后绘制草图，通过"肋"命令创建杯把，最后进行倒圆角处理，完成牛奶杯模型的创建。

1.　新建文件

选择菜单栏中的"开始"→"机械设计"→"零件设计"命令，弹出"新建零件"对话框，输入零件名称"niunaibei"，单击"确定"按钮，进入零件设计平台。

2.　绘制"草图.1"

（1）单击"草图编辑器"工具栏中的"草图"按钮，在特征树中选择"xy 平面"为草图绘制平面，进入草图绘制平台。

（2）单击"轮廓"工具栏中的"圆"按钮⊙，绘制圆心为坐标原点、直径为 90（默认单位为 mm，后文同）的圆，如图 3-50 所示。单击"工作台"工具栏中的"退出工作台"按钮，退出草图绘制平台。

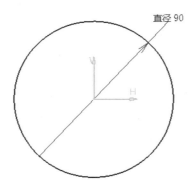

直径 90

图 3-50　绘制"草图.1"

3.　创建"凸台.1"

（1）单击"基于草图的特征"工具栏中的"凸台"按钮，弹出"定义凸台"对话框。

（2）在该对话框"第一限制"选项组的"类型"下拉列表中选择"尺寸"选项，在"长度"文本框中输入"125mm"，在"轮廓/曲面"选项组中选择步骤 2 绘制的"草图.1"为凸台拉伸的轮廓，如图3-51所示。

（3）单击"确定"按钮，创建"凸台.1"，如图3-52所示。

图3-51　"定义凸台"对话框

图3-52　创建"凸台.1"

知识点　　　　　　　　　　　　　凸台

凸台是指将一条闭合的平面曲线沿着一个方向或同时沿相反的两个方向拉伸而形成的实体。"拉伸"命令是最常用的一个命令，也是最基本的生成实体的方法。

"定义凸台"对话框中的部分选项说明如下。

（1）第一限制：该选项组用于设置第一拉伸方向的特性。

① 类型：包括"尺寸"、"直到下一个"、"直到最后"、"直到平面"和"直到曲面"5种拉伸方式。

- 尺寸：通过在"长度"文本框中定义拉伸长度来创建拉伸特征，也可以在绘图区中将鼠标指针放在限制1和限制2标志上，拖动出现的箭头，改变拉伸范围，如图3-53所示。

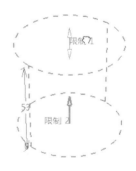

- 直到下一个：轮廓被拉伸到第一个能将其完全截断的面，如图3-54所示。截止面可以是实体上的曲面，但该实体必须与拉伸特征在同一个集合下且在拉伸之前创建，基准平面和曲面都无效。可以在"偏移"文本框中定义拉伸范围和截止面间的距离。若在"偏移"文本框中输入正值，则拉伸实体将超出截止面所定义数值的长度，负值则相反。

图3-53　拉伸到某个尺寸

- 直到最后：轮廓被拉伸到最后一个能将其完全截断的面，如图3-55所示。其他要求与"直到下一个"方式相同，可以在"偏移"文本框中定义拉伸范围和截止面间的距离，若在"偏移"文本框中输入正值，则拉伸实体将超出截止面所定义数值的长度，负值则相反。

- 直到平面：将轮廓拉伸到"限制"选择框中所选择的平面，该平面可以是基准平面或任何平面，并在"偏移"文本框中定义拉伸范围和截止面间的距离，如图3-56所示。若在"偏移"文本框中输入正值，则拉伸实体将超出截止面所定义数值的长度，负值则相反。

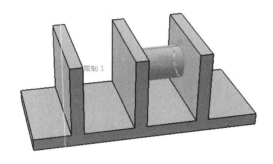

图 3-54　拉伸直到下一个

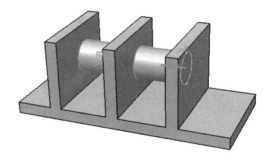

图 3-55　拉伸直到最后

● 直到曲面：将轮廓拉伸到"限制"选择框中所选的曲面或实体的曲面，并在"偏移"文本框中定义拉伸范围和截止面间的距离，如图 3-57 所示。若在"偏移"文本框中输入正值，则拉伸实体将超出截止面所定义数值的长度，负值则相反。

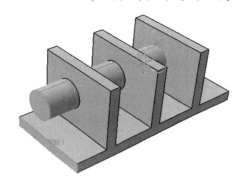

图 3-56　拉伸直到平面

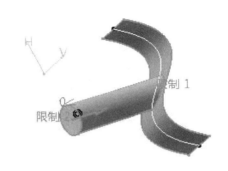

图 3-57　拉伸直到曲面

② 长度：用于设置拉伸长度，该选项仅对"类型"为"尺寸"的情况有用。

（2）轮廓/曲面：该选项组用于设置拉伸操作的轮廓或曲面，而表面轮廓是拉伸操作的基本元素，可以在操作过程中给予定义。

① 选择：该选择框用于选择要拉伸的轮廓或曲面，通常拉伸轮廓已通过草图绘制平台创建完毕，此处只需要在绘图区或特征树中选择所需拉伸轮廓或曲面即可。但有时现有草绘轮廓或曲面不能满足设计要求，需要进行一定程度的修改，则可以在"轮廓/曲面"选项组中的"选择"选择框中单击鼠标右键，在弹出的快捷菜单中选择相应的命令来完成轮廓的修改与创建，如图 3-58 所示。

② 厚：用于设置拉伸对象的边缘厚度，勾选该复选框后可以生成薄壁拉伸，该内容将在后面介绍。

③ 反转边：用于设置拉伸对象为所选二维轮廓的内部或外部。

（3）镜像范围：勾选该复选框后，将从所定义的拉伸轮廓平面两侧进行对称的镜像拉伸，同时实际的拉伸长度为设置的拉伸范围的 2 倍。

（4）反转方向：反向拉伸轮廓或曲面。

（5）第二限制：单击"定义凸台"对话框右下角的"更多"按钮，展开的"定义凸台"对话框如图 3-59 所示。

在"第二限制"选项组中，用户可以在第二拉伸方向（与第一拉伸方向相反的方向）上设置拉伸方式和拉伸范围，和"第一限制"选项组一样，用户可以选择 5 种拉伸方式来创建拉伸特征。

图 3-58　快捷菜单　　　　　　　　　图 3-59　展开的"定义凸台"对话框

（6）方向：在默认情况下，拉伸方向为拉伸平面的法向。但有时往往需要创建不垂直于草图绘制平面的拉伸特征，则取消勾选"轮廓的法线"复选框，并根据"参考"选择框中的内容选择拉伸方向。

4. 抽壳

（1）单击"修饰特征"工具栏中的"抽壳"按钮，弹出"定义盒体"对话框。

（2）在该对话框中选择"凸台.1"的上表面为要移除的面，设置抽壳厚度为"5mm"，其他选项采用默认设置，如图 3-60 所示。

（3）单击"确定"按钮，抽壳后的实体如图 3-61 所示。

图 3-60　"定义盒体"对话框　　　　　　图 3-61　抽壳后的实体

知识点　　　　　　　　　　　　　　　　　抽壳

抽壳是指保留实体表面的厚度，将零件实体上的某个面移除，使零件实体中空化，也可以在实体表面外增加厚度。

"定义盒体"对话框中的部分选项说明如下。

（1）默认内侧厚度：从实体表面向内保留的厚度。

（2）默认外侧厚度：从实体表面向外增加的厚度，默认值为 0。

（3）要移除的面：选择要移除的表面，呈深红色显示，默认厚度值会显示在该面上。

（4）其他厚度面：用于定义非默认厚度的表面，呈蓝色显示，并出现该面的厚度值，双击厚度值可以改变该面的厚度。

5. 绘制"草图.2"

（1）单击"草图编辑器"工具栏中的"草图"按钮，在特征树中选择"yz 平面"为草图绘制平面，进入草图绘制平台。

（2）单击"轮廓"工具栏中的"直线"按钮／和"操作"工具栏中的"圆角"按钮，绘制如图 3-62 所示的"草图.2"。单击"工作台"工具栏中的"退出工作台"按钮，退出草图绘制平台。

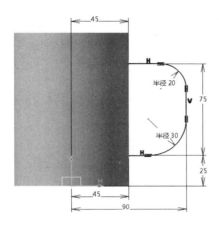

图 3-62 绘制"草图.2"

6. 创建平面

（1）单击"参考元素"工具栏中的"平面"按钮，弹出如图 3-63 所示"平面定义"对话框。

（2）在"平面类型"下拉列表中选择"平行通过点"选项，单击"参考"选择框后在特征树中选择"zx 平面"为参考平面，单击"点"选择框后选择步骤 5 绘制的"草图.2"的上端顶点为参考点，单击"确定"按钮，完成平面的创建，如图 3-64 所示。

图 3-63 "平面定义"对话框

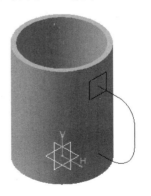

图 3-64 创建平面

知识点	平面

使用 CATIA 软件中的"平面"命令可以根据不同的给定条件生成异于 xy、yz、zx 三基准面的平面，且生成的平面可以作为设计时的参照平面。

"平面定义"对话框中的部分选项说明如下。"平面类型"下拉列表中包括如下选项。

（1）偏移平面：选择该选项，可以通过一个给定的平面及偏移值生成新平面。

- 反转方向：可以更改偏移方向，也可以单击视图中的红色箭头，使之更改。
- 确定后重复对象：可以按照输入的要求同时生成多个平面。

（2）平行通过点：选择该选项，可以创建通过一点且平行于给定平面的新平面。

（3）与平面成一定角度或垂直：选择该选项，可以创建与给定平面成一定角度的平面。首先在打开的对话框中选择一条旋转轴，该轴可以是 x、y、z 轴或者某条直线，然后单击"参考"选择框并选择参考平面，在"角度"文本框中输入旋转角度值。

- 平面法线：单击此按钮，可以将角度直接设置为 90°。
- 把旋转轴投影到参考平面上：将旋转轴投影到参考平面上，此时生成的新平面也将位于投影线上。
- 确定后重复对象：可以同时生成多个平面。

（4）通过三点：选择该选项，可以根据"三点定一平面"定理确定新平面，即将三个相异且不共线的点分别填入"点"选择框，生成新平面。

（5）通过两条直线：选择该选项，可以根据两条直线确定一个新平面。当选择的两条直线不共面时，CATIA 软件会将第二条直线的向量移动到与第一条直线共面处，以此创建新平面。

- 不允许非共面直线：选择此选项，可以禁止在两条不共面的直线间创建新平面。如果试图创建这样的平面，则会弹出更新错误。

（6）通过点和直线：选择该选项，可以通过一点及一条直线创建新平面。通过"点"选择框选择一点，并选择相应直线，即可生成新平面。

（7）通过平面曲线：选择该选项，可以通过一条曲线生成新平面。

（8）曲线的法线：选择该选项，生成通过某点的一条曲线的法线，并将该曲线填入"曲线"选择框，通过"点"选择框选择一点，若不选择点，则默认会选择曲线的中间点。

（9）曲面的切线：选择该选项，并选择相应的曲面及一点，即可生成新平面。

（10）方程式：选择此选项，可以直接通过输入方程式的方法生成新平面，即公式"Ax+By+Cz=D"，在"平面定义"对话框中输入方程式的系数项"A""B""C""D"，单击"确定"按钮，生成新平面。

- 点：在"点"选择框中填入点，系统将生成一个由参数"A""B""C"决定方向并通过该点的平面。
- 与罗盘垂直：单击此按钮，可以生成一个通过选定点且垂直于 z 轴的平面。
- 与屏幕平行：单击此按钮，可以生成一个通过选定点且平行于 z 轴的平面。

（11）平均通过点：选择此选项，通过"点"选择框选择多个点，即可生成取多个点的平均所构成的平面。

7. 绘制"草图.3"

（1）单击"草图编辑器"工具栏中的"草图"按钮，在特征树中选择步骤 6 创建的平面为草图绘制平面，进入草图绘制平台。

（2）单击"轮廓"工具栏中的"圆"按钮⊙，绘制如图 3-65 所示的"草图.3"。单击"工作台"工具栏中的"退出工作台"按钮，退出草图绘制平台。

8. 创建杯把

（1）单击"基于草图的特征"工具栏中的"肋"按钮，弹出如图 3-66 所示的"定义肋"对话框。

图 3-65　绘制"草图.3"

图 3-66　"定义肋"对话框

（2）选择步骤 7 绘制的"草图.3"为轮廓，选择步骤 5 绘制的"草图.2"为扫掠的中心曲线，在"控制轮廓"选项组中选择"保持角度"选项，并勾选"合并肋的末端"复选框。

（3）单击"确定"按钮，完成杯把的创建，如图 3-67 所示。

9. 倒圆角

（1）单击"修饰特征"工具栏中的"倒圆角"按钮，弹出如图 3-68 所示的"倒圆角定义"对话框。

图 3-67　创建杯把

图 3-68　"倒圆角定义"对话框

（2）在该对话框中单击"半径"按钮和"常量"按钮，在"半径"文本框中输入半径值"2mm"，选择模型上表面的两条边线为要圆角化的对象，单击"确定"按钮，倒圆角后的实体如图 3-69 所示。

（3）采用相同的方法，在"半径"文本框中输入半径值"5mm"，选择杯把与杯体连接边线为要圆角化的对象，倒圆角后的实体如图 3-70 所示。

图 3-69　倒圆角后的实体（1）

图 3-70　倒圆角后的实体（2）

10. 保存文件

选择菜单栏中的"文件"→"保存"命令，弹出"另存为"对话框，采用默认设置，单击"保存"按钮，保存文件。

3.2.2　打印模型

首先根据 3.1.2 节步骤 3 中相应的步骤（1）～（3）进行参数设置，然后根据相应的步骤（4）～（8）进行操作即可。

3.2.3　处理模型

1. 取出模型

打印完成后，将打印平台降至零位，使用刀片等工具将模型底部与平台底部撬开，以便取出模型。取出后的牛奶杯模型如图 3-71 所示。

图 3-71　取出后的牛奶杯模型

2. 去除支撑

如图 3-71 所示，取出后的牛奶杯模型底部存在一些打印过程中生成的支撑，可以使用刀片、钢丝钳、尖嘴钳等工具将牛奶杯模型底部的支撑去除。

3. 打磨模型

根据去除支撑后的模型粗糙程度，可先用锉刀、粗砂纸等工具对支撑与模型接触的部位进行粗磨，然后用较细粒度的砂纸对模型进一步打磨，处理后的牛奶杯模型如图 3-72 所示。

图 3-72　处理后的牛奶杯模型

3.3 纽扣

首先利用 CATIA 软件创建纽扣模型，然后利用 Cura 软件进行参数设置并打印，最后对打印出来的纽扣模型进行去除毛刺处理，如图 3-73 所示。

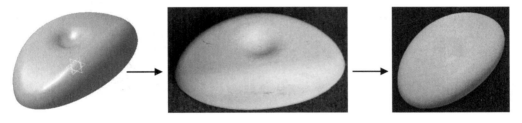

图 3-73　纽扣模型的创建流程

3.3.1　创建模型

首先绘制草图，通过"凸台"和"凹槽"命令创建纽扣模型的外形；然后绘制草图，通过"旋转槽"命令创建纽扣模型的凹槽部分；最后通过"倒圆角"命令对其进行倒圆角处理。

1. 新建文件

选择菜单栏中的"开始"→"机械设计"→"零件设计"命令，弹出"新建零件"对话框，输入零件名称"niukou"，单击"确定"按钮，进入零件设计平台。

2. 绘制"草图.1"

（1）单击"草图编辑器"工具栏中的"草图"按钮，在特征树中选择"xy 平面"为草图绘制平面，进入草图绘制平台。

（2）单击"轮廓"工具栏中的"椭圆"按钮，以坐标原点为圆心绘制椭圆，如图 3-74 所示。单击"工作台"工具栏中的"退出工作台"按钮，退出草图绘制平台。

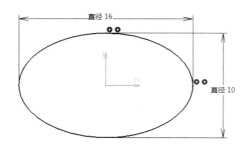

图 3-74　绘制"草图.1"

3. 创建凸台

（1）单击"基于草图的特征"工具栏中的"凸台"按钮，弹出"定义凸台"对话框。

（2）在该对话框"第一限制"选项组的"类型"下拉列表中选择"尺寸"选项，在"长度"文本框中输入"5mm"，在"轮廓/曲面"选项组中选择步骤 2 绘制的"草图.1"为凸台拉伸的轮廓，如图 3-75 所示。

（3）单击"确定"按钮，创建凸台，如图 3-76 所示。

图 3-75　"定义凸台"对话框

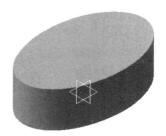

图 3-76　创建凸台

4. 绘制"草图.2"

（1）单击"草图编辑器"工具栏中的"草图"按钮，在特征树中选择"zx 平面"为草图绘制平面，进入草图绘制平台。

（2）绘制如图 3-77 所示的"草图.2"。单击"工作台"工具栏中的"退出工作台"按钮，退出草图绘制平台。

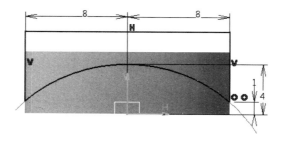

图 3-77　绘制"草图.2"

5. 创建凹槽

（1）单击"凹槽"工具栏中的"凹槽"按钮 ，弹出"定义凹槽"对话框。

（2）在该对话框"第一限制"选项组的"类型"下拉列表中选择"尺寸"选项，在"深度"文本框中输入"10mm"，系统自动选择步骤 4 绘制的"草图.2"为轮廓。单击"更多"按钮，展开"定义凹槽"对话框，在"第二限制"选项组中的"深度"文本框中输入"10mm"，如图 3-78 所示。

（3）单击"确定"按钮，生成的模型如图 3-79 所示。

图 3-78　展开的"定义凹槽"对话框

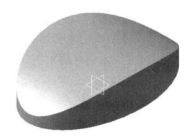

图 3-79　生成的模型

知识点	凹槽

凹槽功能是指对实体进行挖切操作。"凹槽"与"凸台"命令的功能相反，表示从现有特征中移除材料的拉伸特征。"定义凹槽"对话框与"定义凸台"对话框相似，这里不再详细介绍。

6. 拔模操作

（1）单击"修饰特征"工具栏中的"拔模斜度"按钮 ，弹出"定义拔模"对话框，如图 3-80 所示。

（2）在"角度"文本框中输入拔模角度值"1deg"，选择图 3-80 中标识的面为要拔模的面；选择步骤 3 创建的凸台下表面为中性面。单击"确定"按钮，拔模后的实体如图 3-81 所示。

图 3-80　"定义拔模"对话框与实体

图 3-81　拔模后的实体

知识点	拔模

在铸造零件时，为了使零件能够被轻松地从铸模中取出，通常会在零件表面上设计一个倾斜角，该角被称为拔模角。

"定义拔模"对话框中的部分选项说明如下。

（1）角度：拔模面与拔模方向之间的夹角。

（2）要拔模的面：在绘图区中选择需要拔模的实体表面，之后通过单击"要拔模的面"选择框右侧的 按钮来对拔模面列表进行编辑。如果勾选了下面的"通过中性面选择"复选框，则无须对"要拔模的面"进行定义，系统将自动根据中性面选择作为拔模面的实体面。

（3）通过中性面选择：勾选该复选框，表示拔模面的选择将通过所选择的中性面来决定，即所有与中性面相交的实体表面都是拔模面。

（4）中性元素：在拔模时保持不变的元素。可以通过该元素定义中性曲线，且拔模面将位于此曲线上。

- 选择：可以选择分模面。分模面即中性面，单击"中性元素"选项组下的"选择"选择框后即可选择分模面。分模面可以由许多连续或不连续的面组成，也可以是曲面，系统将第一个选择的分模面的垂直方向作为拔模方向。
- 拓展：包含"无"和"光顺"两个选项。
  - ➤ 无：表示没有任何拓展。
  - ➤ 光顺：表示系统将相切拓展的面集成到中性面上以定义中性元素。

（5）拔模方向：拉出方向即拔模方向，在默认情况下，拉出方向垂直于中性面；也可以在"拔模方向"选项组中的"选择"选择框中单击，并在绘图区中选择需要的方向作为创建拔模特征的拉出方向。

- 由参考控制：勾选该复选框表示当定义的元素改变时拔模方向也随之改变；当拔模方向定义好后，取消勾选该复选框表示拔模方向不再随定义的元素改变而改变。

（6）分离元素：平面或曲面将零件分割成两部分，并且每部分都根据它先前定义的方向进行拔模。中性元素与分离元素可以是同一元素。

- 分离=中性：当分模面穿过拔模面时，分模面将拔模面分成上下两部分，若用户只想对其中一侧施加拔模特征，则此时用户可以通过勾选"分离=中性"复选框来实现。勾选该复选框后，只对拔模方向指向的一侧拔模面施加拔模特征。
- 双侧拔模：当分模面穿过拔模面时，若用户想对拔模面进行双向拔模，则同时勾选"分离=中性"和"双侧拔模"复选框即可。此时，系统将以分模面为界，对选定的拔模面向两个方向同时施加拔模特征。
- 定义分离元素：激活该选项后，单击下面的"选择"选择框，并在绘图区中选择平面或曲面来定义分离元素。

（7）限制元素：限制拔模特征的作用范围，可以定义多个限制元素，并且每个元素的作用方向都是独立的。

（8）拔模形式：包括"圆锥面"和"正方形"两种形式，在默认情况下，系统采用"圆锥面"形式。当分模线中含有圆弧或自由曲线时，在拔模角比较大的条件下，采用"正方形"

形式可以避免由于某些元素在拔模时收缩产生尖点而导致的错误。

7. 绘制"草图.3"

（1）单击"草图编辑器"工具栏中的"草图"按钮，在特征树中选择"zx 平面"为草图绘制平面，进入草图绘制平台。

（2）单击"轮廓"工具栏中的"轴"按钮，绘制一条竖直轴，单击"圆"工具栏中的"弧"按钮，绘制如图 3-82 所示的"草图.3"。单击"工作台"工具栏中的"退出工作台"按钮，退出草图绘制平台。

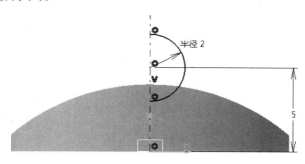

图 3-82　绘制"草图.3"

8. 创建纽扣模型的凹槽部分

（1）单击"基于草图的特征"工具栏中的"旋转槽"按钮，弹出"定义旋转槽"对话框，如图 3-83 所示。

（2）系统自动选择步骤 7 绘制的"草图.3"为旋转截面，选择"草图轴线"为旋转轴，其他选项采用默认设置。

（3）单击"确定"按钮，完成纽扣模型凹槽部分的创建，如图 3-84 所示。

图 3-83　"定义旋转槽"对话框

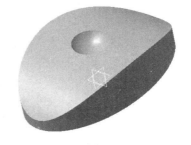

图 3-84　创建纽扣模型的凹槽部分

| 知识点 | 旋转槽 |

"旋转槽"与"旋转体"命令的功能相反，表示从现有特征中移除材料的旋转体。"定义旋转槽"对话框与"定义旋转体"对话框相似，这里不再详细介绍。

9. 倒圆角

（1）单击"修饰特征"工具栏中的"倒圆角"按钮 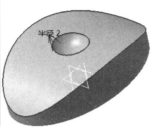，弹出"倒圆角定义"对话框。

（2）在该对话框中单击"半径"按钮 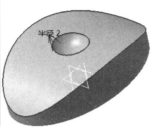 和"常量"按钮 ，在"半径"文本框中输入半径值"2mm"，选择如图 3-85 所示的边线为要圆角化的对象，单击"确定"按钮，倒圆角后的实体如图 3-86 所示。

图 3-85 "倒圆角定义"对话框与实体   图 3-86 倒圆角后的实体

10. 保存文件

选择菜单栏中的"文件"→"保存"命令，弹出"另存为"对话框，采用默认设置，单击"保存"按钮，保存文件。

3.3.2 打印模型

为了得到较好的打印效果，可以将模型放大至合理尺寸。首先单击"niukou"模型，在三维视图的左下角会出现"缩放"按钮 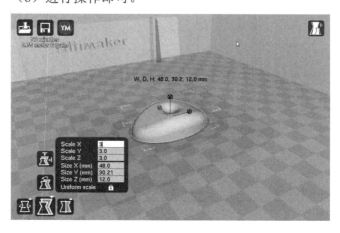，单击该按钮，弹出"缩放"对话框，可以根据实际打印需要，输入沿 x、y、z 轴方向的缩放比例"3"，将模型放大至原来的 3 倍，如图 3-87 所示。然后根据 3.1.2 节步骤 3 中相应的步骤（1）～（3）进行参数设置，其余步骤按步骤 3 中相应的步骤（5）～（8）进行操作即可。

图 3-87 缩放模型

注意

Uniform scale 所对应的图标为 🔒，表示模型在放大和缩小时，整体沿 x、y、z 轴方向同时进行缩放。如果所对应的图标为 🔓，则表示模型在放大和缩小时，x、y、z 轴方向无相互关联，可以沿指定的方向进行缩放。

3.3.3 处理模型

1. 取出模型

打印完成后，将打印平台降至零位，使用刀片等工具将模型底部与平台底部撬开，以便取出模型。取出后的纽扣模型如图 3-88 所示。

2. 去除毛刺

如图 3-88 所示，取出后的纽扣模型存在一些打印过程中生成的毛刺，可以使用锉刀等工具将纽扣模型的毛刺去除。

3. 打磨模型

用较细粒度的砂纸对模型进行打磨，处理后的纽扣模型如图 3-89 所示。

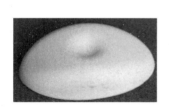

图 3-88 取出后的纽扣模型　　　　　　图 3-89 处理后的纽扣模型

 **3.4 门把手**

首先利用 CATIA 软件创建门把手模型，然后利用 Cura 软件进行参数设置并打印，最后对打印出来的门把手模型进行去除支撑和毛刺处理，如图 3-90 所示。

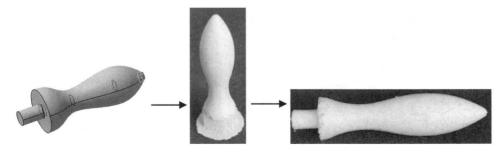

图 3-90 门把手模型的创建流程

3.4.1 创建模型

首先绘制草图，通过"多截面实体"命令创建门把手模型的主体；然后绘制草图，通过"凸台"命令创建门把手模型的凸台部分。

1. 新建文件

选择菜单栏中的"开始"→"机械设计"→"零件设计"命令，弹出"新建零件"对话框，输入零件名称"menbashou"，单击"确定"按钮，进入零件设计平台。

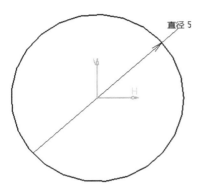

图 3-91 绘制"草图.1"

2. 绘制"草图.1"

（1）单击"草图编辑器"工具栏中的"草图"按钮，在特征树中选择"xy 平面"为草图绘制平面，进入草图绘制平台。

（2）单击"轮廓"工具栏中的"圆"按钮，以坐标原点为圆心绘制直径为 5 的圆，如图 3-91 所示。单击"工作台"工具栏中的"退出工作台"按钮，退出草图绘制平台。

3. 创建"平面.1"

（1）单击"参考元素"工具栏中的"平面"按钮，弹出"平面定义"对话框。

（2）在该对话框中选择"偏移平面"平面类型，在特征树中选择"xy 平面"为参考平面，输入偏移值"20mm"，如图 3-92 所示。

（3）单击"确定"按钮，完成"平面.1"的创建。

4. 绘制"草图.2"

（1）单击"草图编辑器"工具栏中的"草图"按钮，选择步骤 3 创建的"平面.1"为草图绘制平面，进入草图绘制平台。

（2）单击"轮廓"工具栏中的"圆"按钮，以坐标原点为圆心绘制直径为 25 的圆。单击"工作台"工具栏中的"退出工作台"按钮，退出草图绘制平台。

5. 创建"平面.2"

（1）单击"参考元素"工具栏中的"平面"按钮，弹出"平面定义"对话框。

（2）在该对话框中选择"偏移平面"平面类型，在特征树中选择"平面.1"为参考平面，输入偏移值"30mm"，如图 3-93 所示。

图 3-92 "平面定义"对话框（1）

图 3-93 "平面定义"对话框（2）

（3）单击"确定"按钮，完成"平面.2"的创建。

6. 绘制"草图.3"

（1）单击"草图编辑器"工具栏中的"草图"按钮，选择步骤 5 创建的"平面.2"为草图绘制平面，进入草图绘制平台。

（2）单击"轮廓"工具栏中的"圆"按钮，以坐标原点为圆心绘制直径为 15 的圆。单击"工作台"工具栏中的"退出工作台"按钮，退出草图绘制平台。

7. 创建"平面.3"

（1）单击"参考元素"工具栏中的"平面"按钮，弹出"平面定义"对话框。

（2）在该对话框中选择"偏移平面"平面类型，在特征树中选择"平面.2"为参考平面，输入偏移值"20mm"，如图 3-94 所示。

（3）单击"确定"按钮，完成"平面.3"的创建。

图 3-94　"平面定义"对话框（3）

8. 绘制"草图.4"

（1）单击"草图编辑器"工具栏中的"草图"按钮，选择步骤 7 创建的"平面.3"为草图绘制平面，进入草图绘制平台。

（2）单击"轮廓"工具栏中的"圆"按钮，以坐标原点为圆心绘制直径为 30 的圆。单击"工作台"工具栏中的"退出工作台"按钮，退出草图绘制平台。

9. 创建"平面.4"

（1）单击"参考元素"工具栏中的"平面"按钮，弹出"平面定义"对话框。

（2）在该对话框中选择"偏移平面"平面类型，在特征树中选择"平面.3"为参考平面，输入偏移值"2mm"。

（3）单击"确定"按钮，完成"平面.4"的创建。

10. 绘制"草图.5"

（1）单击"草图编辑器"工具栏中的"草图"按钮，选择步骤 9 创建的"平面.4"为草图绘制平面，进入草图绘制平台。

（2）单击"轮廓"工具栏中的"圆"按钮，以坐标原点为圆心绘制直径为 30 的圆。单击"工作台"工具栏中的"退出工作台"按钮，退出草图绘制平台。

11. 创建多截面实体

（1）单击"基于草图的特征"工具栏中的"多截面实体"按钮，弹出"多截面实体定义"对话框。

（2）依次选择"草图.1"、"草图.2"、"草图.3"、"草图.4"和"草图.5"为截面轮廓，调整闭合点大致位于同一条直线上，且保证旋转方向相同，如图3-95所示。

（3）单击"确定"按钮，完成多截面实体的创建，如图3-96所示。

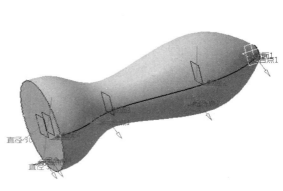

图3-95　"多截面实体定义"对话框与实体

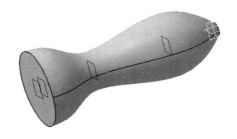

图3-96　多截面实体

 知识点　　　　　　　　　　　　　　　　多截面实体

放样实体，即利用两个或两个以上不同的轮廓，沿着某一条中心线扫掠，以渐变的方式形成的封闭实体。在扫掠的过程中，用户可以定义一条或多条引导线以对多截面实体进行限制，而多截面实体就是在截面轮廓扫掠过的空间中以填充材料的方式形成的特征。

"多截面实体定义"对话框中的部分选项说明如下。

（1）截面轮廓：对话框中的第一个列表框用于对截面轮廓进行定义，在绘图区中选择需要的截面轮廓，所选择的截面轮廓会被自动添加到该列表框中。在选择多条截面轮廓时，注意选择的顺序，有时选择截面轮廓的顺序不同，扫掠结果也会不同，一般遵循"从头至尾"的原则。计算机将根据截面轮廓选择顺序进行截面编号，并显示在"编号"列中，同时在"截面"列中显示截面名称，注意所选择的截面轮廓不能相交。在该列表框中右击任意截面，可以在弹出的快捷菜单中选择相应命令以对截面轮廓进行编辑，如图3-97所示。

● 替换：在绘图区中选择新的截面轮廓替换列表框中的现有截面轮廓。

- 移除：从列表框中删除选中的截面轮廓。
- 编辑闭合点：闭合点是用于定义两截面相对转角的点，由于每条截面轮廓都是封闭的，在光滑连接时，各截面难免发生扭转的现象，因此通过闭合点可以有效地控制该现象的发生。选择快捷菜单中的"编辑闭合点"命令，弹出如图 3-98 所示的"极值定义"对话框，可以通过该对话框对闭合点进行编辑。
- 替换闭合点：在绘图区中选择新的点替换列表框中的闭合点。
- 移除闭合点：从列表框中删除所选截面轮廓上的闭合点。
- 添加：向列表框中添加截面轮廓，新添加的截面轮廓将位于列表框的最下方。
- 之后添加：将在绘图区中选中的截面轮廓添加到列表框中当前被选中的截面轮廓之后。
- 之前添加：将在绘图区中选中的截面轮廓添加到列表框中当前被选中的截面轮廓之前。

图 3-97　快捷菜单

图 3-98　"极值定义"对话框

（2）引导线："引导线"选项卡用于控制从一条截面轮廓任意一点到另一条截面轮廓任意一点间的连接轨迹。首先单击"引导线"选项卡，并单击该选项卡中的列表框下方的"…"标记，然后在绘图区中选择需要的引导线。引导线必须依次通过每个截面，并且必须与每个截面相交，它可以是任意空间曲线、平面曲线或折线。选中定义的引导线，单击鼠标右键，在弹出的快捷菜单中选择"替换"、"移除"、"添加"、"之后添加"或"之前添加"等命令以实现对引导线的编辑。

（3）脊线："引导线"选项卡只能控制截面轮廓上几个点间的连接轨迹，无法影响各截面间的连接曲面的整体走势，而通过"脊线"选项卡可以实现这一功能。在默认情况下，系统会根据所选截面轮廓的形状和位置自动计算脊线，无须用户自己定义。但如果要对脊线进行重新定义，则可以单击"脊线"选项卡，并单击"脊线"字段，之后在绘图区中选择脊线。自定义的脊线只能有一条，可以是直线、平面曲线或空间曲线，要求脊线依次穿过所有的截面，且必须保证所定义的脊线切矢连续。

（4）耦合："耦合"选项卡用于控制各截面间的过渡轮廓的形状。"耦合"选项卡中提供了4种耦合类型，如图3-99所示。

- 比率：以图形的比例方式耦合，将轮廓沿着闭合点的方向等分，再将等分的线段依序连接，通常用于不同几何图形的相接，如圆与四边形的相接。
- 相切：以轮廓上的斜率不连续点作为耦合点，若两个图形的斜率不连续、点数不同，则无法使用此方式。
- 相切然后曲率：以轮廓上的曲率不连续点作为耦合点，若两个图形的曲率不连续、点数不同，则无法使用此方式。
- 顶点：根据曲线的顶点对曲线进行耦合。如果曲线的顶点数不同，则无法使用此方式。

（5）重新限定："重新限定"选项卡用于根据多截面实体两端的模型实体对多截面实体的起始端和终止端进行约束，以保证多截面实体与相邻实体的平滑过渡。"重新限定"选项卡中提供了"起始截面重新限定"和"最终截面重新限定"两个复选框，如图3-100所示。勾选这两个复选框表示多截面实体的起始端和终止端受到相邻实体的约束。

图3-99 "耦合"选项卡

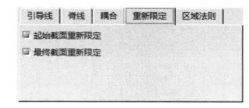

图3-100 "重新限定"选项卡

（6）光顺参数："光顺参数"选项组中包括"角度修正"和"偏差"两个选项。

- 角度修正：沿参考引导线光顺多截面实体。如果检测到脊线相切或参考引导线的法线存在轻微的不连续，则可能需要执行此操作。光顺操作可作用于任何角度偏差小于0.5°的不连续情况，因此有助于生成质量更好的多截面实体。
- 偏差：通过偏移引导线光顺多截面实体。

如果同时使用"角度修正"和"偏差"选项，则不能保证脊线平面保持在给定的公差区域中，可以先在"偏差"范围内大概计算出脊线，然后在"角度修正"范围内调整每个移动平面。

12. 绘制"草图.6"

（1）选择多截面实体的底面，单击"草图编辑器"工具栏中的"草图"按钮，进入草图绘制平台。

（2）单击"轮廓"工具栏中的"圆"按钮，绘制圆心为坐标原点、直径为10的圆。单击"工作台"工具栏中的"退出工作台"按钮，退出草图绘制平台。

13. 创建凸台

（1）单击"基于草图的特征"工具栏中的"凸台"按钮，弹出"定义凸台"对话框。

（2）在该对话框"第一限制"选项组的"类型"下拉列表中选择"尺寸"选项，在"长度"文本框中输入"15mm"，在"轮廓/曲面"选项组中选择步骤12绘制的"草图.6"为凸台拉伸的轮廓，如图 3-101 所示。

（3）单击"确定"按钮，创建凸台，如图 3-102 所示。

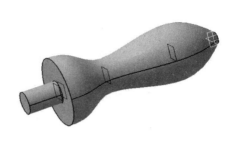

图 3-101　"定义凸台"对话框　　　　　　　图 3-102　创建凸台

14. 保存文件

选择菜单栏中的"文件"→"保存"命令，弹出"另存为"对话框，采用默认设置，单击"保存"按钮，保存文件。

3.4.2　打印模型

首先根据 3.1.2 节步骤 3 中相应的步骤（1）～（3）进行参数设置，然后根据步骤（4）的操作方法将"menbashou"模型旋转 180°，旋转后的模型如图 3-103 所示，其余步骤按相应的步骤（5）～（8）操作即可。

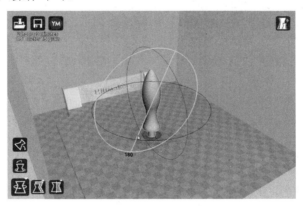

图 3-103　旋转后的模型

3.4.3　处理模型

1. 取出模型

打印完成后，将打印平台降至零位，使用刀片等工具将模型底部与平台底部撬开，以便取出模型。取出后的门把手模型如图 3-104 所示。

2. 去除支撑

如图 3-104 所示，取出后的门把手模型底部存在一些打印过程中生成的支撑，可以使用刀片、钢丝钳、尖嘴钳等工具将门把手模型底部的支撑去除，如图 3-105 所示。

图 3-104　取出后的门把手模型

图 3-105　去除门把手模型底部的支撑

3. 打磨模型

根据去除支撑后的模型粗糙程度，可先用锉刀、粗砂纸等工具对支撑与模型接触的部位进行粗磨，如图 3-106 所示，然后用较细粒度的砂纸对模型进一步打磨，处理后的门把手模型如图 3-107 所示。

图 3-106　用锉刀粗磨门把手模型

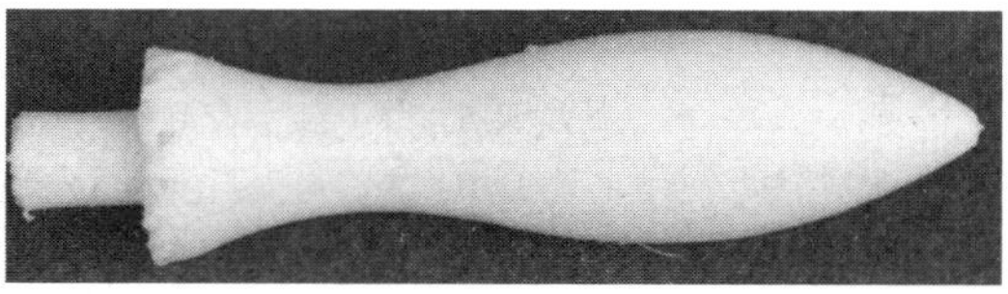

图 3-107　处理后的门把手模型

3.5 瓶盖

首先利用 CATIA 软件创建瓶盖模型，然后利用 Cura 软件进行参数设置并打印，最后对打印出来的瓶盖模型进行去除支撑和毛刺处理，如图 3-108 所示。

图 3-108　瓶盖模型的创建流程

3.5.1　创建模型

首先创建拉伸实体作为瓶盖主体，然后倒圆角并抽壳；接着通过"开槽"命令切出凹槽形，然后将凹槽形切割特征进行阵列；最后通过"开槽"命令绘制内螺纹。

1. 新建文件

选择菜单栏中的"开始"→"机械设计"→"零件设计"命令，弹出"新建零件"对话框，输入零件名称"pinggai"，单击"确定"按钮，进入零件设计平台。

2. 绘制"草图.1"

（1）单击"草图编辑器"工具栏中的"草图"按钮，在特征树中选择"xy 平面"为草图绘制平面，进入草图绘制平台。

（2）单击"轮廓"工具栏中的"圆"按钮，绘制圆心为坐标原点、直径为 24 的圆，如图 3-109 所示。单击"工作台"工具栏中的"退出工作台"按钮，退出草图绘制平台。

3. 创建凸台

（1）单击"基于草图的特征"工具栏中的"凸台"按钮，弹出"定义凸台"对话框。

图 3-109　绘制"草图.1"

（2）在该对话框"第一限制"选项组的"类型"下拉列表中选择"尺寸"选项，在"长度"文本框中输入"10mm"，在"轮廓/曲面"选项组中选择步骤 2 绘制的"草图.1"为凸台拉伸的轮廓，如图 3-110 所示。

（3）单击"确定"按钮，创建凸台，如图 3-111 所示。

图 3-110　"定义凸台"对话框

图 3-111　创建凸台

4. 倒圆角（1）

（1）单击"修饰特征"工具栏中的"倒圆角"按钮，弹出如图 3-112 所示的"倒圆角

定义"对话框。

（2）在该对话框中单击"半径"按钮和"常量"按钮，在"半径"文本框中输入半径值"3mm"，选择步骤3创建的凸台的上表面边线为要圆角化的对象，单击"确定"按钮，倒圆角后的实体如图3-113所示。

图3-112 "倒圆角定义"对话框（1）　　　　图3-113 倒圆角后的实体（1）

5. 抽壳

（1）单击"修饰特征"工具栏中的"抽壳"按钮，弹出"定义盒体"对话框。

（2）在该对话框中选择步骤3创建的凸台的下表面为要移除的面，设置抽壳厚度为"1.5mm"，其他选项采用默认设置，如图3-114所示。

（3）单击"确定"按钮，抽壳后的实体如图3-115所示。

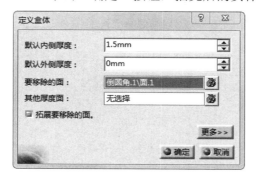

图3-114 "定义盒体"对话框　　　　图3-115 抽壳后的实体

6. 倒角

（1）单击"修饰特征"工具栏中的"倒角"按钮，弹出如图3-116所示的"定义倒角"对话框。

（2）在"模式"下拉列表中选择"长度1/角度"选项，在"长度1"文本框中输入"0.5mm"，在"角度"文本框中输入"45deg"，选择抽壳后的边线为要倒角的对象。单击"确定"按钮，倒角后的实体如图3-117所示。

图 3-116　"定义倒角"对话框

图 3-117　倒角后的实体

　知识点 倒角

倒角特征是指以一个斜面代替两个相交平面的公共边线的几何特征。

"定义倒角"对话框中的部分选项说明如下。

（1）模式：CATIA 软件提供了"长度 1/角度"、"长度 1/长度 2"、"弦长度/角度"和"高度/角度"4 种倒角参数的定义方式。在定义具体参数前，要先确认尺寸的参考方向。在绘图区中选择倒角边线后，该边线将出现红色箭头，箭头指向的一侧就是参考方向，若要改变参考方向，则在绘图区中单击箭头或者勾选对话框最下面的"反转"复选框即可。

- 长度 1/角度：通过定义倒角在参考方向的长度 1 和参考方向的角度来描述倒角。
- 长度 1/长度 2：通过定义倒角在参考方向的长度 1 和另一侧的长度 2 来描述倒角。

（2）长度 1、角度、长度 2。

- 长度 1：定义倒角在参考方向的长度。
- 角度：定义倒角在参考方向的角度。
- 长度 2：定义倒角在参考方向另一侧的长度。

（3）要倒角的对象：在绘图区中选择零件实体上要创建倒角特征的边线。

（4）传播：用于设置倒角的生成方式，包括"相切"和"最小"两种方式。

- 相切：对选定的边线及其相切边线倒角，即在选定边线之外继续倒角，直到遇到相切不连续的边线为止。
- 最小：只对选定的边线倒角。

7. 倒圆角（2）

（1）单击"修饰特征"工具栏中的"倒圆角"按钮，弹出如图 3-118 所示的"倒圆角定义"对话框。

（2）单击"半径"按钮和"常量"按钮，在"半径"文本框中输入半径值"0.5mm"，选择如图 3-118 所示的边线为要圆角化的对象，单击"确定"按钮，倒圆角后的实体如图 3-119 所示。

8. 绘制"草图.2"

（1）单击"草图编辑器"工具栏中的"草图"按钮，在特征树中选择"yz 平面"为草图绘制平面，进入草图绘制平台。

（2）绘制如图 3-120 所示的"草图.2"。单击"工作台"工具栏中的"退出工作台"按钮，退出草图绘制平台。

图 3-118 "倒圆角定义"对话框与实体

图 3-119 倒圆角后的实体（2）

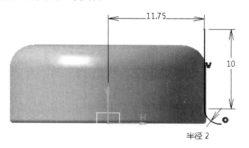

图 3-120 绘制"草图.2"

9. 创建平面

（1）单击"参考元素"工具栏中的"平面"按钮 ，弹出如图 3-121 所示"平面定义"对话框。

（2）在"平面类型"下拉列表中选择"平行通过点"选项，单击"参考"选择框后在特征树中选择"xy 平面"为参考平面，单击"点"选择框后选择步骤 8 绘制的直线上端顶点为参考点，单击"确定"按钮，完成平面的创建，如图 3-122 所示。

图 3-121 "平面定义"对话框

图 3-122 创建平面

10. 绘制"草图.3"

（1）单击"草图编辑器"工具栏中的"草图"按钮，在特征树中选择"xy 平面"为草图绘制平面，进入草图绘制平台。

（2）单击"轮廓"工具栏中的"圆"按钮⊙，绘制如图 3-123 所示的"草图.3"。单击"工作台"工具栏中的"退出工作台"按钮，退出草图绘制平台。

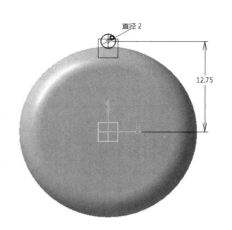

图 3-123　绘制"草图.3"

11. 创建开槽（1）

（1）单击"基于草图的特征"工具栏中的"开槽"按钮，弹出"定义开槽"对话框，如图 3-124 所示。

（2）选择步骤 10 绘制的"草图.3"为轮廓，并选择步骤 8 绘制的"草图.2"为中心曲线，其他选项采用默认设置。

（3）单击"确定"按钮，创建开槽，如图 3-125 所示。

图 3-124　"定义开槽"对话框

图 3-125　创建开槽（1）

知识点　　　　　　　　　　　　开槽

开槽特征与肋特征的不同之处在于，肋特征是在轮廓扫掠的区域中填充材料，而开槽特征则是在扫掠的特征中去除材料，两者的创建方法基本相同。

从"定义开槽"对话框中可以看出，该对话框中各选项的含义和定义方法与"定义肋"对话框中的完全相同，这里不再介绍。

12. 倒圆角（3）

（1）单击"修饰特征"工具栏中的"倒圆角"按钮，弹出如图 3-126 所示的"倒圆角定义"对话框。

（2）单击"半径"按钮和"常量"按钮，在"半径"文本框中输入半径值"0.5mm"，选择步骤 11 创建的开槽的边线为要圆角化的对象，单击"确定"按钮，倒圆角后的实体如图 3-127 所示。

图 3-126 "倒圆角定义"对话框（2）　　图 3-127 倒圆角后的实体（3）

13. 阵列开槽

（1）单击"阵列"工具栏中的"圆形阵列"按钮，弹出"定义圆形阵列"对话框。

（2）在该对话框中设置"参数"为"实例和总角度"，输入实例个数"36"和总角度值"360deg"，选择开槽特征和圆角特征为要阵列的对象，在"参考元素"选择框中单击鼠标右键，在弹出的快捷菜单中选择"Z 轴"命令，其他选项采用默认设置，如图 3-128 所示。

（3）单击"确定"按钮，完成开槽的阵列，如图 3-129 所示。

14. 创建点

（1）单击"线框"工具栏中的"点"按钮，弹出"点定义"对话框。

（2）在该对话框的"点类型"下拉列表中选择"坐标"选项，设置坐标为（10.5,0,0），如图 3-130 所示。单击"确定"按钮，生成点。

图 3-128 "定义圆形阵列"　　图 3-129 阵列开槽　　图 3-130 "点定义"对话框
　　　　　 对话框

15. 创建螺旋线

（1）选择菜单栏中的"开始"→"机械设计"→"线框和曲面设计"命令，进入线框和曲面设计平台。

（2）单击"线框"工具栏中的"螺旋线"按钮，弹出"螺旋曲线定义"对话框。

（3）在该对话框中设置"螺旋类型"为"螺距和转数"，输入螺距值"2mm"和转数"3"，选择步骤 14 创建的点为起点，在"轴"选择框中单击鼠标右键，在弹出的快捷菜单中选择"Z 轴"命令，其他选项采用默认设置，如图 3-131 所示。单击"确定"按钮，完成螺旋线的创建，如图 3-132 所示。

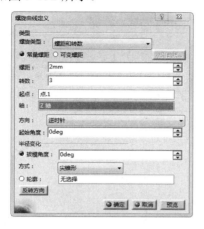

图 3-131　"螺旋曲线定义"对话框

图 3-132　创建螺旋线

16. 绘制"草图.4"

（1）单击"草图编辑器"工具栏中的"草图"按钮 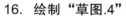，在特征树中选择"yz 平面"为草图绘制平面，进入草图绘制平台。

（2）单击"轮廓"工具栏中的"圆"按钮 ⊙，绘制如图 3-133 所示的"草图.4"。单击"工作台"工具栏中的"退出工作台"按钮 ，退出草图绘制平台。

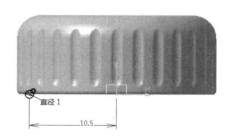

图 3-133　绘制"草图.4"

17. 创建开槽（2）

（1）单击"基于草图的特征"工具栏中的"开槽"按钮 ，弹出"定义开槽"对话框。

（2）在该对话框中选择步骤 16 绘制的"草图.4"为轮廓，选择"螺旋线.1"为中心曲线，其他选项采用默认设置，如图 3-134 所示。

（3）单击"确定"按钮，创建开槽，如图 3-135 所示。

图 3-134　"定义开槽"对话框

图 3-135　创建开槽（2）

18. 保存文件

选择菜单栏中的"文件"→"保存"命令,弹出"另存为"对话框,采用默认设置,单击"保存"按钮,保存文件。

3.5.2 打印模型

首先根据 3.1.2 节步骤 3 中相应的步骤(1)~(3)进行参数设置,然后在步骤(4)中单击"缩放"按钮▓,在弹出的"缩放"对话框中根据实际打印需要,输入沿 x、y、z 轴方向的缩放比例"3",将模型放大至原来的 3 倍,如图 3-136 所示。

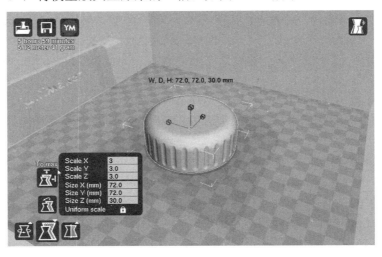

图 3-136　缩放模型

为了减少打印模型时产生的支撑,使模型的外表面更加光滑,不影响内部螺纹结构,可以单击"旋转"按钮▓,使模型周围出现相应的旋转轴,之后单击相应旋转轴,使该旋转轴高亮显示,并将模型旋转 180°,使"pinggai"模型竖直向上放置,如图 3-137 所示。

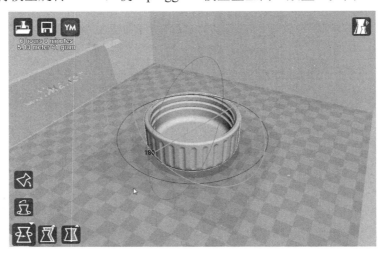

图 3-137　正确放置模型

其余步骤按 3.1.2 节步骤 3 中相应的步骤（5）～（8）操作即可。

 注意

按住鼠标左键即可旋转模型，旋转幅度为 15°，若按住鼠标左键+Shift 键进行旋转，则旋转幅度为 1°。

3.5.3 处理模型

1. 取出模型

打印完成后，将打印平台降至零位，使用刀片等工具将模型底部与平台底部撬开，以便取出模型。取出后的瓶盖模型如图 3-138 所示。

2. 去除支撑

如图 3-138 所示，取出后的瓶盖模型底部，以及主体与底座之间存在一些打印过程中生成的支撑，可以使用刀片、钢丝钳、尖嘴钳等工具将瓶盖模型中存在的支撑去除。

3. 打磨模型

根据去除支撑后的模型粗糙程度，可先用锉刀、粗砂纸等工具对支撑与模型接触的部位进行粗磨，然后用较细粒度的砂纸对模型进一步打磨，处理后的瓶盖模型如图 3-139 所示。

图 3-138 取出后的瓶盖模型

图 3-139 处理后的瓶盖模型

第 **4** 章

电器产品造型及 3D 打印

本章导读

　　3D 打印机可以高效生产为客户量身定制的产品和部件，因此在全球范围内迅速普及。不过，与使用模具量产树脂等产品的传统方法相比，3D 打印机的生产效率比较低，所以一直以来被认为不适用于家电和汽车等产品的生产。由于 3D 打印机可以生产出一种可缩短树脂冷却时间的特殊结构的模具，因此可以提高部件生产效率、降低生产成本，未来将应用于家电产品。

　　本章主要介绍常见的几款电器产品，如电源插头、话筒插头、电话机座、吹风机模型的创建及 3D 打印过程。通过本章的学习，读者应当掌握如何在 CATIA 软件中创建模型并将其导入到 Cura 软件中以打印出模型。

4.1 电源插头

　　首先利用 CATIA 软件创建电源插头模型，然后利用 Cura 软件进行参数设置并打印，最后对打印出来的电源插头模型进行去除支撑和毛刺处理，如图 4-1 所示。

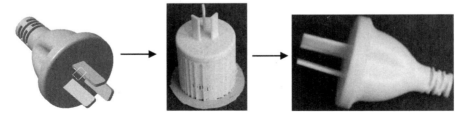

图 4-1　电源插头模型的创建流程

4.1.1 创建模型

　　首先通过"凸台"和"旋转体"命令创建电源插头模型的主体；然后进行拉伸、倒圆角、切割及阵列等操作；最后进行切割、阵列、镜像及拉伸等操作，创建尾部及金属插片。

1. 新建文件

选择菜单栏中的"开始"→"机械设计"→"零件设计"命令，弹出"新建零件"对话框，输入零件名称"dianyuanchatou"，单击"确定"按钮，进入零件设计平台。

2. 绘制"草图.1"

（1）单击"草图编辑器"工具栏中的"草图"按钮，在特征树中选择"xy 平面"为草图绘制平面，进入草图绘制平台。

（2）单击"轮廓"工具栏中的"圆"按钮⊙，以坐标原点为圆心绘制直径为 50 的圆。单击"工作台"工具栏中的"退出工作台"按钮，退出草图绘制平台。

3. 创建"凸台.1"

（1）单击"基于草图的特征"工具栏中的"凸台"按钮，弹出"定义凸台"对话框。

（2）在该对话框"第一限制"选项组的"类型"下拉列表中选择"尺寸"选项，在"长度"文本框中输入"8mm"，在"轮廓/曲面"选项组中选择步骤 2 绘制的"草图.1"为凸台拉伸的轮廓，如图 4-2 所示。

（3）单击"确定"按钮，创建"凸台.1"，如图 4-3 所示。

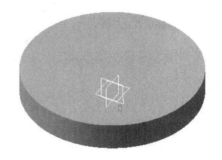

图 4-2　"定义凸台"对话框（1）　　　　图 4-3　创建"凸台.1"

4. 绘制"草图.2"

（1）单击"草图编辑器"工具栏中的"草图"按钮，在特征树中选择"yz 平面"为草图绘制平面，进入草图绘制平台。

（2）绘制如图 4-4 所示的"草图.2"。单击"工作台"工具栏中的"退出工作台"按钮，退出草图绘制平台。

5. 创建旋转体

（1）单击"基于草图的特征"工具栏中的"旋转体"按钮，弹出如图 4-5 所示的"定义旋转体"对话框。

（2）系统自动选择步骤 4 绘制的"草图.2"为轮廓，选择"草图轴线"为旋转轴，在"第一角度"和"第二角度"文本框中分别输入"360deg"和"0deg"。

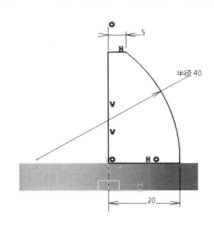

图 4-4　绘制"草图.2"

图 4-5　"定义旋转体"对话框

（3）单击"确定"按钮，创建旋转体，如图 4-6 所示。

6．绘制"草图.3"

（1）单击"草图编辑器"工具栏中的"草图"按钮，在视图中选择旋转体的上表面为草图绘制平面，进入草图绘制平台。

（2）单击"轮廓"工具栏中的"圆"按钮，以坐标原点为圆心绘制直径为 15 的圆。单击"工作台"工具栏中的"退出工作台"按钮，退出草图绘制平台。

7．创建"凸台.2"

图 4-6　创建旋转体

（1）单击"基于草图的特征"工具栏中的"凸台"按钮，弹出"定义凸台"对话框。

（2）在展开的"定义凸台"对话框中，在"第一限制"和"第二限制"选项组的"类型"下拉列表中选择"尺寸"选项，在"长度"文本框中输入"17.5mm"，在"轮廓/曲面"选项组中选择步骤 6 绘制的"草图.3"为凸台拉伸的轮廓，如图 4-7 所示。

（3）单击"确定"按钮，创建"凸台.2"，如图 4-8 所示。

图 4-7　展开的"定义凸台"对话框

图 4-8　创建"凸台.2"

8. 拔模操作

（1）单击"修饰特征"工具栏中的"拔模斜度"按钮 ，弹出"定义拔模"对话框，如图 4-9 所示。

图 4-9　"定义拔模"对话框与实体

（2）在该对话框的"角度"文本框中输入拔模角度值"3deg"，选择"凸台.2"的圆柱面为要拔模的面，选择"凸台.2"的上表面为中性面，单击"确定"按钮，拔模后的实体如图 4-10 所示。

9. 倒圆角（1）

（1）单击"修饰特征"工具栏中的"倒圆角"按钮 ，弹出"倒圆角定义"对话框，如图 4-11 所示。

（2）在该对话框中单击"半径"按钮 和"常量"按钮，在"半径"文本框中输入半径值"10mm"，选择凹槽中间边线为要圆角化的对象，单击"确定"按钮，倒圆角后的实体如图 4-12 所示。

图 4-10　拔模后的实体

图 4-11　"倒圆角定义"对话框与实体（1）

图 4-12　倒圆角后的实体（1）

10. 绘制"草图.4"

（1）单击"草图编辑器"工具栏中的"草图"按钮，在特征树中选择如图 4-12 所示的平面1为草图绘制平面，进入草图绘制平台。

（2）单击"轮廓"工具栏中的"直线"按钮／，绘制如图4-13所示的"草图.4"。单击"工作台"工具栏中的"退出工作台"按钮↥，退出草图绘制平台。

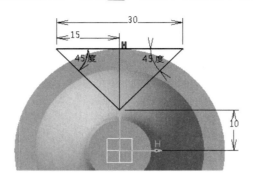

图4-13　绘制"草图.4"

11. 创建"凹槽.1"

（1）单击"基于草图的特征"工具栏中的"凹槽"按钮，弹出"定义凹槽"对话框，如图4-14所示。

（2）在展开的"定义凹槽"对话框中，在"第一限制"和"第二限制"选项组的"类型"下拉列表中选择"直到最后"选项，在"轮廓/曲面"选项组中选择步骤10绘制的"草图.4"为凹槽的轮廓。

（3）单击"确定"按钮，创建"凹槽.1"，如图4-15所示。

图4-14　"定义凹槽"对话框

图4-15　创建"凹槽.1"

12. 圆形阵列"凹槽.1"

（1）单击"阵列"工具栏中的"圆形阵列"按钮，弹出"定义圆形阵列"对话框。

（2）在该对话框中设置"参数"为"实例和角度间距"，输入实例个数"3"和角度间距值"120deg"，选择步骤11创建的"凹槽.1"为要阵列的对象，在"参考元素"选择框中单击鼠标右键，在弹出的快捷菜单中选择"Z轴"命令，其他选项采用默认设置，如图4-16所示。

（3）单击"确定"按钮，完成"凹槽.1"的阵列，如图4-17所示。

图 4-16　"定义圆形阵列"对话框　　　　图 4-17　阵列"凹槽.1"

13. 倒圆角（2）

（1）单击"修饰特征"工具栏中的"倒圆角"按钮，弹出"倒圆角定义"对话框，如图 4-18 所示。

（2）在该对话框中单击"半径"按钮和"常量"按钮，在"半径"文本框中输入半径值"5mm"，选择凹槽中间边线为要圆角化的对象，单击"确定"按钮，倒圆角后的实体如图 4-19 所示。

图 4-18　"倒圆角定义"对话框与实体（2）　　　图 4-19　倒圆角后的实体（2）

（3）重复执行"倒圆角"命令，选择图 4-19 中标识的边线进行倒圆角处理，设置圆角半径为"5mm"，结果如图 4-20 所示。

（4）重复执行"倒圆角"命令，选择图 4-20 中标识的边线进行倒圆角处理，设置圆角半径为"5mm"，结果如图 4-21 所示。

14. 绘制"草图.5"

（1）单击"草图编辑器"工具栏中的"草图"按钮，在特征树中选择"zx 平面"为草图绘制平面，进入草图绘制平台。

（2）单击"轮廓"工具栏中的"矩形"按钮，绘制如图 4-22 所示的"草图.5"。单击"工作台"工具栏中的"退出工作台"按钮 ，退出草图绘制平台。

  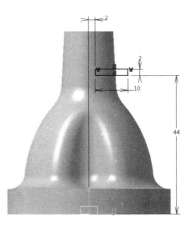

图 4-20　倒圆角后的实体（3）　图 4-21　倒圆角后的实体（4）　图 4-22　绘制"草图.5"

15. 创建"凹槽.2"

（1）单击"基于草图的特征"工具栏中的"凹槽"按钮 ，弹出"定义凹槽"对话框。

（2）在展开的"定义凹槽"对话框中，在"第一限制"和"第二限制"选项组的"类型"下拉列表中选择"尺寸"选项，在"深度"文本框中输入"20mm"，在"轮廓/曲面"选项组中选择步骤 14 绘制的"草图.5"为凹槽的轮廓，如图 4-23 所示。

（3）单击"确定"按钮，创建"凹槽.2"，如图 4-24 所示。

图 4-23　展开的"定义凹槽"对话框（1）　　　　图 4-24　创建"凹槽.2"

16. 矩形阵列"凹槽.2"

（1）单击"变换特征"工具栏中的"矩形阵列"按钮 ，弹出"定义矩形阵列"对话框，选择步骤 15 创建的"凹槽.2"为要阵列的对象。

（2）在"第一方向"选项卡的"参数"下拉列表中选择"实例和间距"选项，在"实例"文本框中输入"2"，在"间距"文本框中输入"6mm"，通过"参考元素"选择框选择"Z 轴"为参考元素，如图 4-25 所示。

（3）其他选项采用默认设置，单击"确定"按钮，完成"凹槽.2"的阵列，如图 4-26 所示。

图 4-25　第一方向设置（1）

图 4-26　阵列"凹槽.2"

 知识点　　　　　　　　　　　　矩形阵列

矩形阵列会将原始特征复制为按矩形排列的重复特征。

"定义矩形阵列"对话框中的部分选项说明如下。

"第一方向"和"第二方向"选项卡分别用于定义矩形阵列沿矩形两条边上的参数，当然，不一定要定义第二方向，仅定义一个方向也可以创建阵列。第一方向和第二方向涉及的选项完全相同，下面仅对第一方向涉及的选项的含义进行介绍。

- 参数：提供了 4 种不同的矩形阵列参数定义方式。
  - ➤ 实例和长度：通过定义需要创建的重复特征个数和这些特征沿参考方向上的总长度来创建矩形阵列。选择该方式后，需要在下面的"实例"和"长度"文本框中分别输入实例个数和实体特征总长度值。
  - ➤ 实例和间距：通过定义需要创建的重复特征个数和各重复特征沿参考方向上的间距来创建矩形阵列。选择该方式后，需要在下面的"实例"和"间距"文本框中分别输入实例个数和各特征之间的间距值。
  - ➤ 间距和长度：通过定义各重复特征沿参考方向上的间距和这些特征沿参考方向上的总长度来创建矩形阵列。选择该方式后，需要在下面的"间距"和"长度"文本框中分别输入各特征之间的间距值和实体特征总长度值。
  - ➤ 实例和不等间距：前面 3 种方式都用于创建等间距的重复特征，但有时重复特征的分布是不等间距的。在这种情况下，可以借助"实例和不等间距"方式来实现不等间距的重复特征创建，即通过定义重复特征的个数和每两个相邻特征之间的间距来创建矩形阵列。在"参数"下拉列表中选择"实例和不等间距"选项，并在"实例"文本框中输入重复特征的个数，系统将在绘图区中生成阵列预览效果，并标注每两个相邻特征之间的间距，可以双击每个尺寸标注并在弹出的"参数定义"对话框中输入想要定义的间距值。

- 参考方向：用于定义阵列排列的方向。单击"参考元素"选择框后，在绘图区中选择想要的图形元素作为阵列的参考元素，或者右击"参考元素"选择框，在弹出的快捷菜单中选择相应命令以创建需要的参考元素。单击"反转"按钮，可以改变参考元素的方向。
- 要阵列的对象：执行阵列操作所需的原始特征。单击"对象"选择框后在绘图区中选择需要阵列的实体特征。
  - ➤ 保留规格：勾选该复选框，将使用为原始特征定义的限制方式"直到下一个"、"直到最后"、"直到平面"或"直到曲面"创建实例。

单击对话框右下角的"更多"按钮，将展开"定义矩形阵列"对话框，如图4-27所示。

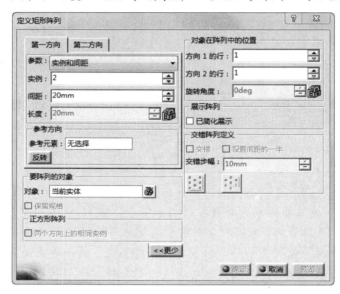

图4-27　展开的"定义矩形阵列"对话框

- 对象在阵列中的位置：该选项组用于控制原始对象在阵列操作后的排列位置和整个阵列对象的旋转角度。可以通过"方向1的行"和"方向2的行"文本框分别输入行值来定义原始对象在该方向上的位置；可以通过"旋转角度"文本框输入整个阵列对象的旋转角度值。
- 展示阵列：勾选"已简化展示"复选框后，可简化阵列的几何图形。勾选该复选框并双击不需要的实例，这些实例随后在阵列定义期间以虚线表示，并在验证阵列创建后不再可见。

17. 镜像特征（1）

（1）单击"变换特征"工具栏中的"镜像"按钮，弹出"定义镜像"对话框，如图4-28所示。

（2）选择"yz平面"为镜像元素，选择步骤16创建的"矩形阵列.1"为要镜像的对象。

（3）单击"确定"按钮，完成"矩形阵列.1"的镜像，如图4-29所示。

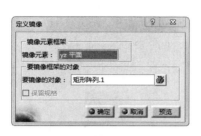

图 4-28　"定义镜像"对话框（1）　　　　图 4-29　镜像"矩形阵列.1"

知识点　　　　　　　　　　镜像

镜像特征表示将零件特征对称地复制到镜像元素的另一侧，与对称变换的区别在于，操作之后仍保留原来的对象。

- 镜像元素：单击该选择框，在弹出的快捷菜单中选择镜像元素，或者在特征树中直接选择镜像元素。
- 要镜像的对象：系统将自动选择当前的实体为要镜像的对象。也可以重新选择特征为要镜像的对象。

18. 绘制"草图.6"

（1）单击"草图编辑器"工具栏中的"草图"按钮，在特征树中选择"yz 平面"为草图绘制平面，进入草图绘制平台。

（2）单击"轮廓"工具栏中的"矩形"按钮，绘制如图 4-30 所示的"草图.6"。单击"工作台"工具栏中的"退出工作台"按钮，退出草图绘制平台。

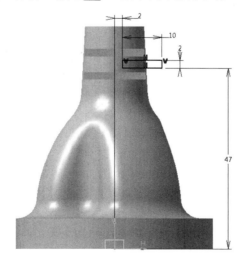

图 4-30　绘制"草图.6"

19. 创建"凹槽.3"

（1）单击"基于草图的特征"工具栏中的"凹槽"按钮 ⬜，弹出"定义凹槽"对话框。

（2）在展开的"定义凹槽"对话框中，在"第一限制"和"第二限制"选项组的"类型"下拉列表中选择"尺寸"选项，在"深度"文本框中输入"20mm"，在"轮廓/曲面"选项组中选择步骤 18 绘制的"草图.6"为凹槽的轮廓，如图 4-31 所示。

（3）单击"确定"按钮，创建"凹槽.3"，如图 4-32 所示。

图 4-31　展开的"定义凹槽"对话框（2）

图 4-32　创建"凹槽.3"

20. 矩形阵列"凹槽.3"

（1）单击"变换特征"工具栏中的"矩形阵列"按钮 ▦，弹出"定义矩形阵列"对话框，选择步骤 19 创建的"凹槽.3"为要阵列的对象。

（2）在"第一方向"选项卡中，在"参数"下拉列表中选择"实例和间距"选项，在"实例"文本框中输入"2"，在"间距"文本框中输入"6mm"，通过"参考元素"选择框选择"Z轴"为参考元素，如图 4-33 所示。

（3）其他选项采用默认设置，单击"确定"按钮，完成"凹槽.3"的阵列，如图 4-34 所示。

图 4-33　第一方向设置（2）

图 4-34　阵列"凹槽.3"

21．镜像特征（2）

（1）单击"变换特征"工具栏中的"镜像"按钮，弹出"定义镜像"对话框，如图 4-35 所示。

（2）选择"zx 平面"为镜像元素，选择步骤 20 创建的"矩形阵列.2"为要镜像的对象。

（3）单击"确定"按钮，完成"矩形阵列.2"的镜像，如图 4-36 所示。

图 4-35　"定义镜像"对话框（2）　　　　图 4-36　镜像"矩形阵列.2"

22．绘制"草图.7"

（1）单击"草图编辑器"工具栏中的"草图"按钮，在视图中选择最上端的表面为草图绘制平面，进入草图绘制平台。

（2）单击"轮廓"工具栏中的"圆"按钮，以坐标原点为圆心绘制直径为 9 的圆。单击"工作台"工具栏中的"退出工作台"按钮，退出草图绘制平台。

23．创建"凸台.3"

（1）单击"基于草图的特征"工具栏中的"凸台"按钮，弹出"定义凸台"对话框。

（2）在该对话框"第一限制"选项组的"类型"下拉列表中选择"尺寸"选项，在"长度"文本框中输入"20mm"，在"轮廓/曲面"选项组中选择步骤 22 绘制的"草图.7"为凸台拉伸的轮廓，如图 4-37 所示。单击"反转方向"按钮，调整拉伸方向。

（3）单击"确定"按钮，创建"凸台.3"，如图 4-38 所示。

图 4-37　"定义凸台"对话框（2）　　　　图 4-38　创建"凸台.3"

24. 绘制"草图.8"

（1）单击"草图编辑器"工具栏中的"草图"按钮 ，在视图中选择第一个凸台的下底面为草图绘制平面，进入草图绘制平台。

（2）单击"轮廓"工具栏中的"矩形"按钮 ，绘制如图 4-39 所示的"草图.8"。单击"工作台"工具栏中的"退出工作台"按钮 ，退出草图绘制平台。

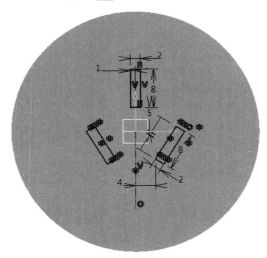

图 4-39 绘制"草图.8"

25. 创建"凸台.4"

（1）单击"基于草图的特征"工具栏中的"凸台"按钮 ，弹出"定义凸台"对话框。

（2）在该对话框"第一限制"选项组的"类型"下拉列表中选择"尺寸"选项，在"长度"文本框中输入"25mm"，在"轮廓/曲面"选项组中选择步骤 24 绘制的"草图.8"为凸台拉伸的轮廓，如图 4-40 所示。

（3）单击"确定"按钮，创建"凸台.4"，如图 4-41 所示。

图 4-40 "定义凸台"对话框（3）

图 4-41 创建"凸台.4"

26．倒圆角（3）

（1）单击"修饰特征"工具栏中的"倒圆角"按钮 ，弹出"倒圆角定义"对话框，如图 4-42 所示。

（2）在该对话框中单击"半径"按钮 和"常量"按钮 ，在"半径"文本框中输入半径值"2mm"，选择第一个凸台的上下边线为要圆角化的对象，单击"确定"按钮，倒圆角后的实体如图 4-43 所示。

图 4-42　"倒圆角定义"对话框与实体（3）　　　　图 4-43　倒圆角后的实体（5）

27．倒圆角（4）

（1）单击"修饰特征"工具栏中的"倒圆角"按钮 ，弹出"倒圆角定义"对话框，如图 4-44 所示。

（2）在该对话框中单击"半径"按钮 和"常量"按钮 ，在"半径"文本框中输入半径值"2mm"，选择插头的 6 条边线为要圆角化的对象，单击"确定"按钮，倒圆角后的实体如图 4-45 所示。

图 4-44　"倒圆角定义"对话框与实体（4）　　　　图 4-45　倒圆角后的实体（6）

28．保存文件

选择菜单栏中的"文件"→"保存"命令，弹出"另存为"对话框，采用默认设置，单击"保存"按钮，保存文件。

4.1.2 打印模型

为了减少打印模型时产生的支撑，单击"旋转"按钮 ，模型周围将出现相应的旋转轴，之后单击相应旋转轴，该旋转轴会高亮显示，将模型旋转 180°，使"dianyuanchatou"模型的插头向上放置，如图 4-46 所示。接下来根据 3.1.2 节步骤 3 中相应的步骤（1）～（3）进行参数设置，并根据相应的步骤（4）～（8）操作即可。

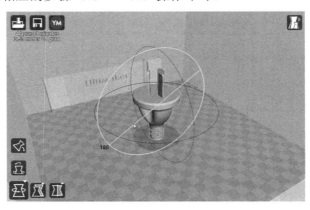

图 4-46　旋转模型

4.1.3 处理模型

1. 取出模型

打印完成后，将打印平台降至零位，使用刀片等工具将模型底部与平台底部撬开，以便取出模型。取出后的电源插头模型如图 4-47 所示。

2. 去除支撑

如图 4-47 所示，取出后的电源插头模型底部存在一些打印过程中生成的支撑，可以使用刀片、钢丝钳、尖嘴钳等工具将电源插头模型底部的支撑去除。

3. 打磨模型

根据去除支撑后的模型粗糙程度，可先用锉刀、粗砂纸等工具对支撑与模型接触的部位进行粗磨，然后用较细粒度的砂纸对模型进一步打磨，处理后的电源插头模型如图 4-48 所示。

图 4-47　取出后的电源插头模型　　　　图 4-48　处理后的电源插头模型

4.2 话筒插头

首先利用 CATIA 软件创建话筒插头模型，然后利用 Cura 软件进行参数设置并打印，最后对打印出来的话筒插头模型进行去除支撑和毛刺处理，如图 4-49 所示。

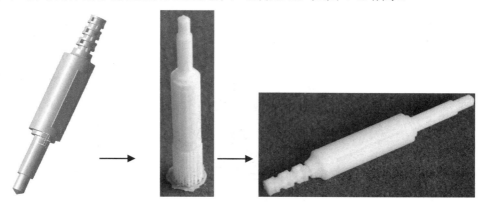

图 4-49　话筒插头模型的创建流程

4.2.1　创建模型

首先通过"旋转体"命令创建话筒插头模型的头部；然后进行拉伸、切割、阵列及镜像等操作，创建尾部；最后进行拉伸操作，创建中间凸起部分。

1. 新建文件

选择菜单栏中的"开始"→"机械设计"→"零件设计"命令，弹出"新建零件"对话框，输入零件名称"huatongchatou"，单击"确定"按钮，进入零件设计平台。

2. 绘制"草图.1"

（1）单击"草图编辑器"工具栏中的"草图"按钮，在特征树中选择"xy 平面"为草图绘制平面，进入草图绘制平台。

（2）单击"轮廓"工具栏中的"轴"按钮，绘制一条竖直轴，单击"轮廓"工具栏中的"直线"按钮，绘制如图 4-50 所示的"草图.1"。单击"工作台"工具栏中的"退出工作台"按钮，退出草图绘制平台。

3. 创建旋转体

（1）单击"基于草图的特征"工具栏中的"旋转体"按钮，弹出如图 4-51 所示的"定义旋转体"对话框。

（2）系统自动选择步骤 2 绘制的"草图.1"为轮廓，选择"草图轴线"为旋转轴，在"第一角度"和"第二角度"文本框中分别输入"360deg"和"0deg"。

（3）单击"确定"按钮，创建旋转体，如图 4-52 所示。

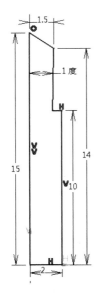

图 4-50　绘制"草图.1"　　　图 4-51　"定义旋转体"对话框　　　图 4-52　创建旋转体

4. 绘制"草图.2"

（1）单击"草图编辑器"工具栏中的"草图"按钮 ，在视图中选择旋转体的下表面为草图绘制平面，进入草图绘制平台。

（2）单击"轮廓"工具栏中的"圆"按钮 ，以坐标原点为圆心绘制直径为 6 的圆，单击"工作台"工具栏中的"退出工作台"按钮 ，退出草图绘制平台。

5. 创建"凸台.1"

（1）单击"基于草图的特征"工具栏中的"凸台"按钮 ，弹出"定义凸台"对话框。

（2）在该对话框"第一限制"选项组的"类型"下拉列表中选择"尺寸"选项，在"长度"文本框中输入"1mm"，在"轮廓/曲面"选项组中选择步骤 4 绘制的"草图.2"为凸台拉伸的轮廓，如图 4-53 所示。

（3）单击"确定"按钮，创建"凸台.1"，如图 4-54 所示。

图 4-53　"定义凸台"对话框（1）　　　图 4-54　创建"凸台.1"

6. 绘制"草图.3"

（1）单击"草图编辑器"工具栏中的"草图"按钮 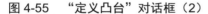，在视图中选择"凸台.1"的上表面为草图绘制平面，进入草图绘制平台。

（2）单击"轮廓"工具栏中的"圆"按钮 ⊙，以坐标原点为圆心绘制直径为 8 的圆。单击"工作台"工具栏中的"退出工作台"按钮 ，退出草图绘制平台。

7. 创建"凸台.2"

（1）单击"基于草图的特征"工具栏中的"凸台"按钮 ，弹出"定义凸台"对话框。

（2）在该对话框"第一限制"选项组的"类型"下拉列表中选择"尺寸"选项，在"长度"文本框中输入"20mm"，在"轮廓/曲面"选项组中选择步骤 6 绘制的"草图.3"为凸台拉伸的轮廓，如图 4-55 所示。

（3）单击"确定"按钮，创建"凸台.2"，如图 4-56 所示。

图 4-55　"定义凸台"对话框（2）

图 4-56　创建"凸台.2"

8. 绘制"草图.4"

（1）单击"草图编辑器"工具栏中的"草图"按钮 ，在视图中选择"凸台.2"的上表面为草图绘制平面，进入草图绘制平台。

（2）单击"轮廓"工具栏中的"圆"按钮 ⊙，以坐标原点为圆心绘制直径为 5 的圆。单击"工作台"工具栏中的"退出工作台"按钮 ，退出草图绘制平台。

9. 创建"凸台.3"

（1）单击"基于草图的特征"工具栏中的"凸台"按钮 ，弹出"定义凸台"对话框。

（2）在该对话框"第一限制"选项组的"类型"下拉列表中选择"尺寸"选项，在"长度"文本框中输入"11mm"，在"轮廓/曲面"选项组中选择步骤 8 绘制的"草图.4"为凸台拉伸的轮廓，如图 4-57 所示。

（3）单击"确定"按钮，创建"凸台.3"，如图 4-58 所示。

图 4-57 "定义凸台"对话框（3） 图 4-58 创建"凸台.3"

提示： 步骤 4～9 创建的话筒插头模型主体部分也可以直接在"草图.1"中绘制，然后通过"旋转体"命令来创建，读者可以根据步骤 4～9 的草图和拉伸参数来自行绘制。

10. 拔模操作

（1）单击"修饰特征"工具栏中的"拔模斜度"按钮，弹出"定义拔模"对话框，如图 4-59 所示。

（2）在"角度"文本框中输入拔模角度值"3deg"，选择"凸台.3"的圆柱面为要拔模的面；选择"凸台.3"的上表面为中性面。单击"确定"按钮，拔模后的实体如图 4-60 所示。

图 4-59 "定义拔模"对话框与实体 图 4-60 拔模后的实体

11. 倒圆角

（1）单击"修饰特征"工具栏中的"倒圆角"按钮，弹出"倒圆角定义"对话框，如图 4-61 所示。

（2）在该对话框中单击"半径"按钮和"常量"按钮，在"半径"文本框中输入半径值"1mm"，选择图 4-61 中标识的边线为要圆角化的对象，单击"确定"按钮，倒圆角后的实体如图 4-62 所示。

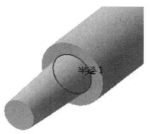

图 4-61　"倒圆角定义"对话框与实体　　　　　　　　图 4-62　倒圆角后的实体

12．绘制"草图.5"

（1）单击"草图编辑器"工具栏中的"草图"按钮![icon]，在特征树中选择"xy 平面"为草图绘制平面，进入草图绘制平台。

（2）单击"轮廓"工具栏中的"矩形"按钮![icon]，绘制如图 4-63 所示的"草图.5"。单击"工作台"工具栏中的"退出工作台"按钮![icon]，退出草图绘制平台。

13．创建"凹槽.1"

（1）单击"基于草图的特征"工具栏中的"凹槽"按钮![icon]，弹出"定义凹槽"对话框。

（2）在展开的"定义凹槽"对话框中，在"第一限制"和"第二限制"选项组的"类型"下拉列表中选择"尺寸"选项，在"深度"文本框中输入"10mm"，在"轮廓/曲面"选项组中选择步骤 12 绘制的"草图.5"为凹槽的轮廓，如图 4-64 所示。

（3）单击"确定"按钮，创建"凹槽.1"，如图 4-65 所示。

图 4-63　绘制"草图.5"

图 4-64　展开的"定义凹槽"对话框（1）

图 4-65　创建"凹槽.1"

14．矩形阵列"凹槽.1"

（1）单击"变换特征"工具栏中的"矩形阵列"按钮，弹出"定义矩形阵列"对话框，选择"凹槽.1"为要阵列的对象。

（2）在该对话框的"第一方向"选项卡中，在"参数"下拉列表中选择"实例和间距"选项，在"实例"文本框中输入"3"，在"间距"文本框中输入"3mm"，通过"参考元素"选择框选择"Y 轴"为参考元素，如图 4-66 所示。单击"反转"按钮，可以调整阵列方向。

（3）其他选项采用默认设置，单击"确定"按钮，完成"凹槽.1"的阵列，如图 4-67 所示。

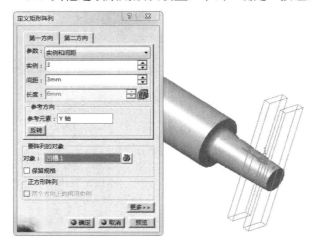

图 4-66　"定义矩形阵列"对话框与实体　　　　　图 4-67　阵列"凹槽.1"

15．镜像特征（1）

（1）单击"变换特征"工具栏中的"镜像"按钮，弹出"定义镜像"对话框，如图 4-68 所示。

（2）选择"yz 平面"为镜像元素，选择步骤 14 创建的"矩形阵列.1"为要镜像的对象。

（3）单击"确定"按钮，完成"矩形阵列.1"的镜像，如图 4-69 所示。

图 4-68　"定义镜像"对话框（1）　　　　　图 4-69　镜像"矩形阵列.1"

16．绘制"草图.6"

（1）单击"草图编辑器"工具栏中的"草图"按钮，在特征树中选择"yz 平面"为草图绘制平面，进入草图绘制平台。

（2）单击"轮廓"工具栏中的"矩形"按钮，绘制如图 4-70 所示的"草图.6"。单击"工作台"工具栏中的"退出工作台"按钮，退出草图绘制平台。

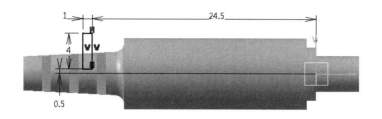

图 4-70　绘制"草图.6"

17. 创建"凹槽.2"

（1）单击"基于草图的特征"工具栏中的"凹槽"按钮![icon]，弹出"定义凹槽"对话框。

（2）在展开的"定义凹槽"对话框中，在"第一限制"和"第二限制"选项组的"类型"下拉列表中选择"尺寸"选项，在"深度"文本框中输入"10mm"，在"轮廓/曲面"选项组中选择步骤 16 绘制的"草图.6"为凹槽的轮廓，如图 4-71 所示。

（3）单击"确定"按钮，创建"凹槽.2"，如图 4-72 所示。

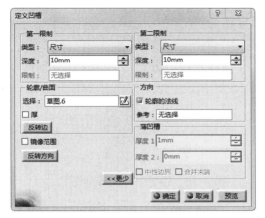

图 4-71　展开的"定义凹槽"对话框（2）

图 4-72　创建"凹槽.2"

18. 矩形阵列"凹槽.2"

（1）单击"变换特征"工具栏中的"矩形阵列"按钮![icon]，弹出"定义矩形阵列"对话框，选择"凹槽.2"为要阵列的对象。

（2）在该对话框的"第一方向"选项卡中，在"参数"下拉列表中选择"实例和间距"选项，在"实例"文本框中输入"3"，在"间距"文本框中输入"3mm"，通过"参考元素"选择框选择"Y 轴"为参考元素，如图 4-73 所示。单击"反向"按钮，可以调整阵列方向。

（3）其他选项采用默认设置，单击"确定"按钮，完成"凹槽.2"的阵列，如图 4-74 所示。

19. 镜像特征（2）

（1）单击"变换特征"工具栏中的"镜像"按钮![icon]，弹出"定义镜像"对话框，如图 4-75 所示。

（2）选择"xy 平面"为镜像元素，选择步骤 18 创建的"矩形阵列"为要镜像的对象。

（3）单击"确定"按钮，完成"矩形阵列.2"的镜像，如图 4-76 所示。

图 4-73 "定义矩形阵列"对话框

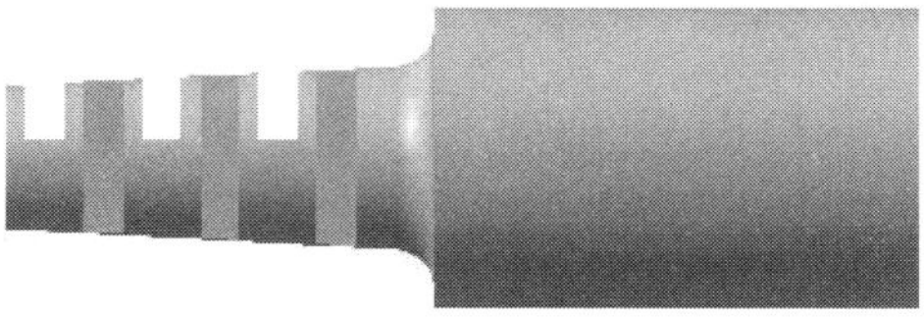

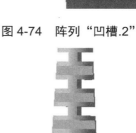

图 4-74 阵列"凹槽.2"

图 4-75 "定义镜像"对话框（2）

图 4-76 镜像"矩形阵列.2"

20. 绘制"草图.7"

（1）单击"草图编辑器"工具栏中的"草图"按钮，在视图中选择模型上表面为草图绘制平面，进入草图绘制平台。

（2）单击"轮廓"工具栏中的"圆"按钮，以坐标原点为圆心绘制直径为 3 的圆。单击"工作台"工具栏中的"退出工作台"按钮，退出草图绘制平台。

21. 创建"凸台.4"

（1）单击"基于草图的特征"工具栏中的"凸台"按钮，弹出"定义凸台"对话框。

（2）在该对话框"第一限制"选项组的"类型"下拉列表中选择"尺寸"选项，在"长度"文本框中输入"12mm"，在"轮廓/曲面"选项组中选择步骤 20 绘制的"草图.7"为凸台拉伸的轮廓，单击"反转方向"按钮，调整拉伸方向，如图 4-77 所示。

（3）单击"确定"按钮，创建"凸台.4"，如图 4-78 所示。

22. 绘制"草图.8"

（1）单击"草图编辑器"工具栏中的"草图"按钮，在特征树中选择"xy 平面"为草图绘制平面，进入草图绘制平台。

图 4-77　"定义凸台"对话框与实体　　　　　图 4-78　创建"凸台.4"

（2）单击"轮廓"工具栏中的"矩形"按钮▣，绘制如图 4-79 所示的"草图.8"。单击"工作台"工具栏中的"退出工作台"按钮凸，退出草图绘制平台。

23．创建"凸台.5"

（1）单击"基于草图的特征"工具栏中的"凸台"按钮⬛，弹出"定义凸台"对话框。

（2）在展开的"定义凸台"对话框中，在"第一限制"和"第二限制"选项组的"类型"下拉列表中选择"尺寸"选项，在"长度"文本框中输入"4.1mm"，在"轮廓/曲面"选项组中选择步骤 22 绘制的"草图.8"为凸台拉伸的轮廓，如图 4-80 所示。

（3）单击"确定"按钮，创建"凸台.5"，如图 4-81 所示。

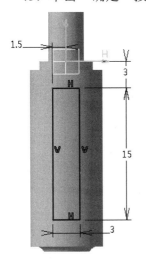
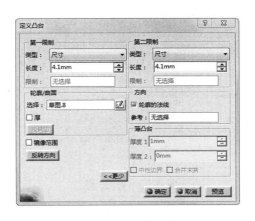

图 4-79　绘制"草图.8"　　图 4-80　展开的"定义凸台"对话框　　图 4-81　创建"凸台.5"

24．保存文件

选择菜单栏中的"文件"→"保存"命令，弹出"另存为"对话框，采用默认设置，单击"保存"按钮，保存文件。

4.2.2 打印模型

首先根据 3.1.2 节步骤 3 中相应的步骤（1）～（3）进行参数设置，然后在步骤（4）中单击"旋转"按钮，模型周围将出现相应的旋转轴，单击相应旋转轴，该旋转轴会高亮显示，选中竖直轴将模型旋转 90°，如图 4-82 所示。

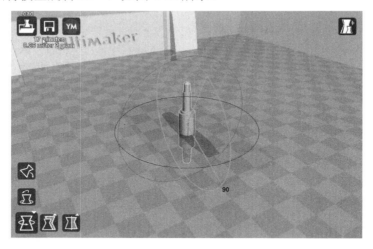

图 4-82　旋转模型

单击"缩放"按钮，弹出"缩放"对话框，可以根据实际打印需要，输入沿 x、y、z 轴方向的缩放比例"4"，将模型放大至原来的 4 倍，如图 4-83 所示。

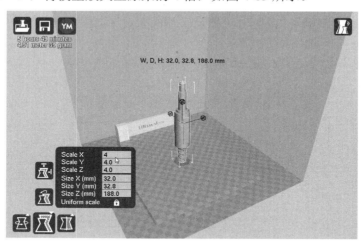

图 4-83　缩放模型

其余步骤按 3.1.2 节步骤 3 中相应的步骤（5）～（8）操作即可。

4.2.3　处理模型

1. 取出模型

打印完成后，将打印平台降至零位，使用刀片等工具将模型底部与平台底部撬开，以便取出模型。取出后的话筒插头模型如图 4-84 所示。

2. 去除支撑

如图 4-84 所示，取出后的话筒插头模型底部存在一些打印过程中生成的支撑，可以使用刀片、钢丝钳、尖嘴钳等工具将话筒插头模型底部的支撑去除。

3. 打磨模型

根据去除支撑后的模型粗糙程度，可先用锉刀、粗砂纸等工具对支撑与模型接触的部位进行粗磨，然后用较细粒度的砂纸对模型进一步打磨，处理后的话筒插头模型如图 4-85 所示。

图 4-84　取出后的话筒插头模型

图 4-85　处理后的话筒插头模型

4.3　电话机座

首先利用 CATIA 软件创建电话机座模型，然后利用 Cura 软件进行参数设置并打印，最后对打印出来的电话机座模型进行去除支撑和毛刺处理，如图 4-86 所示。

图 4-86　电话机座模型的创建流程

4.3.1　创建模型

首先利用凸台生成功能创建电话机座模型的主体，然后利用凹槽功能切出凹槽特征，利用凸台生成功能创建按键，再矩形阵列各按键，最后创建显示屏和散热孔。

1. 新建文件

选择菜单栏中的"开始"→"机械设计"→"零件设计"命令，弹出"新建零件"对话框，输入零件名称"dianhuajizuo"，单击"确定"按钮，进入零件设计平台。

2. 绘制"草图.1"

（1）单击"草图编辑器"工具栏中的"草图"按钮，在特征树中选择"xy 平面"为草图绘制平面，进入草图绘制平台。

（2）单击"轮廓"工具栏中的"直线"按钮，绘制如图 4-87 所示的"草图.1"。单击"工作台"工具栏中的"退出工作台"按钮，退出草图绘制平台。

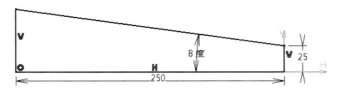

图 4-87 绘制"草图.1"

3. 创建"凸台.1"（电话机座模型主体）

（1）单击"基于草图的特征"工具栏中的"凸台"按钮，弹出"定义凸台"对话框，如图 4-88 所示。

（2）在"第一限制"选项组的"类型"下拉列表中选择"尺寸"选项，在"长度"文本框中输入"200mm"，系统自动选择步骤 2 绘制的"草图.1"为凸台拉伸的轮廓。

（3）单击"确定"按钮，完成"凸台.1"的创建，如图 4-89 所示。

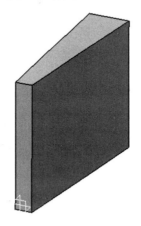

图 4-88 "定义凸台"对话框（1）　　　　图 4-89 创建"凸台.1"

4. 倒圆角（1）

（1）单击"修饰特征"工具栏中的"倒圆角"按钮，弹出如图 4-90 所示的"倒圆角定义"对话框。

（2）在该对话框中单击"半径"按钮  和"常量"按钮 ，在"半径"文本框中输入半径值"50"，选择实体上的小侧边线为要圆角化的对象，单击"确定"按钮，倒圆角后的实体如图 4-91 所示。

（3）采用相同的方法，在"半径"文本框中输入半径值"30mm"，选择实体上的大侧边线为要圆角化的对象，倒圆角后的实体如图 4-92 所示。

5．绘制"草图.2"

（1）单击"草图编辑器"工具栏中的"草图"按钮 ，在视图中选择实体上表面为草图绘制平面，进入草图绘制平台。

（2）绘制如图 4-93 所示的"草图.2"。单击"工作台"工具栏中的"退出工作台"按钮 ，退出草图绘制平台。

图 4-90　"倒圆角定义"对话框（1）

图 4-91　倒圆角后的实体（1）

图 4-92　倒圆角后的实体（2）

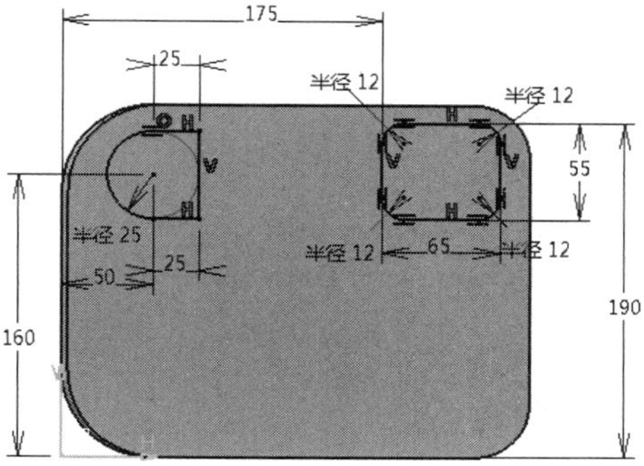

图 4-93　绘制"草图.2"

6．创建"凹槽.1"

（1）单击"凹槽"工具栏中的"凹槽"按钮 ，弹出如图 4-94 所示的"定义凹槽"对话框。

（2）在"第一限制"选项组的"类型"下拉列表中选择"尺寸"选项，在"深度"文本框中输入"15mm"，系统自动选择步骤 5 绘制的"草图.2"为轮廓。

（3）单击"确定"按钮，完成"凹槽.1"的创建，如图 4-95 所示。

7．倒角

（1）单击"修饰特征"工具栏中的"倒角"按钮 ，弹出如图 4-96 所示的"定义倒角"对话框。

（2）在"模式"下拉列表中选择"长度 1/角度"选项，在"长度 1"文本框中输入"8mm"，在"角度"文本框中输入"60deg"，选择实体上表面边线为要倒角的对象，单击"确定"按钮。

（3）采用相同的步骤，选择凹槽的底边进行倒角操作，倒角后的实体如图 4-97 所示。

图 4-94　"定义凹槽"对话框（1）

图 4-95　创建"凹槽.1"

图 4-96　"定义倒角"对话框

图 4-97　倒角后的实体

8. 创建平面

（1）单击"参考元素"工具栏中的"平面"按钮，弹出如图 4-98 所示的"平面定义"对话框。

（2）在"平面类型"下拉列表中选择"偏移平面"选项，通过"参考"选择框选择"xy 平面"为参考平面，在"偏移"文本框中输入"20mm"，单击"确定"按钮，完成平面的创建，如图 4-99 所示。

图 4-98　"平面定义"对话框

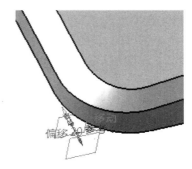

图 4-99　创建平面

9. 绘制"草图.3"

（1）单击"草图编辑器"工具栏中的"草图"按钮，选择步骤 8 创建的平面为草图绘制平面，进入草图绘制平台。

（2）单击"轮廓"工具栏中的"直线"按钮／，绘制如图 4-100 所示的"草图.3"。单击"工作台"工具栏中的"退出工作台"按钮，退出草图绘制平台。

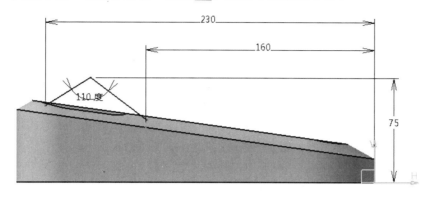

图 4-100　绘制"草图.3"

10. 创建"凸台.2"（显示台）

（1）单击"基于草图的特征"工具栏中的"凸台"按钮，弹出如图 4-101 所示的"定义凸台"对话框。

（2）在"第一限制"选项组的"类型"下拉列表中选择"尺寸"选项，在"长度"文本框中输入"75mm"，系统自动选择步骤 9 绘制的"草图.3"为凸台拉伸的轮廓。

（3）单击"确定"按钮，完成"凸台.2"的创建，如图 4-102 所示。

图 4-101　"定义凸台"对话框（2）

图 4-102　创建"凸台.2"

11. 倒圆角（2）

（1）单击"修饰特征"工具栏中的"倒圆角"按钮，弹出"倒圆角定义"对话框，如图 4-103 所示。

（2）在该对话框中单击"半径"按钮和"常量"按钮，在"半径"文本框中输入圆角半径值"3mm"，选择图 4-103 中标识的两边线为要圆角化的对象。

（3）单击"确定"按钮，倒圆角后的实体如图 4-104 所示。

图 4-103　"倒圆角定义"对话框与实体　　　　　图 4-104　倒圆角后的实体（3）

12.　绘制"草图.4"

（1）单击"草图编辑器"工具栏中的"草图"按钮 ，选择实体上表面为草图绘制平面，进入草图绘制平台。

（2）单击"轮廓"工具栏中的"椭圆"按钮 ，绘制如图 4-105 所示的"草图.4"。单击"工作台"工具栏中的"退出工作台"按钮 ，退出草图绘制平台。

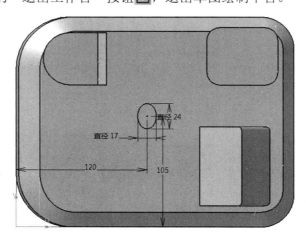

图 4-105　绘制"草图.4"

13.　创建"凸台.3"（按键）

（1）单击"基于草图的特征"工具栏中的"凸台"按钮 ，弹出如图 4-106 所示的"定义凸台"对话框。

（2）在"第一限制"选项组的"类型"下拉列表中选择"尺寸"选项，在"长度"文本框中输入"2mm"，系统自动选择步骤 12 绘制的"草图.4"为凸台拉伸的轮廓。

（3）单击"确定"按钮，完成"凸台.3"的创建，如图 4-107 所示。

图 4-106   "定义凸台"对话框（3）

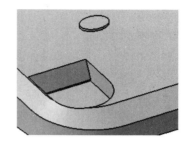

图 4-107   创建"凸台.3"

14. 倒圆角（3）

（1）单击"修饰特征"工具栏中的"倒圆角"按钮，弹出如图 4-108 所示的"倒圆角定义"对话框。

（2）在该对话框中单击"半径"按钮和"常量"按钮，在"半径"文本框中输入圆角半径值"1mm"，选择步骤 13 创建的"凸台.3"的上表面边线为要圆角化的对象。

（3）单击"确定"按钮，倒圆角后的实体如图 4-109 所示。

图 4-108   "倒圆角定义"对话框（2）

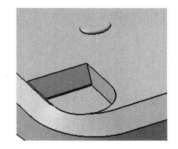

图 4-109   倒圆角后的实体（4）

15. 矩形阵列按键

（1）单击"变换特征"工具栏中的"矩形阵列"按钮，弹出"定义矩形阵列"对话框，选择"凸台.3"和"倒圆角.4"特征为要阵列的对象。

（2）在"第一方向"选项卡的"参数"下拉列表中选择"实例和间距"选项，在"实例"文本框中输入"3"，在"间距"文本框中输入"30mm"，通过"参考元素"选择框选择"凸台.1"的上表面为参考元素，如图 4-110 所示。

（3）选择"第二方向"选项卡，在"参数"下拉列表中选择"实例和间距"选项，在"实例"文本框中输入"3"，在"间距"文本框中输入"30mm"，其他选项采用默认设置，如图 4-111 所示。单击"确定"按钮，完成按键的矩形阵列，如图 4-112 所示。

图 4-110　第一方向设置（1）　　图 4-111　第二方向设置（1）　　图 4-112　矩形阵列按键

16. 绘制"草图.5"

（1）单击"草图编辑器"工具栏中的"草图"按钮，选择实体上表面为草图绘制平面，进入草图绘制平台。

（2）单击"轮廓"工具栏中的"椭圆"按钮和"矩形"按钮，绘制如图 4-113 所示的"草图.5"。单击"工作台"工具栏中的"退出工作台"按钮，退出草图绘制平台。

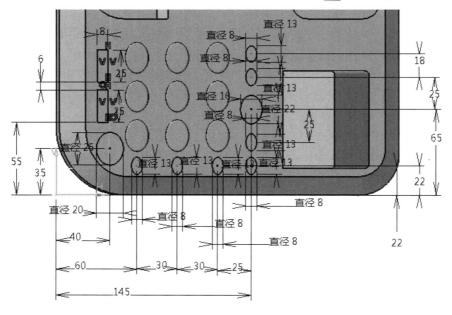

图 4-113　绘制"草图.5"

17. 创建"凸台.4"（功能按键）

（1）单击"基于草图的特征"工具栏中的"凸台"按钮，弹出如图 4-114 所示的"定义凸台"对话框。

（2）在"第一限制"选项组的"类型"下拉列表中选择"尺寸"选项，在"长度"文本框中输入"2mm"，系统自动选择步骤 16 绘制的"草图.5"为凸台拉伸的轮廓。

（3）单击"确定"按钮，完成"凸台.4"的创建，如图 4-115 所示。

图 4-114　"定义凸台"对话框（4）　　　　　图 4-115　创建"凸台.4"

18. 倒圆角（4）

（1）单击"修饰特征"工具栏中的"倒圆角"按钮 ，弹出"倒圆角定义"对话框。

（2）在该对话框中单击"半径"按钮 和"常量"按钮 ，在"半径"文本框中输入圆角半径值"1mm"，选择如图 4-116 所示的边线为要圆角化的对象。

（3）单击"确定"按钮，倒圆角后的实体如图 4-117 所示。

图 4-116　选择要圆角化的对象　　　　　图 4-117　倒圆角后的实体（5）

19. 绘制"草图.6"

（1）单击"草图编辑器"工具栏中的"草图"按钮 ，选择图 4-117 中显示台的上表面为草图绘制平面，进入草图绘制平台。

（2）单击"轮廓"工具栏中的"矩形"按钮 ，绘制如图 4-118 所示的"草图.6"。单击"工作台"工具栏中的"退出工作台"按钮 ，退出草图绘制平台。

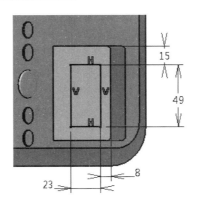

图4-118　绘制"草图.6"

20. 创建"凹槽.2"（显示屏）

（1）单击"凹槽"工具栏中的"凹槽"按钮 ，弹出如图4-119所示的"定义凹槽"对话框。

（2）在"第一限制"选项组的"类型"下拉列表中选择"尺寸"选项，在"深度"文本框中输入"5mm"，系统自动选择步骤19绘制的"草图.6"为轮廓。

（3）单击"确定"按钮，完成"凹槽.2"的创建，如图4-120所示。

21. 绘制"草图.7"

（1）单击"草图编辑器"工具栏中的"草图"按钮，选择电话机座的上表面为草图绘制平面，进入草图绘制平台。

（2）单击"轮廓"工具栏中的"圆"按钮，绘制如图4-121所示的"草图.7"。单击"工作台"工具栏中的"退出工作台"按钮，退出草图绘制平台。

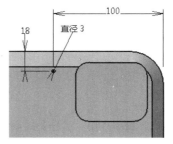

图4-119　"定义凹槽"　　　图4-120　创建"凹槽.2"　　　图4-121　绘制"草图.7"
　　　　对话框（2）

22. 创建"凹槽.3"（散热孔）

（1）单击"凹槽"工具栏中的"凹槽"按钮，弹出如图4-122所示的"定义凹槽"对话框。

（2）在"第一限制"选项组的"类型"下拉列表中选择"尺寸"选项，在"深度"文本框中输入"50mm"，系统自动选择步骤 21 绘制的"草图.7"为轮廓。

（3）单击"确定"按钮，完成"凹槽.3"的创建，如图 4-123 所示。

图 4-122　"定义凹槽"对话框（3）

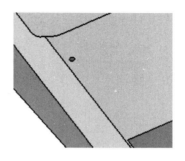

图 4-123　创建"凹槽.3"

23. 矩形阵列散热孔

（1）单击"变换特征"工具栏中的"矩形阵列"按钮▦，弹出"定义矩形阵列"对话框，选择步骤 22 绘制的"凹槽.3"为要阵列的对象。

（2）在"第一方向"选项卡中，在"参数"下拉列表中选择"实例和间距"选项，在"实例"文本框中输入"10"，在"间距"文本框中输入"5mm"，通过"参考元素"选择框选择"凸台.1"的上表面为参考元素，如图 4-124 所示。

（3）选择"第二方向"选项卡，在"参数"下拉列表中选择"实例和间距"选项，在"实例"文本框中输入"10"，在"间距"文本框中输入"5mm"，如图 4-125 所示。单击"确定"按钮，完成散热孔的矩形阵列，此时的电话机座模型如图 4-126 所示。

图 4-124　第一方向设置（2）

图 4-125　第二方向设置（2）

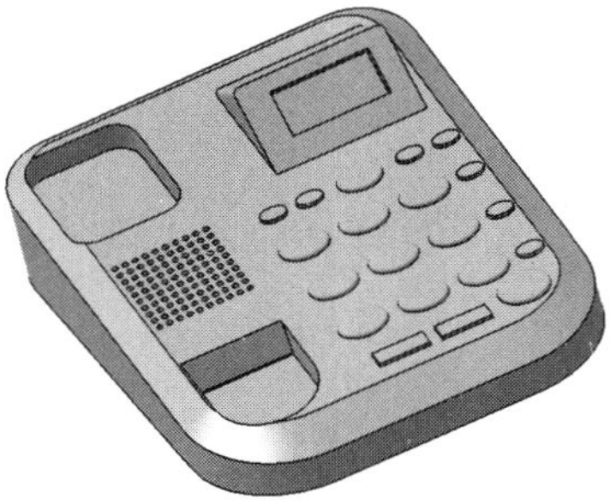

图 4-126　电话机座模型

24. 保存文件

选择菜单栏中的"文件"→"保存"命令，弹出"另存为"对话框，采用默认设置，单击"保存"按钮，保存文件。

4.3.2 打印模型

根据 3.1.2 节步骤 3 中相应的步骤（1）～（3）进行参数设置。

由于原模型已经超出打印机的打印范围，为了得到较好的打印效果，可以将其缩小至合理尺寸。单击 "dianhuajizuo" 模型，在三维视图的左下角将出现 "缩放" 按钮，单击该按钮，弹出 "缩放" 对话框，可以根据实际打印需要，输入沿 x、y、z 轴方向的缩放比例 "0.5"，将模型缩小至原来的二分之一，如图 4-127 所示。

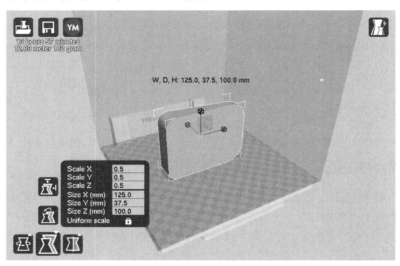

图 4-127　缩放模型

为了减少打印模型时产生的支撑，需要旋转模型。单击 "旋转" 按钮，模型周围将出现相应的旋转轴，单击相应旋转轴，该旋转轴会高亮显示，将模型旋转 90°，如图 4-128 所示。

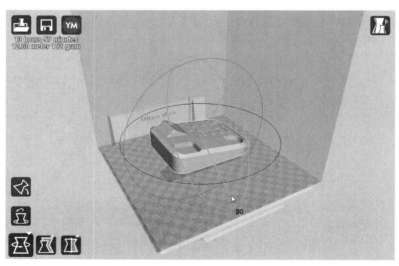

图 4-128　旋转模型

其余步骤按 3.1.2 节步骤 3 中相应的步骤（5）～（8）操作即可。

4.3.3　处理模型

1．取出模型

打印完成后，将打印平台降至零位，使用刀片等工具将模型底部与平台底部撬开，以便取出模型。取出后的电话机座模型如图 4-129 所示。

2．去除支撑

如图 4-129 所示，取出后的电话机座模型底部存在一些打印过程中生成的支撑，可以使用刀片、钢丝钳、尖嘴钳等工具将电话机座模型底部的支撑去除。

3．打磨模型

根据去除支撑后的模型粗糙程度，可先用锉刀、粗砂纸等工具对支撑与模型接触的部位进行粗磨，然后用较细粒度的砂纸对模型进一步打磨，处理后的电话机座模型如图 4-130 所示。

图 4-129　取出后的电话机座模型

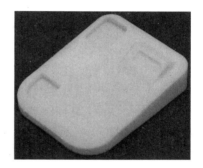
图 4-130　处理后的电话机座模型

4.4　吹风机

首先利用 CATIA 软件创建吹风机模型，然后利用 Cura 软件进行参数设置并打印，最后对打印出来的吹风机模型进行去除支撑和毛刺处理，如图 4-131 所示。

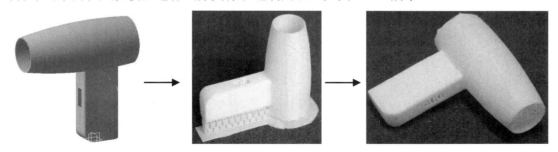
图 4-131　吹风机模型的创建流程

4.4.1 创建模型

首先通过"凸台"和"倒圆角"命令创建吹风机模型的手柄部分，然后通过"多截面实体"命令创建吹风机模型的吹风筒，最后通过"抽壳"和"旋转槽"命令创建出风口。

1. 新建文件

选择菜单栏中的"开始"→"机械设计"→"零件设计"命令，弹出"新建零件"对话框，输入零件名称"chuifengji"，单击"确定"按钮，进入零件设计平台。

2. 绘制"草图.1"

（1）单击"草图编辑器"工具栏中的"草图"按钮，在特征树中选择"xy 平面"为草图绘制平面，进入草图绘制平台。

（2）单击"预定义的轮廓"工具栏中的"居中矩形"按钮和"圆"工具栏中的"弧"按钮，绘制如图 4-132 所示的"草图.1"。单击"工作台"工具栏中的"退出工作台"按钮，退出草图绘制平台。

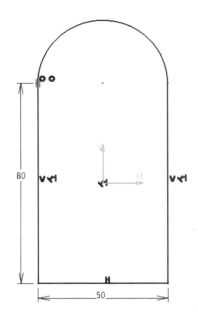

图 4-132 绘制"草图.1"

3. 创建"凸台.1"

（1）单击"基于草图的特征"工具栏中的"凸台"按钮，弹出"定义凸台"对话框。

（2）在该对话框"第一限制"选项组的"类型"下拉列表中选择"尺寸"选项，在"长度"文本框中输入"200mm"，在"轮廓/曲面"选项组中选择步骤 2 绘制的"草图.1"为凸台拉伸的轮廓，如图 4-133 所示。

（3）单击"确定"按钮，创建"凸台.1"，如图 4-134 所示。

图 4-133 "定义凸台"对话框

图 4-134 创建"凸台.1"

4. 倒圆角（1）

（1）单击"修饰特征"工具栏中的"倒圆角"按钮，弹出"倒圆角定义"对话框，如图 4-135 所示。

（2）在该对话框中单击"半径"按钮和"常量"按钮，在"半径"文本框中输入半径值"5mm"，选择图 4-135 中标识的边线为要圆角化的对象，单击"确定"按钮，倒圆角后的实体如图 4-136 所示。

图 4-135　"倒圆角定义"对话框与实体（1）　　　　图 4-136　倒圆角后的实体（1）

5. 绘制"草图.2"

（1）单击"草图编辑器"工具栏中的"草图"按钮，在特征树中选择"zx 平面"为草图绘制平面，进入草图绘制平台。

（2）单击"轮廓"工具栏中的"圆"按钮，绘制如图 4-137 所示的"草图.2"。单击"工作台"工具栏中的"退出工作台"按钮，退出草图绘制平台。

6. 创建平面

（1）单击"参考元素"工具栏中的"平面"按钮，弹出如图 4-138 所示的"平面定义"对话框。

（2）在"平面类型"下拉列表中选择"偏移平面"选项，单击"参考"选择框后在特征树中选择"zx 平面"为参考平面，在"偏移"文本框中输入"100mm"，方向为 y 轴正方向，单击"确定"按钮，完成平面的创建。

（3）重复执行"平面"命令，将"zx 平面"沿 y 轴负方向偏移，偏移距离为"–200mm"，结果如图 4-139 所示。

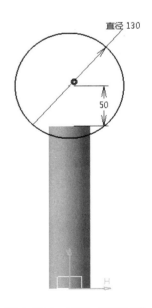

图 4-137　绘制"草图.2"

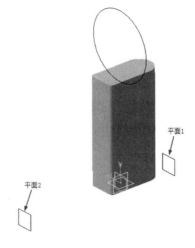

图 4-138 "平面定义"对话框

图 4-139 创建平面

7. 绘制"草图.3"

（1）单击"草图编辑器"工具栏中的"草图"按钮，在视图中选择图 4-139 中标识的平面 1 为草图绘制平面，进入草图绘制平台。

（2）单击"轮廓"工具栏中的"圆"按钮，绘制如图 4-140 所示的"草图.3"。单击"工作台"工具栏中的"退出工作台"按钮，退出草图绘制平台。

8. 绘制"草图.4"

（1）单击"草图编辑器"工具栏中的"草图"按钮，在视图中选择图 4-139 中标识的平面 2 为草图绘制平面，进入草图绘制平台。

（2）单击"轮廓"工具栏中的"圆"按钮，绘制如图 4-141 所示的"草图.4"。单击"工作台"工具栏中的"退出工作台"按钮，退出草图绘制平台。

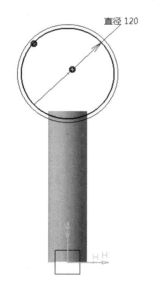

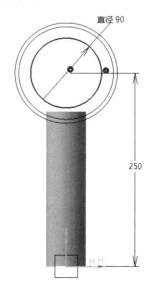

图 4-140 绘制"草图.3"

图 4-141 绘制"草图.4"

9. 创建多截面实体

（1）单击"基于草图的特征"工具栏中的"多截面实体"按钮![按钮]，弹出"多截面实体定义"对话框。

（2）依次选择"草图.2"、"草图.3"和"草图.4"为截面轮廓，调整闭合点大致位于同一条直线上，且保证旋转方向相同，如图 4-142 所示。

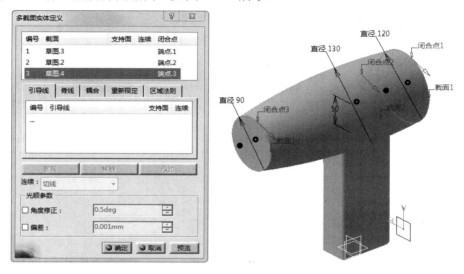

图 4-142　"多截面实体定义"对话框与实体

（3）单击"确定"按钮，完成多截面实体的创建，如图 4-143 所示。

图 4-143　创建多截面实体

10. 倒圆角（2）

（1）单击"修饰特征"工具栏中的"倒圆角"按钮![按钮]，弹出"倒圆角定义"对话框，如图 4-144 所示。

（2）在该对话框中单击"半径"按钮![按钮]和"常量"按钮![按钮]，在"半径"文本框中输入半径值"30mm"，选择图 4-144 中标识的边线为要圆角化的对象，单击"确定"按钮，倒圆角后的实体如图 4-145 所示。

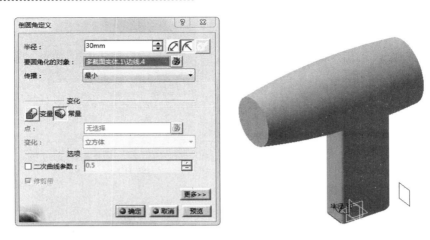

图 4-144　"倒圆角定义"对话框与实体（2）

图 4-145　倒圆角后的实体（2）

11. 抽壳

（1）单击"修饰特征"工具栏中的"抽壳"按钮 ，弹出"定义盒体"对话框。

（2）在该对话框中选择多截面实体的两侧端面为要移除的面，设置抽壳厚度为"3mm"，其他选项采用默认设置，如图 4-146 所示。

（3）单击"确定"按钮，抽壳后的实体如图 4-147 所示。

图 4-146　"定义盒体"对话框

图 4-147　抽壳后的实体

12. 绘制"草图.5"

（1）单击"草图编辑器"工具栏中的"草图"按钮，在视图中选择图 4-147 中标识的平面 1 为草图绘制平面，进入草图绘制平台。

（2）绘制如图 4-148 所示的"草图.5"。单击"工作台"工具栏中的"退出工作台"按钮，退出草图绘制平台。

13. 创建凹槽

（1）单击"凹槽"工具栏中的"凹槽"按钮，弹出如图 4-149 所示的"定义凹槽"对话框。

（2）在"第一限制"选项组的"类型"下拉列表中选择"尺寸"选项，在"深度"文本框中输入"6mm"，系统自动选择步骤 12 绘制的"草图.5"为轮廓。

（3）单击"确定"按钮，完成凹槽的创建，如图 4-150 所示。

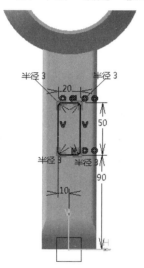

图 4-148　绘制"草图.5"　　图 4-149　"定义凹槽"对话框　　图 4-150　创建凹槽

14. 绘制"草图.6"

（1）单击"草图编辑器"工具栏中的"草图"按钮，在特征树中选择"yz 平面"为草图绘制平面，进入草图绘制平台。

（2）单击"轮廓"工具栏中的"轴"按钮，绘制一条水平轴，单击"轮廓"工具栏中的"矩形"按钮，绘制如图 4-151 所示的"草图.6"。单击"工作台"工具栏中的"退出工作台"按钮，退出草图绘制平台。

15. 创建旋转槽.1

（1）单击"基于草图的特征"工具栏中的"旋转槽"按钮，弹出"定义旋转槽"对话框，如图 4-152 所示。

（2）系统自动选择步骤 14 绘制的"草图.6"为旋转截面，选择"草图轴线"为旋转轴，其他选项采用默认设置。

（3）单击"确定"按钮，完成旋转槽.1的创建，如图4-153所示。

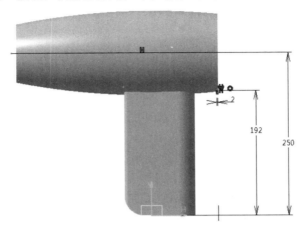

图4-151　绘制"草图.6"

图4-152　"定义旋转槽"对话框（1）

图4-153　创建旋转槽.1

16. 绘制"草图.7"

（1）单击"草图编辑器"工具栏中的"草图"按钮，在特征树中选择"yz平面"为草图绘制平面，进入草图绘制平台。

（2）单击"轮廓"工具栏中的"轴"按钮，绘制一条水平轴，单击"轮廓"工具栏中的"矩形"按钮，绘制如图4-154所示的"草图.7"。单击"工作台"工具栏中的"退出工作台"按钮，退出草图绘制平台。

17. 创建旋转槽.2

（1）单击"基于草图的特征"工具栏中的"旋转槽"按钮，弹出"定义旋转槽"对话框，如

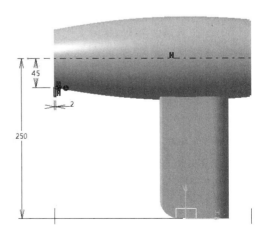

图4-154　绘制"草图.7"

图 4-155 所示。

（2）系统自动选择步骤 16 绘制的"草图.7"为旋转截面，选择"草图轴线"为旋转轴，其他选项采用默认设置。

（3）单击"确定"按钮，完成旋转槽.2 的创建，如图 4-156 所示。

图 4-155　"定义旋转槽"对话框（2）

图 4-156　创建旋转槽.2

18. 保存文件

选择菜单栏中的"文件"→"保存"命令，弹出"另存为"对话框，采用默认设置，单击"保存"按钮，保存文件。

4.4.2　打印模型

根据 3.1.2 节步骤 3 中相应的步骤（1）～（3）进行参数设置。

由于原模型已经超出打印机的打印范围，为了得到较好的打印效果，可以将其缩小至合理尺寸。单击"chuifengji"模型，在三维视图的左下角将出现"缩放"按钮，单击该按钮，弹出"缩放"对话框，可以根据实际打印需要，输入沿 x、y、z 轴方向的缩放比例"0.5"，将模型缩小至原来的二分之一，如图 4-157 所示。

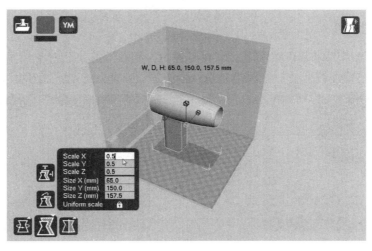

图 4-157　缩放模型

为了减少打印模型时产生的支撑，使打印的外表面更加光滑，可以单击"旋转"按钮，模型周围将出现相应的旋转轴，单击相应旋转轴，该旋转轴会高亮显示，将模型旋转 90°，如图 4-158 所示。

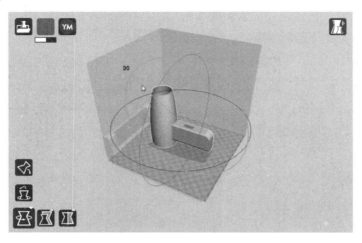

图 4-158　旋转模型

其余步骤按 3.1.2 节步骤 3 中相应的步骤（4）～（8）操作即可。

4.4.3　处理模型

1. 取出模型

打印完成后，将打印平台降至零位，使用刀片等工具将模型底部与平台底部撬开，以便取出模型。取出后的吹风机模型如图 4-159 所示。

2. 去除支撑

如图 4-159 所示，取出后的吹风机模型底部存在一些打印过程中生成的支撑，可以使用刀片、钢丝钳、尖嘴钳等工具将吹风机模型底部的支撑去除。

3. 打磨模型

根据去除支撑后的模型粗糙程度，可先用锉刀、粗砂纸等工具对支撑与模型接触的部位进行粗磨，然后用较细粒度的砂纸对模型进一步打磨，处理后的吹风机模型如图 4-160 所示。

图 4-159　取出后的吹风机模型

图 4-160　处理后的吹风机模型

第 5 章

机械产品造型及 3D 打印

—— 本章导读 ——

在机械设计早期，使用 3D 打印技术构造模型，将二维的设计图转变为真实的三维产品，可以更好地展示设计，加速产品开发流程，降低成本。

本章主要介绍常见的几款机械产品，如轮胎、皮带轮、三通、法兰盘、吊钩模型的创建及 3D 打印过程。通过本章的学习，读者应当掌握如何在 CATIA 软件中创建模型并将其导入到 Magics 软件中以打印出模型。

5.1 轮胎

首先利用 CATIA 软件创建轮胎模型，然后利用 Magics 软件进行参数设置并打印，最后对打印出来的轮胎模型进行清洗、去除支撑和毛刺处理，如图 5-1 所示。

图 5-1　轮胎模型的创建流程

5.1.1　创建模型

在对轮胎模型造型的过程中，首先通过"旋转体"命令构建轮胎模型的主体，然后通过"旋转槽"命令切出内部的结构，将薄壁结构进行偏移，构建轮胎模型的外胎，接着通过"凹槽"命令构建外胎的花纹。在构建外胎的花纹时，先用孔结构切出一个花纹，再对花纹进行环形阵列。

1. 新建文件

选择菜单栏中的"开始"→"机械设计"→"零件设计"命令，弹出"新建零件"对话框，输入零件名称"luntai"，单击"确定"按钮，进入零件设计平台。

2. 绘制"草图.1"

（1）单击"草图编辑器"工具栏中的"草图"按钮，在特征树中选择"xy 平面"为草图绘制平面，进入草图绘制平台。

（2）单击"轮廓"工具栏中的"圆"按钮，绘制如图 5-2 所示的"草图.1"。单击"工作台"工具栏中的"退出工作台"按钮，退出草图绘制平台。

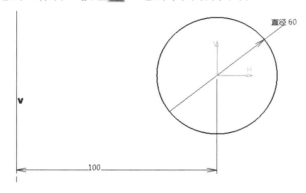

图 5-2　绘制"草图.1"

3. 创建轮胎模型的主体

（1）单击"基于草图的特征"工具栏中的"旋转体"按钮，弹出"定义旋转体"对话框，如图 5-3 所示。

（2）系统自动选择步骤 2 绘制的"草图.1"为旋转截面，选择"草图轴线"为旋转轴，其他选项采用默认设置。

（3）单击"确定"按钮，完成轮胎模型主体的创建，如图 5-4 所示。

图 5-3　"定义旋转体"对话框（1）

图 5-4　创建轮胎模型的主体

4. 绘制"草图.2"

（1）单击"草图编辑器"工具栏中的"草图"按钮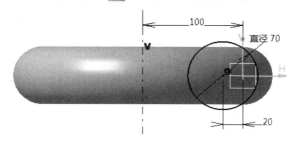，在特征树中选择"xy 平面"为草图绘制平面，进入草图绘制平台。

（2）单击"轮廓"工具栏中的"圆"按钮⊙，绘制如图 5-5 所示的"草图.2"。单击"工作台"工具栏中的"退出工作台"按钮⬆，退出草图绘制平台。

图 5-5　绘制"草图.2"

5. 创建旋转槽

（1）单击"基于草图的特征"工具栏中的"旋转槽"按钮，弹出"定义旋转槽"对话框，如图 5-6 所示。

（2）系统自动选择步骤 4 绘制的"草图.2"为旋转截面，选择"草图轴线"为旋转轴，其他选项采用默认设置。

（3）在对话框中单击"确定"按钮，完成旋转槽的创建，如图 5-7 所示。

图 5-6　"定义旋转槽"对话框

图 5-7　创建旋转槽

6. 加厚曲面

（1）单击"基于曲面的特征"工具栏中的"厚曲面"按钮，弹出"定义厚曲面"对话框。

（2）在该对话框中选择轮胎模型内壁曲面为要偏移的对象，在"第一偏移"文本框中输入"5mm"，单击"反转方向"按钮，调整方向，如图 5-8 所示。

（3）单击"确定"按钮，完成曲面的加厚，如图 5-9 所示。

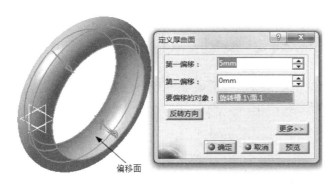

图 5-8　加厚曲面的相关设置　　　　　　　图 5-9　加厚曲面

7.　绘制"草图.3"

（1）单击"草图编辑器"工具栏中的"草图"按钮 ，在特征树中选择"xy 平面"为草图绘制平面，进入草图绘制平台。

（2）单击"轮廓"工具栏中的"矩形"按钮 ▭，绘制如图 5-10 所示的"草图.3"。单击"工作台"工具栏中的"退出工作台"按钮 ⬆，退出草图绘制平台。

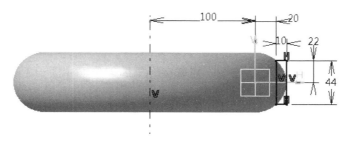

图 5-10　绘制"草图.3"

8.　创建轮胎花纹胚

（1）单击"基于草图的特征"工具栏中的"旋转体"按钮 ⬛，弹出"定义旋转体"对话框，如图 5-11 所示。

（2）系统自动选择步骤 7 绘制的"草图.3"为旋转截面，选择"草图轴线"为旋转轴，其他选项采用默认设置。

（3）单击"确定"按钮，完成轮胎花纹胚的创建，如图 5-12 所示。

9.　绘制"草图.4"

（1）单击"草图编辑器"工具栏中的"草图"按钮 ⬛，在特征树中选择"zx 平面"为草图绘制平面，进入草图绘制平台。

（2）单击"轮廓"工具栏中的"圆"按钮 ⊙，绘制如图 5-13 所示的"草图.4"。单击"工作台"工具栏中的"退出工作台"按钮 ⬆，退出草图绘制平台。

10.　创建花纹

（1）单击"凹槽"工具栏中的"凹槽"按钮 ▣，弹出"定义凹槽"对话框。

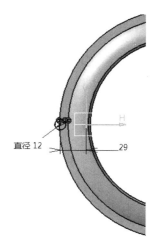

图 5-11 "定义旋转体"对话框（2） 图 5-12 创建轮胎花纹胚 图 5-13 绘制"草图.4"

（2）在展开的"定义凹槽"对话框中，系统会自动选择步骤 9 绘制的"草图.4"为轮廓，在"第一限制"和"第二限制"选项组的"类型"下拉列表中选择"直到下一个"选项，其他选项采用默认设置，如图 5-14 所示。

（3）单击"确定"按钮，完成一个花纹的创建，如图 5-15 所示。

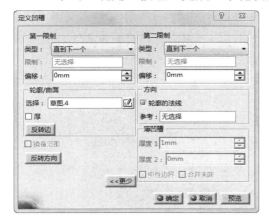

图 5-14 展开的"定义凹槽"对话框 图 5-15 创建一个花纹

11. 阵列花纹

（1）单击"阵列"工具栏中的"圆形阵列"按钮 ⬡，弹出"定义圆形阵列"对话框。

（2）在该对话框中输入实例个数"36"和角度间距值"10deg"，通过"参考元素"选择框选择外胎的内表面为参考元素，选择步骤 10 创建的"凹槽.1"为要阵列的对象，其他选项采用默认设置，如图 5-16 所示。

（3）单击"确定"按钮，完成花纹的阵列，如图 5-17 所示。

12. 保存文件

选择菜单栏中的"文件"→"保存"命令，弹出"另存为"对话框，采用默认设置，单击"保存"按钮，保存文件。

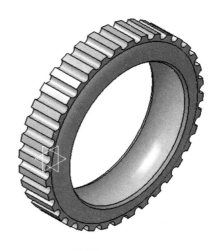

图 5-16　"定义圆形阵列"对话框　　　　　　图 5-17　阵列花纹

5.1.2　打印模型

　　Magics 是一个能够很好地满足 3D 打印技术要求和特点的软件，此软件可以提供在一个表面上同时生成几种不同支撑类型，以及不同支撑结构的组合支撑类型，并且可以快速地对含有各种错误的 STL 文件进行修复，使在文件格式转换过程中产生的损坏三角片得以修复。除此之外，Magics 软件兼容所有主要的 CAD 文件格式，如 IGES、VDA 和 STL，结合 STL 修改器，Magics 软件允许用户输出 CAD 文件给快速成型机器。

1.　打开 Magics 软件

　　双击 Magics 软件图标▓，打开 Magics 软件界面，如图 5-18 所示。

图 5-18　Magics 软件界面

知识点　　　　　　　　　　　Magics 软件界面

Magics 软件界面中各部分的简单介绍如下。

（1）主菜单：包含软件的各项具体操作命令。

（2）主工具栏：可以对模型进行加载、保存、打印、撤销等操作。

（3）快捷工具栏：可以快速调出工具、修复、视图、标记、机器平台、切片、RM 切片、Streamics 和生成支撑所对应的工具栏。右击此工具栏，可以通过弹出的快捷菜单关闭不需要的工具栏。

（4）工具页：可以选择视图、零件、注释、测量和修复工具页，并根据模型的操作要求选择工具页中具体的参数。

（5）视图窗口：显示当前对模型的操作结果。

（6）状态栏：显示正在进行的操作。

2．基本操作

1）加载新零件

选择主菜单中的"文件"→"加载新零件"命令，弹出如图 5-19 所示的"加载"对话框，选择相应零件后，单击"打开"按钮即可加载零件，或者单击主工具栏中的"导入零件"按钮 ，也可以加载新零件。

图 5-19　"加载"对话框

 注意

Magics 软件除了支持*.stl 类型文件，还支持很多其他类型的文件，用户可以根据自己的需求选择相应类型的文件，本书主要以*.stl 类型文件为例进行介绍。

首先选中"luntai"文件，然后单击"打开"按钮，即可加载相应的模型，如图 5-20 所示。

图 5-20　加载"luntai"模型

2）载入平台

Magics 软件中的平台是指一个虚拟的加工机器，用户可以根据自己的快速成型机器选择适合自己的平台。

（1）添加机器：选择主菜单中的"机器平台"→"机器库"命令，弹出"添加机器"对话框，如图 5-21 所示。

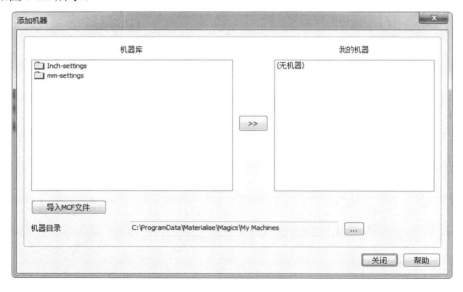

图 5-21　"添加机器"对话框

选择"mm-settings"选项，之后可以根据自己的机器类型选择相应类型，单击中间的"添加"按钮 >> ，将其加入"我的机器"列表框中，本书以"Object Eden 250"为例，如图 5-22 所示。

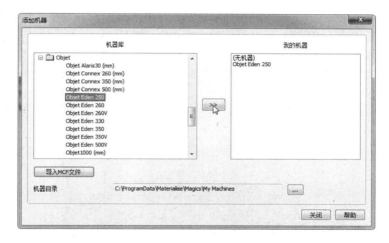

图 5-22 添加机器 "Object Eden 250"

单击"关闭"按钮,弹出"机器库"对话框,选择"Object Eden 250"机器,如图 5-23 所示。注意,单击"添加机器"按钮可以继续添加相应机器,如果想在每次启动软件后都存在机器平台,则可以选中相应机器并将其添加到收藏夹中。

图 5-23 在机器库中选择机器

(2)生成平台:选择主菜单中的"机器平台"→"从设计者视图创建平台"命令,弹出"选择机器"对话框,选择相应机器,如图 5-24 所示。单击"确认"按钮,完成生成平台的操作,如图 5-25 所示。

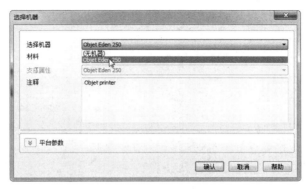

图 5-24 选择相应机器

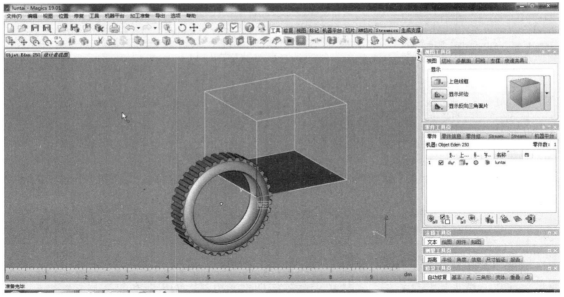

图 5-25　生成平台

3）缩放模型

由于本书所选择的平台为"Object Eden 250"，而模型的实际尺寸已经超过平台所能打印的最大尺寸，因此需要将模型缩小。选择快捷工具栏中的"工具"选项后，将出现"模型编辑"工具栏，如图 5-26 所示。

![工具栏]

图 5-26　"模型编辑"工具栏

单击"重缩放"按钮 ，弹出"零件缩放"对话框，如图 5-27 所示。勾选"统一缩放"复选框，将"缩放系数"修改为 0.5，并单击"确定"按钮，弹出"存储模式"对话框，如图 5-28 所示。单击"是"按钮，模型将缩小二分之一，如图 5-29 所示。

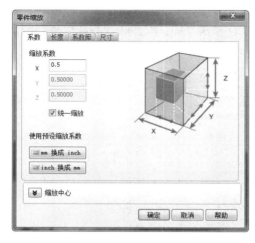

图 5-27　"零件缩放"对话框　　　　图 5-28　"存储模式"对话框

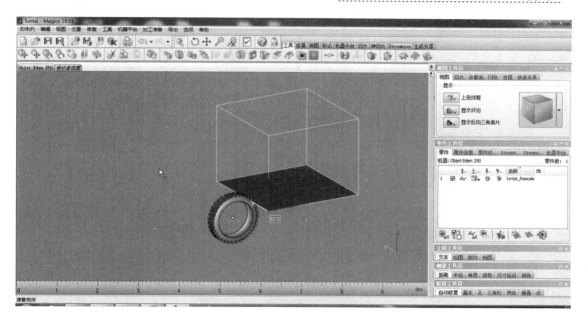

图 5-29　模型缩小二分之一

3. 放置模型

模型的放置方向决定着支撑的生成方向，而生成支撑会对表面质量带来影响，在立体光固化中尤为明显。在模型加工完成后，需要对与支撑面接触的模型底面进行打磨，所以在满足加工质量要求的前提下，应合理选择模型的摆放方向，以便尽量减少后期对模型底面的打磨工作。

（1）模型的旋转：为了减少支撑，需要将模型旋转至合适位置。单击"旋转零件"按钮，弹出"旋转零件"对话框，将 y 轴对应数值修改为"90"，也就是绕 y 轴旋转 90°，如图 5-30 所示。单击"确定"按钮，模型旋转完毕，如图 5-31 所示。

（2）模型在平台中的摆放：用户可以根据自己的需求，单击"移动和摆放"按钮，之后移动和旋转零件到自己想要放置的位置，也可以单击"自动摆放"按钮，弹出"自动摆放"对话框，选中"平台中心"单选按钮，如图 5-32 所示。将模型摆放在平台中心，如图 5-33 所示。

图 5-30　"旋转零件"对话框

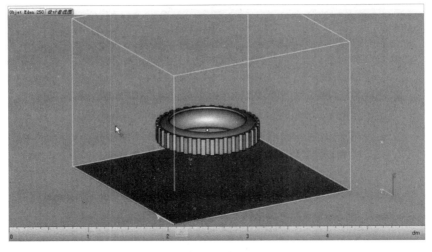

图 5-31 模型绕 y 轴旋转 90°

图 5-32 "自动摆放"对话框

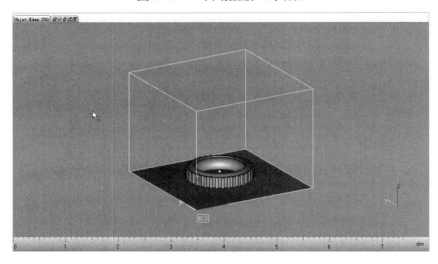

图 5-33 将模型摆放在平台中心

4．生成模型支撑

在根据相应机器设置机器属性后，选择快捷工具栏中的"生成支撑"选项，在弹出的工具栏中单击"生成支撑"按钮 🎄，即可生成模型对应的支撑，如图 5-34 所示。

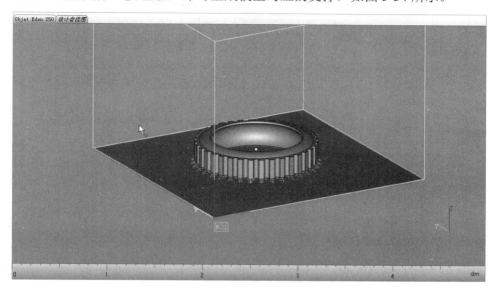

图 5-34　生成模型支撑

5．输出模型

按照上述步骤操作后，单击主工具栏中的"退出支撑生成模式"按钮 🖎，弹出"平台文件"对话框，如图 5-35 所示。单击"是"按钮，可以保存支撑并退出生成支撑界面。

选择快捷工具栏中的"切片"选项，对所有零件进行切片后输出，弹出"切片属性"对话框，如图 5-36 所示。

图 5-35　"平台文件"对话框

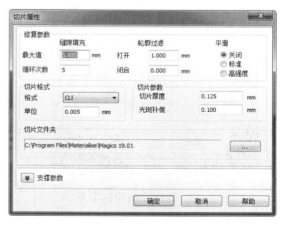

图 5-36　"切片属性"对话框

按图 5-36 设置相应属性值，之后设置切片格式为"SLC"，同样可以设置支撑参数格式为"SLC"，选择需要保存到的切片文件夹，就可以将切片后的模型文件输出。将输出的模型导入到相应机器中，即可开始打印。

5.1.3　处理模型

使用 Magics 软件对模型进行分层处理，并使用相应打印机进行打印。打印完成后，需要将模型从打印平台中取下，并对模型进行清洗及去除支撑，还需要对支撑与模型接触的部位进行打磨处理等，之后才能得到理想的打印模型。

1. 取出模型

打印完成后，将工作台调整至液态树脂平面之上，使用平铲等工具将模型底部与平台底部撬开，以便取出模型。取出后的轮胎模型如图 5-37 所示。

注意

在取出模型时，请注意不要损坏模型比较薄弱的地方，如果不方便撬动模型，则可以适当去除部分支撑，以便顺利取出轮胎模型。

2. 清洗模型

打印完成后，需要使用酒精等溶剂对模型的表面进行清洗，以防止影响模型表面质量。将适量酒精倒入盆内，使用毛刷将轮胎模型表面残留的液态树脂清洗干净。

3. 去除支撑

如图 5-37 所示，取出后的轮胎模型存在一些打印过程中生成的支撑，可以使用尖嘴钳、刀片、钢丝钳、镊子等工具将轮胎模型的支撑去除。

4. 打磨模型

根据去除支撑后的模型粗糙程度，可先用锉刀、粗砂纸等工具对支撑与模型接触的部位进行粗磨，然后用较细粒度的砂纸对模型进一步打磨，处理后的轮胎模型如图 5-38 所示。

图 5-37　取出后的轮胎模型

图 5-38　处理后的轮胎模型

5.2　皮带轮

首先利用 CATIA 软件创建皮带轮模型，然后利用 Magics 软件进行参数设置并打印，最后对打印出来的皮带轮模型进行清洗、去除支撑和毛刺处理，如图 5-39 所示。

图 5-39　皮带轮模型创建流程图

5.2.1　创建模型

首先绘制草图，通过"旋转体"命令创建皮带轮模型的主体，然后绘制草图，通过"凹槽"命令创建轴孔。

1．新建文件

选择菜单栏中的"开始"→"机械设计"→"零件设计"命令，弹出"新建零件"对话框，输入零件名称"pidailun"，单击"确定"按钮，进入零件设计平台。

2．绘制"草图.1"

（1）单击"草图编辑器"工具栏中的"草图"按钮，在特征树中选择"xy 平面"为草图绘制平面，进入草图绘制平台。

（2）单击"轮廓"工具栏中的"轴"按钮，绘制一条水平中心线作为旋转轴，单击"轮廓"工具栏中的"直线"按钮，绘制如图 5-40 所示的"草图.1"。单击"工作台"工具栏中的"退出工作台"按钮，退出草图绘制平台。

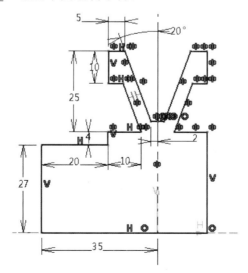

图 5-40　绘制"草图.1"

3. 创建皮带轮模型的主体

（1）单击"基于草图的特征"工具栏中的"旋转体"按钮，弹出如图 5-41 所示的"定义旋转体"对话框。

（2）系统自动选择步骤 2 绘制的"草图.1"为轮廓，选择"X 轴"为旋转轴，在"第一角度"和"第二角度"文本框中分别输入"360deg"和"0deg"。

（3）单击"确定"按钮，创建皮带轮模型的主体，如图 5-42 所示。

图 5-41　"定义旋转体"对话框

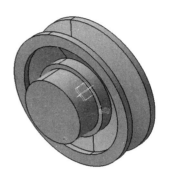

图 5-42　创建皮带轮模型的主体

4. 绘制"草图.2"

（1）单击"草图编辑器"工具栏中的"草图"按钮，在特征树中选择"xy 平面"为草图绘制平面，进入草图绘制平台。

（2）绘制如图 5-43 所示的"草图.2"。单击"工作台"工具栏中的"退出工作台"按钮，退出草图绘制平台。

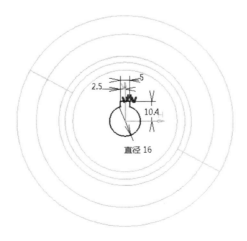

图 5-43　绘制"草图.2"

5. 创建轴孔

（1）单击"凹槽"工具栏中的"凹槽"按钮，弹出"定义凹槽"对话框。

（2）系统自动选择步骤 4 绘制的"草图.2"为轮廓，在"类型"下拉列表中选择"直到最后"选项，其他选项采用默认设置，如图 5-44 所示。

（3）单击"确定"按钮，完成轴孔的创建，如图 5-45 所示。

图 5-44　"定义凹槽"对话框

图 5-45　创建轴孔

6. 保存文件

选择菜单栏中的"文件"→"保存"命令，弹出"另存为"对话框，采用默认设置，单击"保存"按钮，保存文件。

5.2.2　打印模型

首先根据 5.1.2 节步骤 3 中相应的步骤（1）和步骤（2）进行操作。为了减少支撑，需要将模型旋转至合适位置。单击"旋转零件"按钮 ，弹出"旋转零件"对话框，将 y 轴所对应的数值修改为 90°，也就是绕 y 轴旋转 90°，单击"确定"按钮，模型旋转完毕，之后放置模型，如图 5-46 所示。接着根据 5.1.2 节步骤 5 对生成支撑后的模型进行切片处理，并将其导入到相应的快速成型机器中，即可打印。

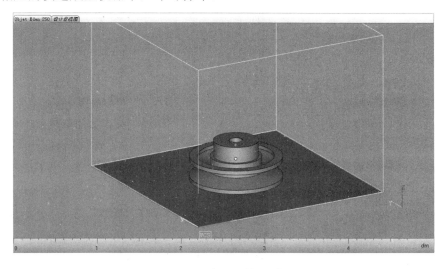

图 5-46　旋转并放置模型

5.2.3 处理模型

1. 取出模型

打印完成后，将工作台调整至液态树脂平面之上，使用平铲等工具将模型底部与平台底部撬开，以便取出模型。取出后的皮带轮模型如图 5-47 所示。

2. 清洗模型

打印完成后，需要使用酒精等溶剂对模型的表面进行清洗，以防止影响模型表面质量。将适量酒精倒入盆内，使用毛刷将皮带轮模型表面残留的液态树脂清洗干净。

3. 去除支撑

如图 5-47 所示，取出后的皮带轮模型存在一些打印过程中生成的支撑，可以使用尖嘴钳、刀片、钢丝钳、镊子等工具将皮带轮模型的支撑去除。

4. 打磨模型

根据去除支撑后的模型粗糙程度，可先用锉刀、粗砂纸等工具对支撑与模型接触的部位进行粗磨，然后用较细粒度的砂纸对模型进一步打磨，处理后的皮带轮模型如图 5-48 所示。

图 5-47　取出后的皮带轮模型

图 5-48　处理后的皮带轮模型

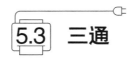

5.3　三通

首先利用 CATIA 软件创建三通模型，然后利用 Magics 软件进行参数设置并打印，最后对打印出来的三通模型进行清洗、去除支撑和毛刺处理，如图 5-49 所示。

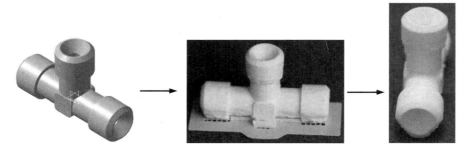

图 5-49　三通模型的创建流程

5.3.1　创建模型

首先绘制草图，通过"凸台"命令创建三通模型的主体，然后通过"孔"命令创建三通模型的孔，最后进行倒角处理。

1．新建文件

选择菜单栏中的"开始"→"机械设计"→"零件设计"命令，弹出"新建零件"对话框，输入零件名称"santong"，单击"确定"按钮，进入零件设计平台。

2．绘制"草图.1"

（1）单击"草图编辑器"工具栏中的"草图"按钮，在特征树中选择"xy 平面"为草图绘制平面，进入草图绘制平台。

（2）单击"轮廓"工具栏中的"圆"按钮，以坐标原点为圆心绘制直径为 11 的圆，如图 5-50 所示。单击"工作台"工具栏中的"退出工作台"按钮，退出草图绘制平台。

图 5-50　绘制"草图.1"

3．创建"凸台.1"

（1）单击"基于草图的特征"工具栏中的"凸台"按钮，弹出"定义凸台"对话框。

（2）在展开的"定义凸台"对话框中，在"第一限制"和"第二限制"选项组的"类型"下拉列表中选择"尺寸"选项，在"长度"文本框中输入"13mm"，在"轮廓/曲面"选项组中选择步骤 2 绘制的"草图.1"为凸台拉伸的轮廓，如图 5-51 所示。

（3）单击"确定"按钮，创建"凸台.1"，如图 5-52 所示。

图 5-51　展开的"定义凸台"对话框（1）

图 5-52　创建"凸台.1"

4. 绘制"草图.2"

（1）单击"草图编辑器"工具栏中的"草图"按钮，在特征树中选择"zx 平面"为草图绘制平面，进入草图绘制平台。

（2）单击"轮廓"工具栏中的"圆"按钮⊙，以坐标原点为圆心绘制直径为 11 的圆，如图 5-53 所示。单击"工作台"工具栏中的"退出工作台"按钮，退出草图绘制平台。

5. 创建"凸台.2"

（1）单击"基于草图的特征"工具栏中的"凸台"按钮，弹出"定义凸台"对话框。

（2）在该对话框"第一限制"选项组的"类型"下拉列表中选择"尺寸"选项，在"长度"文本框中输入"13mm"，在"轮廓/曲面"选项组中选择步骤 4 绘制的"草图.2"为凸台拉伸的轮廓，如图 5-54 所示。

（3）单击"确定"按钮，创建"凸台.2"，如图 5-55 所示。

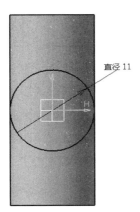

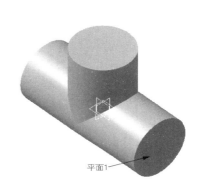

图 5-53　绘制"草图.2"　　图 5-54　"定义凸台"对话框　　图 5-55　创建"凸台.2"

6. 绘制"草图.3"

（1）单击"草图编辑器"工具栏中的"草图"按钮，在视图中选择图 5-55 中标识的平面 1 为草图绘制平面，进入草图绘制平台。

（2）单击"轮廓"工具栏中的"圆"按钮⊙，以坐标原点为圆心绘制直径为 14 的圆。单击"工作台"工具栏中的"退出工作台"按钮，退出草图绘制平台。

7. 创建"凸台.3"

（1）单击"基于草图的特征"工具栏中的"凸台"按钮，弹出"定义凸台"对话框。

（2）在该对话框"第一限制"选项组的"类型"下拉列表中选择"尺寸"选项，在"长度"文本框中输入"10mm"，在"轮廓/曲面"选项组中选择步骤 6 绘制的"草图.3"为凸台拉伸的轮廓。

（3）单击"确定"按钮，创建"凸台.3"，如图 5-56 所示。

8. 绘制"草图.4"

（1）单击"草图编辑器"工具栏中的"草图"按钮，在视图中选择图 5-56 中标识的平面 2 为草图绘制平面，进入草图绘制平台。

（2）单击"轮廓"工具栏中的"圆"按钮⊙，以坐标原点为圆心绘制直径为 14 的圆。单击"工作台"工具栏中的"退出工作台"按钮⬆️，退出草图绘制平台。

9. 创建"凸台.4"

（1）单击"基于草图的特征"工具栏中的"凸台"按钮⬈，弹出"定义凸台"对话框。

（2）在该对话框"第一限制"选项组的"类型"下拉列表中选择"尺寸"选项，在"长度"文本框中输入"10mm"，在"轮廓/曲面"选项组中选择步骤 8 绘制的"草图.4"为凸台拉伸的轮廓。

（3）单击"确定"按钮，创建"凸台.4"，如图 5-57 所示。

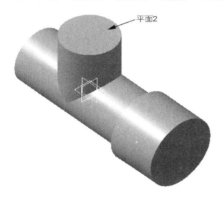

图 5-56　创建"凸台.3"　　　　图 5-57　创建"凸台.4"

10. 创建"凸台.5"

重复步骤 8 和 9，在另一侧创建相同参数的"凸台.5"，如图 5-58 所示。

图 5-58　创建"凸台.5"

11. 绘制"草图.6"

（1）单击"草图编辑器"工具栏中的"草图"按钮✐，在特征树中选择"yz 平面"为草图绘制平面，进入草图绘制平台。

（2）单击"预定义的轮廓"工具栏中的"居中矩形"按钮▭和"操作"工具栏中的"圆

角"按钮 ，以坐标原点为中心绘制如图 5-59 所示的"草图.6"。单击"工作台"工具栏中的"退出工作台"按钮 ，退出草图绘制平台。

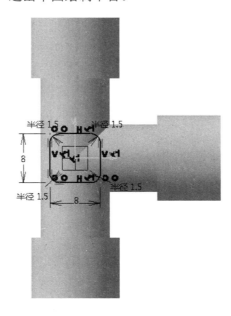

图 5-59　绘制"草图.6"

12. 创建"凸台.6"

（1）单击"基于草图的特征"工具栏中的"凸台"按钮 ，弹出"定义凸台"对话框。

（2）在展开的"定义凸台"对话框中，在"第一限制"和"第二限制"选项组的"类型"下拉列表中选择"尺寸"选项，在"长度"文本框中输入"6mm"，在"轮廓/曲面"选项组中选择步骤 11 绘制的"草图.6"为凸台拉伸的轮廓，如图 5-60 所示。

（3）单击"确定"按钮，创建"凸台.6"，如图 5-61 所示。

图 5-60　展开的"定义凸台"对话框（2）

图 5-61　创建"凸台.6"

13. 创建简单孔

（1）选中右侧最大的圆柱体外表面，单击"基于草图的特征"工具栏中的"孔"按钮 ，弹出"定义孔"对话框。

（2）在该对话框中输入孔直径值"4mm"和深度值"50mm"，其他选项采用默认设置，如图 5-62 所示。单击"确定"按钮，完成孔的创建。

（3）采用相同的方法，在最上端圆柱体上创建直径为"4mm"、深度为"23mm"的孔，结果如图 5-63 所示。

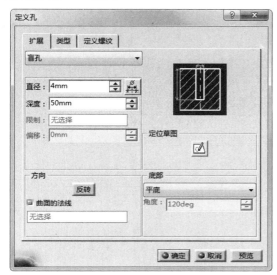

图 5-62　"定义孔"对话框

图 5-63　创建简单孔

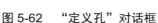

知识点　　　　　　　　　　　　　　　　　孔

在零件的创建过程中，往往需要在相应位置创建一定形状的孔。CATIA 软件支持简单孔、锥形孔、沉头孔、凹陷孔、倒钻孔 5 种类型的标准孔及螺纹的创建。

"定义孔"对话框中的部分选项说明如下。该对话框中包含"扩展""类型""定义螺纹"3 个选项卡。下面主要介绍"扩展"选项卡。

"扩展"选项卡用于定义孔生成方式、直径、深度、方向，以及孔的定位草图等。

- 孔生成方式：在 CATIA 软件中，孔的生成方式包括"盲孔"、"直到下一个"、"直到最后"、"直到平面"和"直到曲面"，与拉伸功能基本类似。

- 直径：用于设置孔的直径大小。单击"直径"文本框后面的"定义尺寸限制"按钮 ，弹出如图 5-64 所示的"定义尺寸限制"对话框。

  ➢ 常规公差：根据会话选择的标准，设置角度大小的预定义公差等级。在默认情况下，常规公差等级为"ISO 2768f"。

  ➢ 数值：使用输入的值来定义"上限"。如果取消勾选"对称下限"复选框，则还需要定义"下限"（可选）。

  ➢ 列表值：表示使用标准参考值。

> ➢ 单一限制：只需输入最小值和最大值。在"增量/标称"文本框中可以输入相对于标称直径值的值。例如，如果标称直径值是"10mm"而用户输入"1mm"，则公差值为"11mm"。

> ➢ 信息：显示尺寸信息。

> ➢ 选项：显示直接链接到应用程序所使用的标准的选项。

- 深度：用于设置孔的深度。该选项只有在孔生成方式为"盲孔"时才可用。

- 限制：该选项在孔生成方式为"直到平面"和"直到曲面"时可用，用于分别选择限制孔的平面或曲面。

- 偏移：该选项在孔生成方式不是"盲孔"时可用，用于定义限制平面（或曲面）和孔底之间的偏移量。

- 方向：用于设置孔的拉伸方向。单击"反转"按钮，可改变孔的拉伸方向。在默认情况下，系统将创建垂直于草图面的孔，但也可以定义不垂直于该面的方向，方法是取消勾选"曲面的法线"复选框并选择一条边线或直线。

- 定位草图：孔的位置在零件设计中相当重要，在CATIA软件中，孔的定位是通过孔中心相对于零件表面边界的约束来定义的。

- 底部：用于设置孔底部的形状，提供了"平底"和"V形底"两个选项，分别如图5-65和图5-66所示。若选择"V形底"选项，则需要在"角度"文本框中输入V形底的角度值。

图5-64 "定义尺寸限制"对话框

图5-65 平底

图5-66 V形底

14. 倒角（1）

（1）单击"修饰特征"工具栏中的"倒角"按钮⬜，弹出"定义倒角"对话框，如图5-67所示。

（2）在"模式"下拉列表中选择"长度1/角度"选项，在"长度1"文本框中输入"3mm"，在"角度"文本框中输入"53deg"，选择图 5-67 中实体的上表面孔边线为要倒角的对象，单击"确定"按钮。

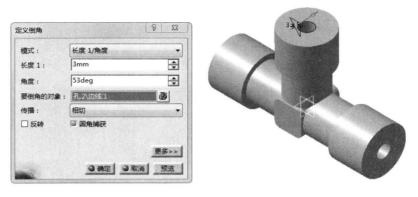

图 5-67　"定义倒角"对话框与实体（1）

（3）采用相同的步骤，对两端孔边线进行倒角操作，结果如图 5-68 所示。

图 5-68　倒角后的实体（1）

15．倒角（2）

（1）单击"修饰特征"工具栏中的"倒角"按钮，弹出"定义倒角"对话框，如图 5-69 所示。

图 5-69　"定义倒角"对话框与实体（2）

（2）在"模式"下拉列表中选择"长度 1/角度"选项，在"长度 1"文本框中输入"1.5mm"，在"角度"文本框中输入"45deg",选择图 5-69 中实体的圆柱边线为要倒角的对象。

（3）单击"确定"按钮，结果如图 5-70 所示。

图 5-70　倒角后的实体（2）

16. 保存文件

选择菜单栏中的"文件"→"保存"命令，弹出"另存为"对话框，采用默认设置，单击"保存"按钮，保存文件。

5.3.2　打印模型

首先根据 5.1.2 节步骤 3 中相应的步骤（1）和步骤（2）进行操作。为了减少支撑，需要将模型旋转至合适位置。单击"旋转零件"按钮 ，弹出"旋转零件"对话框，将 x 轴所对应的数值修改为 90°，也就是绕 x 轴旋转 90°，单击"确定"按钮，模型旋转完毕，之后放置模型，如图 5-71 所示。接着根据 5.1.2 节步骤 5 对生成支撑后的模型进行切片处理，并将其导入到相应的快速成型机器中，即可打印。

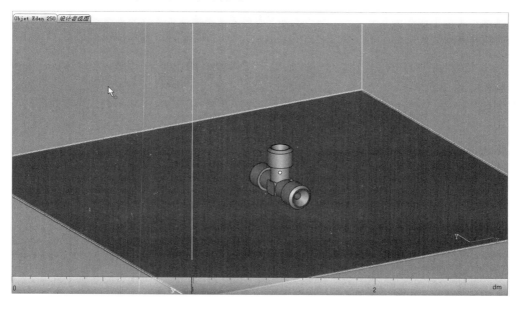

图 5-71　旋转并放置模型

5.3.3　处理模型

1. 取出模型

打印完成后，将工作台调整至液态树脂平面之上，使用平铲等工具将模型底部与平台底部撬开，以便取出模型。取出后的三通模型如图 5-72 所示。

2. 清洗模型

打印完成后，需要使用酒精等溶剂对模型的表面进行清洗，以防止影响模型表面质量。将适量酒精倒入盆内，使用毛刷将三通模型表面残留的液态树脂清洗干净。

3. 去除支撑

如图 5-72 所示，取出后的三通模型存在一些打印过程中生成的支撑，可以使用尖嘴钳、刀片、钢丝钳、镊子等工具将三通模型的支撑去除。

4. 打磨模型

根据去除支撑后的模型粗糙程度，可先用锉刀、粗砂纸等工具对支撑与模型接触的部位进行粗磨，然后用较细粒度的砂纸对模型进一步打磨，处理后的三通模型如图 5-73 所示。

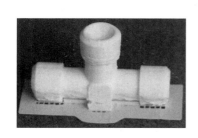
图 5-72　取出后的三通模型

图 5-73　处理后的三通模型

5.4　法兰盘

首先利用 CATIA 软件创建法兰盘模型，然后利用 Magics 软件进行参数设置并打印，最后对打印出来的法兰盘模型进行清洗、去除支撑和毛刺处理，如图 5-74 所示。

图 5-74　法兰盘模型的创建流程

5.4.1 创建模型

首先绘制草图，通过"旋转体"命令绘制法兰盘模型的主体，然后绘制草图，通过"加强肋"和"圆形阵列"命令创建肋板，最后通过"孔"和"圆形阵列"命令创建孔。

1. 新建文件

选择菜单栏中的"开始"→"机械设计"→"零件设计"命令，弹出"新建零件"对话框，输入零件名称"falanpan"，单击"确定"按钮，进入零件设计平台。

2. 绘制"草图.1"

（1）单击"草图编辑器"工具栏中的"草图"按钮🖊，在特征树中选择"xy平面"为草图绘制平面，进入草图绘制平台。

（2）单击"轮廓"工具栏中的"轴"按钮，绘制一条竖直中心线作为旋转轴，单击"轮廓"工具栏中的"直线"按钮／，绘制如图5-75所示的"草图.1"。单击"工作台"工具栏中的"退出工作台"按钮，退出草图绘制平台。

3. 创建法兰盘模型的主体

（1）单击"基于草图的特征"工具栏中的"旋转体"按钮，弹出如图5-76所示的"定义旋转体"对话框。

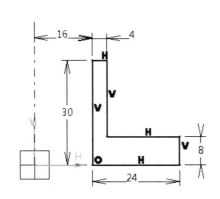

图 5-75 绘制"草图.1"

图 5-76 "定义旋转体"对话框

（2）系统自动选择步骤2绘制的"草图.1"为轮廓，选择"草图轴线"为旋转轴，在"第一角度"和"第二角度"文本框中分别输入"360deg"和"0deg"。

（3）单击"确定"按钮，创建法兰盘模型的主体，如图5-77所示。

4. 倒角

（1）单击"修饰特征"工具栏中的"倒角"按钮，弹出"定义倒角"对话框，如图5-78所示。

图 5-77 创建法兰盘模型的主体

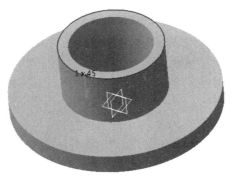

图 5-78　"定义倒角"对话框与实体

（2）在"模式"下拉列表中选择"长度 1/角度"选项，在"长度 1"文本框中输入"1 mm"，在"角度"文本框中输入"45deg"，选择图 5-78 中实体的圆柱边线为要倒角的对象。

（3）单击"确定"按钮，倒角后的实体如图 5-79 所示。

图 5-79　倒角后的实体

5. 倒圆角（1）

（1）单击"修饰特征"工具栏中的"倒圆角"按钮，弹出"倒圆角定义"对话框，如图 5-80 所示。

图 5-80　"倒圆角定义"对话框与实体（1）

（2）在该对话框中单击"半径"按钮，和"常量"按钮，在"半径"文本框中输入半径值"4mm"，选择图 5-80 中标识的边线为要圆角化的对象。

（3）单击"确定"按钮，倒圆角后的实体如图 5-81 所示。

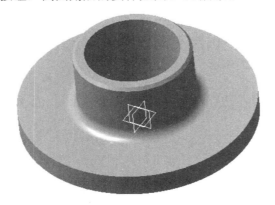

图 5-81　倒圆角后的实体（1）

6. 绘制"草图.2"

（1）单击"草图编辑器"工具栏中的"草图"按钮，在特征树中选择"xy 平面"为草图绘制平面，进入草图绘制平台。

（2）单击"轮廓"工具栏中的"直线"按钮，绘制如图 5-82 所示的"草图.2"。单击"工作台"工具栏中的"退出工作台"按钮，退出草图绘制平台。

7. 创建肋板

（1）单击"基于草图的特征"工具栏中的"加强肋"按钮，弹出如图 5-83 所示的"定义加强肋"对话框。

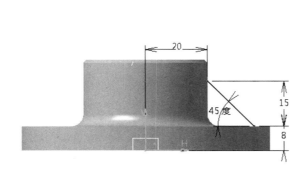

图 5-82　绘制"草图.2"

图 5-83　"定义加强肋"对话框

（2）选择步骤 6 绘制的"草图.2"为轮廓，在"厚度 1"文本框中输入"6mm"。

（3）单击"确定"按钮，创建如图 5-84 所示的肋板。

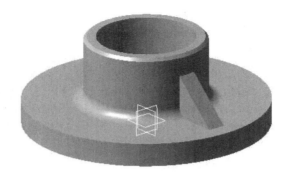

图 5-84　创建肋板

知识点　　　　　　　　　　　　　　　加强肋

　　在零件设计中，往往会涉及各种加强肋的设计，为了方便用户进行零件设计，CATIA 软件提供了专门的加强肋特征。

　　"定义加强肋"对话框中的部分选项说明如下。

- 模式：CATIA 软件提供了"从侧面"和"从顶部"两种方式来创建加强肋。
  - 从侧面：表示在轮廓平面垂直方向上添加厚度，轮廓会在其所在平面内延伸以得到加强肋。
  - 从顶部：表示在轮廓平面内添加厚度，轮廓会在其平面垂直方向上延伸以得到加强肋。
- 线宽：用于定义加强肋轮廓平面两侧添加的厚度。用户可以在"厚度 1"和"厚度 2"文本框中分别输入要添加材料的厚度，而且可以通过输入不同的厚度值来实现在轮廓平面两侧添加不同厚度的材料。
  - 勾选"中性边界"复选框表示将材料等量添加到轮廓的两侧。只需在"厚度 1"文本框中输入所需的值，此厚度即可被均匀添加到轮廓的两侧。
  - 当未勾选"中性边界"复选框时，可以通过单击"反转方向"按钮来改变沿厚度方向添加材料的方向。用户也可以单击绘图区中的箭头来改变方向。
- 深度：单击"深度"选项组中的"反转方向"按钮，表示改变加强肋在轮廓平面内的延伸方向。注意，要保证加强肋能够与材料实体相交，否则将会出错。
- 轮廓：用于定义加强肋的轮廓，用户可以直接在绘图区中选择，也可以通过单击"选择"选择框右侧的 按钮进入草图绘制平台来完成轮廓的定义。在定义加强肋轮廓时，要保证轮廓在延伸方向上能够与实体相交，否则将会出错。

8. 倒圆角（2）

　　（1）单击"修饰特征"工具栏中的"倒圆角"按钮 ，弹出"倒圆角定义"对话框，如图 5-85 所示。

　　（2）在该对话框中单击"半径"按钮 和"常量"按钮 ，在"半径"文本框中输入半径值"2mm"，选择图 5-85 中标识的肋板两侧边线为要圆角化的对象。

　　（3）单击"确定"按钮，倒圆角后的实体如图 5-86 所示。

图 5-85 "倒圆角定义"对话框与实体（2）

图 5-86 倒圆角后的实体（2）

9. 阵列加强肋

（1）单击"阵列"工具栏中的"圆形阵列"按钮 ，弹出"定义圆形阵列"对话框。

（2）在该对话框中设置参数类型为"实例和角度间距"，输入实例个数"4"和角度间距值"90deg"，选择加强肋和步骤 8 创建的倒圆角特征为要阵列的对象，在"参考元素"选择框中单击鼠标右键，并在弹出的快捷菜单中选择"Y 轴"为参考元素，其他选项采用默认设置，如图 5-87 所示。

（3）单击"确定"按钮，完成加强肋的阵列，如图 5-88 所示。

图 5-87 "定义圆形阵列"对话框

图 5-88 阵列加强肋

10. 创建简单孔

（1）选中图 5-88 中标识的平面 1，单击"基于草图的特征"工具栏中的"孔"按钮，弹出"定义孔"对话框。

（2）在该对话框中设置孔的生成方式为"直到最后"，输入孔直径值"8mm"，其他选项采用默认设置，如图 5-89 所示。

（3）单击该对话框中的"定位草图"按钮，进入草图绘制平台。修改孔的定位尺寸，如图 5-90 所示。单击"工作台"工具栏中的"退出工作台"按钮，退出草图绘制平台。

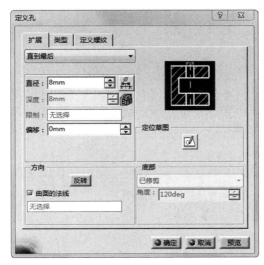

图 5-89　"定义孔"对话框

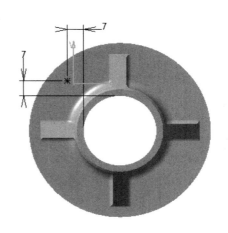

图 5-90　修改孔的定位尺寸

（4）回到"定义孔"对话框中，单击"确定"按钮，完成简单孔的创建，如图 5-91 所示。

图 5-91　创建简单孔

11. 阵列孔

（1）单击"阵列"工具栏中的"圆形阵列"按钮，弹出"定义圆形阵列"对话框。

（2）在该对话框中设置参数类型为"实例和角度间距"，输入实例个数"4"和角度间距值"90deg"，选择孔特征为要阵列的对象，在"参考元素"选择框中单击鼠标右键，并在弹出的快捷菜单中选择"Y 轴"为参考元素，其他选项采用默认设置，如图 5-92 所示。

（3）单击"确定"按钮，完成孔的阵列，如图 5-93 所示。

图 5-92 "定义圆形阵列"对话框

图 5-93 阵列孔

12. 保存文件

选择菜单栏中的"文件"→"保存"命令，弹出"另存为"对话框，采用默认设置，单击"保存"按钮，保存文件。

5.4.2 打印模型

首先根据 5.1.2 节步骤 3 中相应的步骤（1）和步骤（2）进行操作。为了减少支撑，需要将模型旋转至合适位置。单击"旋转零件"按钮 🔧，弹出"旋转零件"对话框，将 x 轴所对应的数值修改为 90°，也就是绕 x 轴旋转 90°，单击"确定"按钮，模型旋转完毕，之后放置模型，如图 5-94 所示。接着根据 5.1.2 节步骤 5 对生成支撑后的模型进行切片处理，并将其导入到相应的快速成型机器中，即可打印。

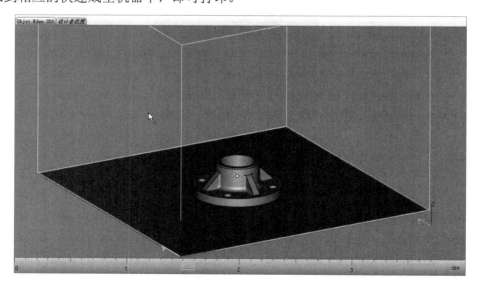

图 5-94 旋转并放置模型

5.4.3　处理模型

1. 取出模型

打印完成后，将工作台调整至液态树脂平面之上，使用平铲等工具将模型底部与平台底部撬开，以便取出模型。取出后的法兰盘模型如图 5-95 所示。

2. 清洗模型

打印完成后，需要使用酒精等溶剂对模型的表面进行清洗，以防止影响模型表面质量。将适量酒精倒入盆内，使用毛刷将法兰盘模型表面残留的液态树脂清洗干净。

3. 去除支撑

如图 5-95 所示，取出后的法兰盘模型存在一些打印过程中生成的支撑，可以使用尖嘴钳、刀片、钢丝钳、镊子等工具将法兰盘模型的支撑去除。

4. 打磨模型

根据去除支撑后的模型粗糙程度，可先用锉刀、粗砂纸等工具对支撑与模型接触的部位进行粗磨，然后用较细粒度的砂纸对模型进一步打磨，处理后的法兰盘模型如图 5-96 所示。

　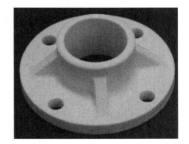

图 5-95　取出后的法兰盘模型　　　　图 5-96　处理后的法兰盘模型

5.5　吊钩

首先利用 CATIA 软件创建吊钩模型，然后利用 Magics 软件进行参数设置并打印，最后对打印出来的吊钩模型进行清洗、去除支撑和毛刺处理，如图 5-97 所示。

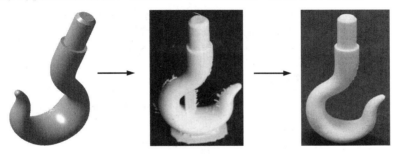

图 5-97　吊钩模型的创建流程

5.5.1 创建模型

首先绘制轨迹线，然后创建轨迹线上关键点的平面，接着在平面上绘制草图，通过"多截面实体"命令完成吊钩模型主体的创建，最后创建螺柱并倒角，完成吊钩模型的创建。

1. 新建文件

选择菜单栏中的"开始"→"机械设计"→"零件设计"命令，弹出"新建零件"对话框，输入零件名称"diaogou"，单击"确定"按钮，进入零件设计平台。

2. 绘制"草图.1"

（1）单击"草图编辑器"工具栏中的"草图"按钮，在特征树中选择"xy 平面"为草图绘制平面，进入草图绘制平台。

（2）绘制如图 5-98 所示的"草图.1"。单击"工作台"工具栏中的"退出工作台"按钮，退出草图绘制平台。

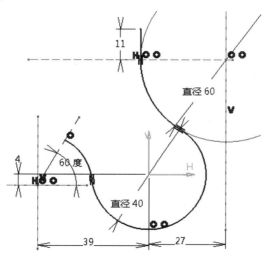

图 5-98 绘制"草图.1"

3. 创建平面

（1）单击"参考元素"工具栏中的"平面"按钮，弹出如图 5-99 所示的"平面定义"对话框。

（2）在"平面类型"下拉列表中选择"曲线的法线"选项，选择步骤 2 绘制的"草图.1"为曲线，选择"草图.1"的上端顶点为参考点，单击"确定"按钮，完成平面 1 的创建。

（3）采用相同的方法，创建平面 2～平面 7，如图 5-100 所示。

4. 绘制"草图.2"～"草图.8"

（1）单击"草图编辑器"工具栏中的"草图"按钮，在特征树中选择"平面 1"为草图绘制平面，进入草图绘制平台。

（2）绘制如图 5-101 所示的"草图.2"。单击"工作台"工具栏中的"退出工作台"按钮，退出草图绘制平台。

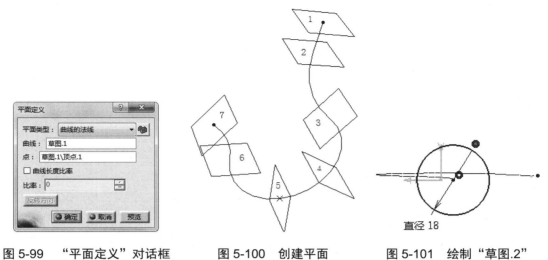

图 5-99　"平面定义"对话框　　　图 5-100　创建平面　　　图 5-101　绘制"草图.2"

（3）重复执行步骤（1）和步骤（2），分别在平面 2～平面 7 上绘制"草图.3"～"草图.8"，如图 5-102 所示。

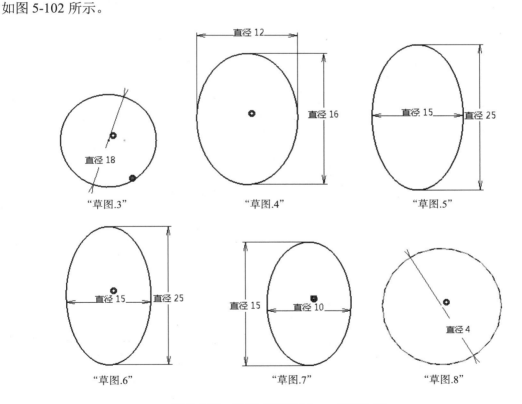

图 5-102　绘制"草图.3"～"草图.8"

5. 创建吊钩模型的主体

（1）单击"基于草图的特征"工具栏中的"多截面实体"按钮 🖾，弹出"多截面实体定义"对话框。

（2）在该对话框中依次选择"草图.2"～"草图.8"为截面轮廓，调整闭合点大致位于同一条直线上，且保证旋转方向相同，如图5-103所示。

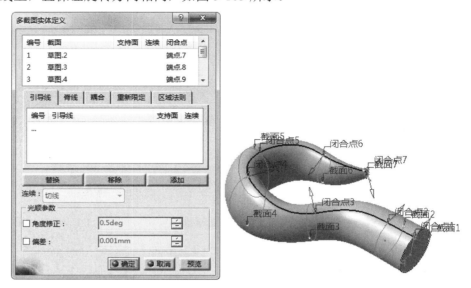

图5-103　"多截面实体定义"对话框与实体

（3）单击"确定"按钮，完成多截面实体，即吊钩模型主体的创建，如图5-104所示。

图5-104　创建吊钩模型的主体

6. 倒圆角

（1）单击"修饰特征"工具栏中的"倒圆角"按钮，弹出"倒圆角定义"对话框，如图5-105所示。

（2）在该对话框中单击"半径"按钮和"常量"按钮，在"半径"文本框中输入半径值"2mm"，选择吊钩模型主体上的小端边线为要圆角化的对象。

（3）单击"确定"按钮，倒圆角后的实体如图5-106所示。

7. 绘制"草图.9"

（1）单击"草图编辑器"工具栏中的"草图"按钮，在视图中选择吊钩模型主体的上端面为草图绘制平面，进入草图绘制平台。

（2）单击"轮廓"工具栏中的"圆"按钮，以坐标原点为圆心绘制直径为14的圆。单击"工作台"工具栏中的"退出工作台"按钮，退出草图绘制平台。

图 5-105 "倒圆角定义"对话框与实体　　　　　　图 5-106 倒圆角后的实体

8. 创建螺柱

（1）单击"基于草图的特征"工具栏中的"凸台"按钮 ，弹出"定义凸台"对话框。

（2）在该对话框"第一限制"选项组的"类型"下拉列表中选择"尺寸"选项，在"长度"文本框中输入"23mm"，在"轮廓/曲面"选项组中选择步骤 7 绘制的"草图.9"为凸台拉伸的轮廓，如图 5-107 所示。

（3）单击"确定"按钮，创建螺柱，如图 5-108 所示。

图 5-107 "定义凸台"对话框　　　　　　图 5-108 创建螺柱

9. 倒角

（1）单击"修饰特征"工具栏中的"倒角"按钮 ，弹出如图 5-109 所示的"定义倒角"对话框。

（2）在"模式"下拉列表中选择"长度 1/角度"选项，在"长度 1"文本框中输入"2mm"，在"角度"文本框中输入"45deg"，选择螺柱的上端面边线为要倒角的对象。

（3）单击"确定"按钮，倒角后的实体如图 5-110 所示。

图 5-109 "定义倒角"对话框

图 5-110 倒角后的实体

10. 保存文件

选择菜单栏中的"文件"→"保存"命令，弹出"另存为"对话框，采用默认设置，单击"保存"按钮，保存文件。

5.5.2 打印模型

首先根据 5.1.2 节步骤 3 中相应的步骤（1）和步骤（2）进行操作。为了减少支撑，需要将模型旋转至合适位置。单击"旋转零件"按钮 🐵，弹出"旋转零件"对话框，将 x 轴所对应的数值修改为 90°，也就是绕 x 轴旋转 90°，单击"确定"按钮，模型旋转完毕，之后放置模型，如图 5-111 所示。接着根据 5.1.2 节步骤 5 对生成支撑后的模型进行切片处理，并将其导入到相应的快速成型机器中，即可打印。

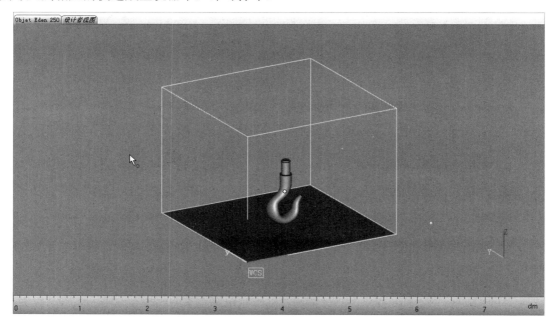

图 5-111 旋转并放置模型

5.5.3 处理模型

1. 取出模型

打印完成后,将工作台调整至液态树脂平面之上,使用平铲等工具将模型底部与平台底部撬开,以便取出模型。取出后的吊钩模型如图 5-112 所示。

2. 清洗模型

打印完成后,需要使用酒精等溶剂对模型的表面进行清洗,以防止影响模型表面质量。将适量酒精倒入盆内,使用毛刷将吊钩模型表面残留的液态树脂清洗干净。

3. 去除支撑

如图 5-112 所示,取出后的吊钩模型存在一些打印过程中生成的支撑,可以使用尖嘴钳、刀片、钢丝钳、镊子等工具将吊钩模型的支撑去除。

4. 打磨模型

根据去除支撑后的模型粗糙程度,可先用锉刀、粗砂纸等工具对支撑与模型接触的部位进行粗磨,然后用较细粒度的砂纸对模型进一步打磨,处理后的吊钩模型如图 5-113 所示。

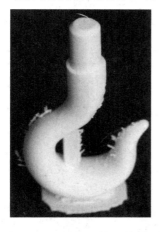

图 5-112 取出后的吊钩模型

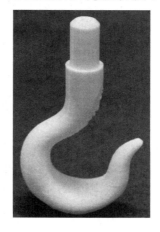

图 5-113 处理后的吊钩模型

第 6 章

曲面产品造型及 3D 打印

本章导读

CATIA 软件在曲面产品造型方面的功能还是很强大的，但是由于 3D 打印材料的限制，在 3D 打印过程中不能直接打印"纯曲面"的模型，只能打印具有一定厚度的模型。

本章主要介绍常见的几款曲面产品，如漏斗、飞机、排球、电话听筒、短齿轮轴模型的创建及 3D 打印过程。通过本章的学习，读者应当掌握如何在 CATIA 软件中创建模型并导入到 Magics 软件中以打印出模型。

6.1 漏斗

首先利用 CATIA 软件创建漏斗模型，然后利用 Magics 软件进行参数设置并打印，最后对打印出来的漏斗模型进行清洗、去除支撑和毛刺处理，如图 6-1 所示。

图 6-1　漏斗模型的创建流程

6.1.1　创建模型

首先绘制草图，通过"旋转"命令创建漏斗模型的主体曲面；然后绘制草图，通过"填充曲面"和"分割"命令创建其余曲面；最后通过"接合"命令将曲面合并为一个整体。

1. 新建文件

选择菜单栏中的"开始"→"形状"→"创成式外形设计"命令，弹出"新建零件"对话框，输入零件名称"loudou"，单击"确定"按钮，进入曲面设计平台。

2. 绘制"草图.1"

（1）单击"草图编辑器"工具栏中的"草图"按钮，在特征树中选择"yz 平面"为草图绘制平面，进入草图绘制平台。

（2）单击"轮廓"工具栏中的"轴"按钮，绘制一条竖直轴，单击"轮廓"工具栏中的"轮廓"按钮，绘制如图 6-2 所示的"草图.1"。单击"工作台"工具栏中的"退出工作台"按钮，退出草图绘制平台。

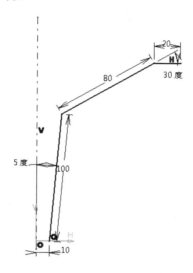

图 6-2 绘制"草图.1"

3. 创建漏斗模型的主体曲面

（1）单击"拉伸-旋转"工具栏中的"旋转"按钮，弹出"旋转曲面定义"对话框。

（2）在该对话框中，系统自动选择步骤 2 绘制的"草图.1"为旋转轮廓，在"角度 1"和"角度 2"文本框中分别输入"360deg"和"0deg"，如图 6-3 所示。

（3）单击"确定"按钮，创建旋转曲面，即漏斗模型的主体曲面，如图 6-4 所示。

图 6-3 "旋转曲面定义"对话框

图 6-4 创建漏斗模型的主体曲面

4. 绘制"草图.2"

（1）单击"草图编辑器"工具栏中的"草图"按钮，在视图中选择旋转曲面的上表面为草图绘制平面，进入草图绘制平台。

（2）绘制如图 6-5 所示的"草图.2"。单击"工作台"工具栏中的"退出工作台"按钮，退出草图绘制平台。

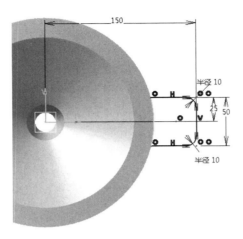

图 6-5 绘制"草图.2"

5. 创建填充曲面

（1）单击"曲面"工具栏中的"填充曲面"按钮，弹出"填充曲面定义"对话框。

（2）在该对话框中选择步骤 4 绘制的"草图.2"为填充边界，其他选项采用默认设置，如图 6-6 所示。单击"确定"按钮，创建填充曲面，如图 6-7 所示。

图 6-6 "填充曲面定义"对话框

图 6-7 创建填充曲面

知识点　　　　　　　　　　　　　　　**填充曲面**

可以在封闭边界内创建填充曲面。

"填充曲面定义"对话框中的部分选项说明如下。

- 边界列表框：输入曲线或已有曲面的边界。
- 之后添加：单击此按钮，在选择的边界后增加边界。
- 之前添加：单击此按钮，在选择的边界前增加边界。
- 替换：单击此按钮，替换选择的边界。
- 移除：单击此按钮，移除选择的边界。
- 替换支持面：单击此按钮，替换选择的边界的支撑曲面。
- 移除支持面：单击此按钮，移除选择的边界的支撑曲面。
- 连续：支撑曲面和围成的曲面之间的连续性控制，可设置为切线连续或点连续。
- 穿越元素：选择用作填充曲面穿越约束的元素。
- 仅限平面边界：勾选此复选框，仅考虑平面边界。

6. 绘制"草图.3"

（1）单击"草图编辑器"工具栏中的"草图"按钮 📐，在视图中选择填充曲面的上表面为草图绘制平面，进入草图绘制平台。

（2）单击"圆"工具栏中的"圆"按钮 ⊙，绘制如图6-8所示的"草图.3"。单击"工作台"工具栏中的"退出工作台"按钮 📤，退出草图绘制平台。

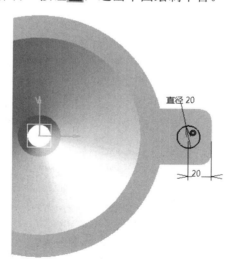

图6-8　绘制"草图.3"

7. 分割曲面

（1）单击"修剪-分割"工具栏中的"分割"按钮 ✂️，弹出"分割定义"对话框。

（2）在该对话框中选择填充曲面"填充.2"为要切除的元素，选择步骤6绘制的"草图.4"为切除元素，如图6-9所示。

（3）单击"另一侧"按钮调整切除的方向，切除拉伸曲面的外部，其他选项采用默认设置，单击"确定"按钮，分割后的曲面如图6-10所示。

图6-9　"分割定义"对话框　　　　图6-10　分割后的曲面

知识点　　　　　　　　　　　　　　分割

分割是指使用某个元素作为边界将与其相交的元素分割开。

"分割定义"对话框中的部分选项说明如下。

- 移除：可以将选择的切除元素取消。
- 替换：可以将选择的切除元素替换为其余元素。
- 另一侧：可以将选择的切除元素另一侧的元素切除，如图6-11所示。

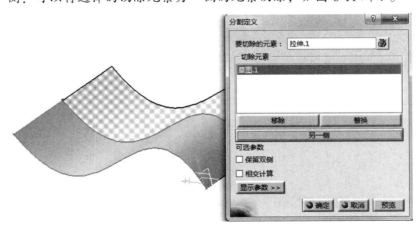

图6-11　切除另一侧的元素

- 保留双侧：勾选此复选框，可以在分割时将切除元素两侧的元素保留下来，但元素已经被分割开了，这可以从特征树中看出，同时可以选择分割后的元素，如图6-12所示。
- 相交计算：勾选此复选框，可以计算出要切除的元素与切除元素之间相交的部分。

图 6-12　分割后的元素

8.　接合曲面

（1）单击"接合-修复"工具栏中的"接合"按钮 ，弹出"接合定义"对话框。

（2）在该对话框中选择分割后的曲面"分割.1"和旋转曲面"旋转.1"为要接合的元素，如图 6-13 所示，其他选项采用默认设置，单击"确定"按钮，将二者合并。

图 6-13　"接合定义"对话框

9.　加厚曲面

（1）单击"包络体"工具栏中的"厚曲面"按钮 ，弹出"定义厚曲面"对话框。

（2）在该对话框的"第一偏移"及"第二偏移"文本框中分别输入厚度值"2mm"，选择接合后的曲面"接合.1"为要偏移的对象，如图 6-14 所示。

（3）单击"确定"按钮，完成漏斗曲面的加厚，如图 6-15 所示。

图 6-14　"定义厚曲面"对话框

图 6-15　加厚漏斗曲面

10.　保存文件

选择菜单栏中的"文件"→"保存"命令，弹出"另存为"对话框，采用默认设置，单击"保存"按钮，保存文件。

6.1.2　打印模型

首先根据 5.1.2 节步骤 2 中相应的步骤 3）进行操作。因为原模型较大，超出机器的打印范围，所以需要将其缩放至合理尺寸。单击"重缩放"按钮 🖼，弹出"零件缩放"对话框，勾选"统一缩放"复选框，将"缩放系数"修改为"0.5"，并单击"确定"按钮，模型将被缩小二分之一。

然后根据 5.1.2 节步骤 3 中相应的步骤（1）和步骤（2）进行操作。为了减少支撑，需要将模型旋转至合适位置。单击"旋转零件"按钮 🖼，弹出"旋转零件"对话框，将 x 轴所对应的数值修改为 180°，也就是绕 x 轴旋转 180°，单击"确定"按钮，模型旋转完毕，之后放置模型，如图 6-16 所示。

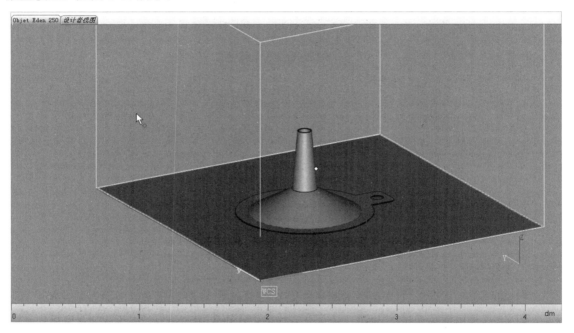

图 6-16　旋转并放置模型

最后根据 5.1.2 节步骤 5 对生成支撑后的模型进行切片处理，并将其导入到相应的快速成型机器中，即可打印。

6.1.3　处理模型

1. 取出模型

打印完成后，将工作台调整至液态树脂平面之上，使用平铲等工具将模型底部与平台底部撬开，以便取出模型。取出后的漏斗模型如图 6-17 所示。

2. 清洗模型

打印完成后，需要使用酒精等溶剂对模型的表面进行清洗，以防止影响模型表面质量。将适量酒精倒入盆内，使用毛刷将漏斗模型表面残留的液态树脂清洗干净。

3. 去除支撑

如图 6-17 所示，取出后的漏斗模型存在一些打印过程中生成的支撑，可以使用尖嘴钳、刀片、钢丝钳、镊子等工具将漏斗模型的支撑去除。

4. 打磨模型

根据去除支撑后的模型粗糙程度，可先用锉刀、粗砂纸等工具对支撑与模型接触的部位进行粗磨，然后用较细粒度的砂纸对模型进一步打磨，处理后的漏斗模型如图 6-18 所示。

图 6-17　取出后的漏斗模型　　　　图 6-18　处理后的漏斗模型

首先利用 CATIA 软件创建飞机模型，然后利用 Magics 软件进行参数设置并打印，最后对打印出来的飞机模型进行清洗、去除支撑和毛刺处理，如图 6-19 所示。

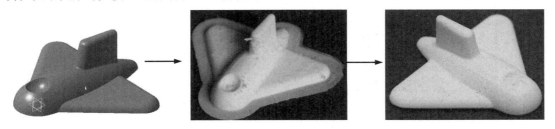

图 6-19　飞机模型的创建流程

6.2.1　创建模型

首先绘制草图，通过"旋转"命令创建飞机模型的主体曲面；然后绘制草图，通过"拉伸"、"填充曲面"和"修剪"等命令创建机翼曲面；接着绘制草图，通过"多截面曲面"、"填充曲面"和"修剪"等命令创建尾翼曲面，同时通过"接合"命令将曲面合并为一个整体。

1. 新建文件

选择菜单栏中的"开始"→"形状"→"创成式外形设计"命令，弹出"新建零件"对话框，输入零件名称"feiji"，单击"确定"按钮，进入曲面设计平台。

2. 绘制"草图.1"

（1）单击"草图编辑器"工具栏中的"草图"按钮 ，在特征树中选择"yz 平面"为草图绘制平面，进入草图绘制平台。

（2）单击"轮廓"工具栏中的"轴"按钮 ，绘制一条水平轴，单击"圆"工具栏中的"弧"按钮 ，绘制如图 6-20 所示的"草图.1"。单击"工作台"工具栏中的"退出工作台"按钮 ，退出草图绘制平台。

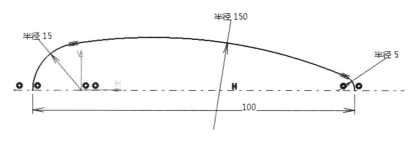

图 6-20 绘制"草图.1"

3. 创建旋转曲面

（1）单击"拉伸-旋转"工具栏中的"旋转"按钮 ，弹出"旋转曲面定义"对话框。

（2）在该对话框中，系统自动选择步骤 2 绘制的"草图.1"为旋转轮廓，在"角度 1"和"角度 2"文本框中分别输入"180deg"和"0deg"，如图 6-21 所示。

（3）单击"确定"按钮，创建旋转曲面（飞机模型的主体曲面），如图 6-22 所示。

图 6-21 "旋转曲面定义"对话框

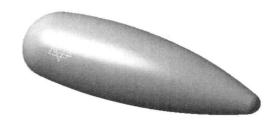

图 6-22 创建旋转曲面

4. 绘制"草图.2"

（1）单击"草图编辑器"工具栏中的"草图"按钮 ，在特征树中选择"yz 平面"为草图绘制平面，进入草图绘制平台。

（2）绘制如图 6-23 所示的"草图.2"。单击"工作台"工具栏中的"退出工作台"按钮 ，退出草图绘制平台。

5. 创建拉伸曲面

（1）单击"拉伸-旋转"工具栏中的"拉伸"按钮 ，弹出"拉伸曲面定义"对话框。

（2）在该对话框中，系统自动选择步骤 4 绘制的"草图.2"为拉伸轮廓，输入限制 1 的尺寸值"5mm"，如图 6-24 所示。

（3）单击"确定"按钮，创建拉伸曲面，如图6-25所示。

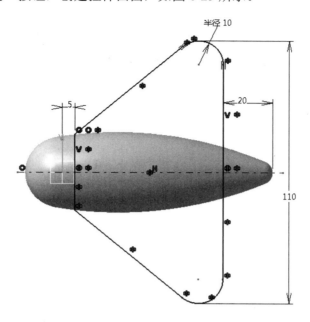

图6-23　绘制"草图.2"

图6-24　"拉伸曲面定义"对话框

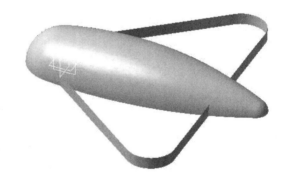

图6-25　创建拉伸曲面

6.　提取边界

单击"操作"工具栏中的"边界"按钮 ⌒，弹出"边界定义"对话框，选择拉伸曲面的上边线，单击"确定"按钮，提取拉伸曲面的整个边界，如图6-26所示。

7.　创建填充曲面（1）

（1）单击"曲面"工具栏中的"填充曲面"按钮 ⌂，弹出"填充曲面定义"对话框。

（2）在该对话框中选择步骤6提取的上边线"边界.1"为填充边界，如图6-27所示，其他选项采用默认设置，单击"确定"按钮，创建填充曲面，如图6-28所示。

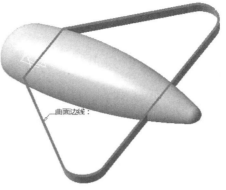

图 6-26 "边界定义"对话框与实体

图 6-27 "填充曲面定义"对话框（1）

图 6-28 创建填充曲面（1）

8. 接合曲面（1）

（1）单击"接合-修复"工具栏中的"接合"按钮，弹出"接合定义"对话框。

（2）在该对话框中选择拉伸曲面"拉伸.1"和步骤 7 创建的填充曲面"填充.1"为要接合的元素，如图 6-29 所示，其他选项采用默认设置，单击"确定"按钮，将二者合并。

9. 倒圆角（1）

（1）单击"圆角"工具栏中的"倒圆角"按钮，弹出"倒圆角定义"对话框，如图 6-30 所示。

图 6-29 "接合定义"对话框（1）

（2）在该对话框中单击"半径"按钮和"常量"按

钮，在"半径"文本框中输入半径值"5mm"，选择图 6-30 中标识的边线为要圆角化的对象，其他选项采用默认设置。

（3）单击"确定"按钮，倒圆角后的曲面如图 6-31 所示。

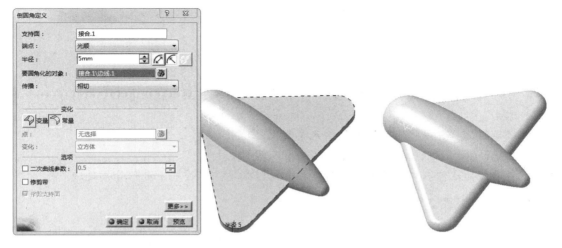

图 6-30　"倒圆角定义"对话框与边线选择（1）　　　　图 6-31　倒圆角后的曲面（1）

10. 修剪曲面（1）

（1）单击"修剪-分割"工具栏中的"修剪"按钮，弹出"修剪定义"对话框。

（2）在该对话框中选择步骤 9 创建的倒圆角后的曲面"倒圆角.2"和飞机模型的主体曲面"旋转.1"为修剪元素，如图 6-32 所示，单击"另一侧/下一元素"和"另一侧/上一元素"按钮，调整修剪掉的曲面。

（3）单击"确定"按钮，完成曲面的修剪，如图 6-33 所示。

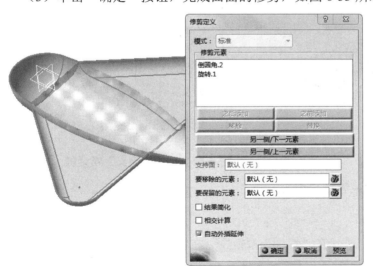

图 6-32　选择修剪元素（1）　　　　　　　　　图 6-33　修剪曲面（1）

| 知识点 | 修剪 |

"修剪"命令用于使相交的元素互相修剪，对于点、线、面等各种几何元素都适用。

"修剪定义"对话框中的部分选项说明如下。

在"修剪元素"列表框中选择需要进行互相修剪操作的几何元素，即可开始对选择的元素进行修剪。

- 另一侧/下一元素：如果修剪的部分不能满足要求，则单击此按钮，修剪另一侧的元素。
- 结果简化：可以将修剪后的几何元素简化。
- 相交计算：可以计算修剪元素之间的相交操作。
- 自动外插延伸：勾选此复选框后，按相切外插延伸，否则不进行外插延伸。

11. 绘制"草图.3"

（1）单击"草图编辑器"工具栏中的"草图"按钮，在特征树中选择"yz 平面"为草图绘制平面，进入草图绘制平台。

（2）绘制如图 6-34 所示的"草图.3"。单击"工作台"工具栏中的"退出工作台"按钮，退出草图绘制平台。

12. 创建平面

（1）单击"线框"工具栏中的"平面"按钮，弹出"平面定义"对话框。

（2）在该对话框中选择"偏移平面"平面类型，选择"yz 平面"为参考平面，输入偏移距离值"35mm"，如图 6-35 所示。

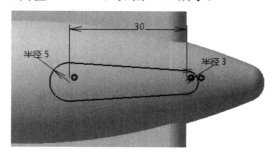

图 6-34　绘制"草图.3"

图 6-35　"平面定义"对话框

（3）单击"确定"按钮，生成等距平面。

13. 绘制"草图.4"

（1）单击"草图编辑器"工具栏中的"草图"按钮，在特征树中选择步骤 12 创建的平面为草图绘制平面，进入草图绘制平台。

（2）绘制如图 6-36 所示的"草图.4"。单击"工作台"工具栏中的"退出工作台"按钮，退出草图绘制平台。

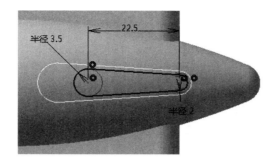

图 6-36　绘制"草图.4"

14．创建多截面曲面

（1）单击"曲面"工具栏中的"多截面曲面"按钮🔗，弹出"多截面曲面定义"对话框。

（2）在该对话框中选择"草图.3"和"草图.4"为截面轮廓，注意闭合点的位置和方向，如图 6-37 所示。

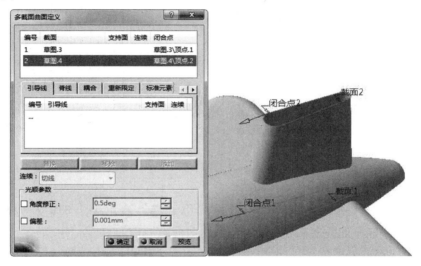

图 6-37　"多截面曲面定义"对话框与多截面选择

（3）单击"确定"按钮，创建多截面曲面，如图 6-38 所示。

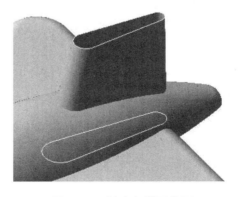

图 6-38　创建多截面曲面

15. 创建填充曲面（2）

（1）单击"曲面"工具栏中的"填充曲面"按钮，弹出"填充曲面定义"对话框。

（2）在该对话框中选择步骤13绘制的"草图.4"为填充边界，如图6-39所示，其他选项采用默认设置，单击"确定"按钮，创建填充曲面，如图6-40所示。

图 6-39　"填充曲面定义"对话框（2）

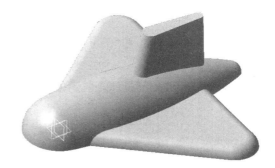

图 6-40　创建填充曲面（2）

16. 接合曲面（2）

（1）单击"接合-修复"工具栏中的"接合"按钮，弹出"接合定义"对话框。

（2）在该对话框中选择多截面曲面"多截面曲面.1"和填充曲面"填充.2"为要接合的元素，如图6-41所示，其他选项采用默认设置，单击"确定"按钮，将二者合并。

图 6-41　"接合定义"对话框（2）

17. 修剪曲面（2）

（1）单击"修剪-分割"工具栏中的"修剪"按钮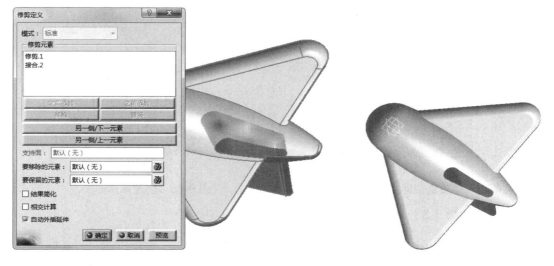，弹出"修剪定义"对话框。

（2）在该对话框中选择飞机模型的主体曲面"修剪.1"和步骤 16 创建的接合后的曲面"接合.2"为修剪元素，如图 6-42 所示，单击"另一侧/下一元素"和"另一侧/上一元素"按钮，调整修剪掉的曲面。

（3）单击"确定"按钮，完成曲面的修剪，如图 6-43 所示。

图 6-42　选择修剪元素（2）　　　　　　图 6-43　修剪曲面（2）

18. 绘制"草图.5"

（1）单击"草图编辑器"工具栏中的"草图"按钮，在特征树中选择"xy 平面"为草图绘制平面，进入草图绘制平台。

（2）单击"轮廓"工具栏中的"轴"按钮，绘制一条水平轴，单击"圆"工具栏中的"弧"按钮，绘制如图 6-44 所示的"草图.5"。单击"工作台"工具栏中的"退出工作台"按钮，退出草图绘制平台。

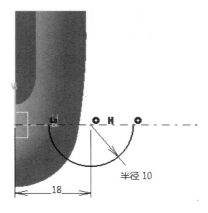

图 6-44　绘制"草图.5"

19. 创建球形曲面

（1）单击"拉伸-旋转"工具栏中的"旋转"按钮，弹出"旋转曲面定义"对话框。

（2）在该对话框中，系统自动选择步骤 18 绘制的"草图.5"为旋转轮廓，在"角度 1"和"角度 2"文本框中分别输入"360deg"和"0deg"，如图 6-45 所示。

（3）单击"确定"按钮，在飞机头部创建球形曲面，如图 6-46 所示。

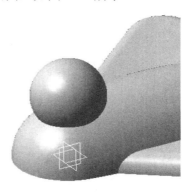

图 6-45　"旋转曲面定义"对话框　　　　图 6-46　创建球形曲面

20. 修剪曲面（3）

（1）单击"修剪-分割"工具栏中的"修剪"按钮，弹出"修剪定义"对话框。

（2）在该对话框中选择步骤 19 创建的球形曲面"旋转.2"和飞机模型的主体曲面"修剪.2"为修剪元素，如图 6-47 所示，单击"另一侧/下一元素"和"另一侧/上一元素"按钮，调整修剪掉的曲面。

（3）单击"确定"按钮，完成曲面的修剪，如图 6-48 所示。

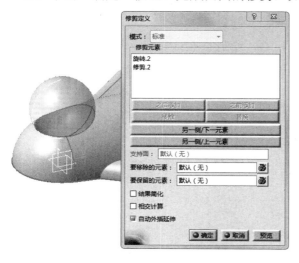

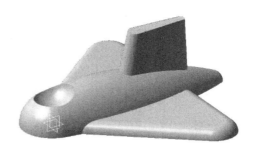

图 6-47　选择修剪元素（3）　　　　　图 6-48　修剪曲面（3）

21. 倒圆角（2）

（1）单击"圆角"工具栏中的"倒圆角"按钮，弹出"倒圆角定义"对话框，如图 6-49

所示。

（2）在该对话框中单击"半径"按钮和"常量"按钮，在"半径"文本框中输入半径值"2mm"，选择图 6-49 中标识的边线为要圆角化的对象，单击"确定"按钮。

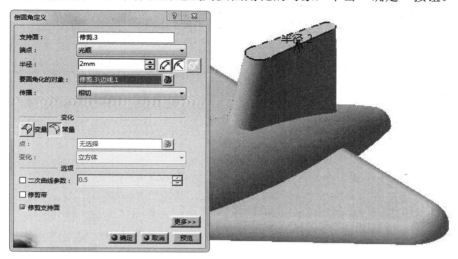

图 6-49　"倒圆角定义"对话框与边线选择（2）

（3）重复执行"倒圆角"命令，选择图 6-50 中标识的边线为要圆角化的对象，设置圆角半径为"2mm"，倒圆角后的曲面如图 6-51 所示。

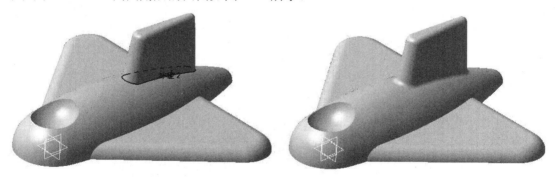

图 6-50　选择要圆角化的对象　　　　**图 6-51　倒圆角后的曲面（2）**

22．加厚曲面

（1）单击"包络体"工具栏中的"厚曲面"按钮，弹出"定义厚曲面"对话框。

（2）在该对话框的"第一偏移"和"第二偏移"文本框中分别输入厚度值"1mm"，选择倒圆角后的曲面为要偏移的对象，如图 6-52 所示。

（3）单击"确定"按钮，完成飞机模型曲面的加厚，如图 6-53 所示。

23．保存文件

选择菜单栏中的"文件"→"保存"命令，弹出"另存为"对话框，采用默认设置，单击"保存"按钮，保存文件。

图 6-52   "定义厚曲面"对话框

图 6-53   加厚飞机模型曲面

6.2.2   打印模型

首先根据 5.1.2 节步骤 3 中相应的步骤（1）和步骤（2）进行操作。为了减少支撑，需要将模型旋转至合适位置。单击"旋转零件"按钮 ，弹出"旋转零件"对话框，将 x 轴所对应的数值修改为 270°，也就是绕 x 轴旋转 270°，单击"确定"按钮，模型旋转完毕，之后放置模型，如图 6-54 所示。接着根据 5.1.2 节步骤 5 对生成支撑后的模型进行切片处理，并将其导入到相应的快速成型机器中，即可打印。

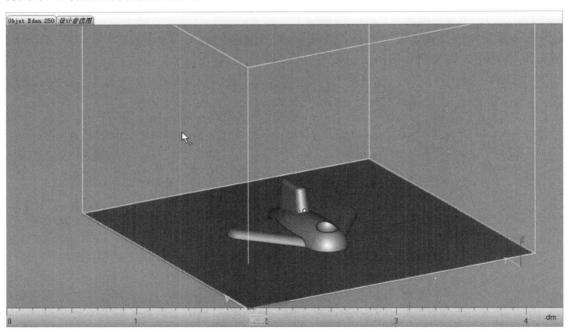

图 6-54   旋转并放置模型

6.2.3   处理模型

1. 取出模型

打印完成后，将工作台调整至液态树脂平面之上，使用平铲等工具将模型底部与平台底部撬开，以便取出模型。取出后的飞机模型如图 6-55 所示。

2. 清洗模型

打印完成后，需要使用酒精等溶剂对模型的表面进行清洗，以防止影响模型表面质量。将适量酒精倒入盆内，使用毛刷将飞机模型表面残留的液态树脂清洗干净。

3. 去除支撑

如图 6-55 所示，取出后的飞机模型存在一些打印过程中生成的支撑，可以使用尖嘴钳、刀片、钢丝钳、镊子等工具将飞机模型的支撑去除。

4. 打磨模型

根据去除支撑后的模型粗糙程度，可先用锉刀、粗砂纸等工具对支撑与模型接触的部位进行粗磨，然后用较细粒度的砂纸对模型进一步打磨，处理后的飞机模型如图 6-56 所示。

图 6-55　取出后的飞机模型　　　　　图 6-56　处理后的飞机模型

6.3　排球

首先利用 CATIA 软件创建排球模型，然后利用 Magics 软件进行参数设置并打印，最后对打印出来的排球模型进行清洗、去除支撑和毛刺处理，如图 6-57 所示。

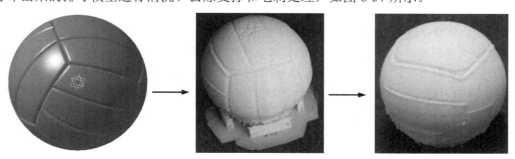

图 6-57　排球模型的创建流程

6.3.1　创建模型

排球模型的创建需要综合使用曲面设计的多方面知识，包括曲线的生成、投影，以及曲面的分割、接合等内容。

1. 新建文件

选择菜单栏中的"开始"→"形状"→"创成式外形设计"命令，弹出"新建零件"对话框，输入零件名称"paiqiu"，单击"确定"按钮，进入曲面设计平台。

2. 创建点

（1）单击"线框"工具栏中的"点"按钮 ▪，弹出"点定义"对话框。

（2）在该对话框中选择"坐标"点类型，设置坐标点为（0,0,0），其他选项采用默认设置，如图 6-58 所示。

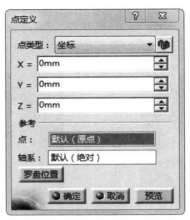

图 6-58　"点定义"对话框

（3）单击"确定"按钮，完成点的创建。

知识点　　　　　　　　　　　　　　　　　　点

"点"命令可以用于创建多种形式的点，例如，使用坐标定义的点、曲线上的点、曲面上的点等。

"点定义"对话框中的部分选项说明如下。

在"点定义"对话框的"点类型"下拉列表中可以选择生成点的不同方法，包括"坐标"、"曲线上"、"平面上"、"曲面上"、"圆/球面/椭圆中心"、"曲线上的切线"和"之间"7 个选项。在选择不同的生成点的方法时，该对话框中会显示出不同的参数。在设置好参数后，单击"确定"按钮，即可生成指定的点。

3. 创建球面

（1）单击"拉伸-旋转"工具栏中的"球面"按钮 ◉，弹出"球面曲面定义"对话框。

（2）在该对话框中选择步骤 2 创建的点为球面中心，输入球面半径值"100mm"，单击"通过指定角度创建球面"按钮 ⌢，输入纬线起始角度值"0deg"、纬线终止角度值"90deg"、经线起始角度值"-180deg"和经线终止角度值"180deg"，如图 6-59 所示。

（3）单击"确定"按钮，创建球面，如图 6-60 所示。

图 6-59　"球面曲面定义"对话框　　　　　图 6-60　创建球面

 知识点　　　　　　　　　　　　　　　球面

使用"球面"命令可以快速生成一个球面。

"球面曲面定义"对话框中的部分选项说明如下。

● 中心：选择空间中的一点作为球面的中心。
● 球面轴线：可以选择默认轴系或自定义轴系。
● ：可以通过指定角度定义球面，在下面的 4 个文本框中可以输入开始及结束的经纬度值。
● ：可以快速生成一个完整的球面。

4．绘制"草图.1"

（1）单击"草图编辑器"工具栏中的"草图"按钮，在特征树中选择"yz 平面"为草图绘制平面，进入草图绘制平台。

（2）单击"轮廓"工具栏中的"直线"按钮，绘制一条斜直线，如图 6-61 所示。单击"工作台"工具栏中的"退出工作台"按钮，退出草图绘制平台。

5．绘制"草图.2"、"草图.3"和"草图.4"

采用步骤 4 的方法，分别在"yz 平面"上绘制如图 6-62～图 6-64 所示的"草图.2"、"草图.3"和"草图.4"。

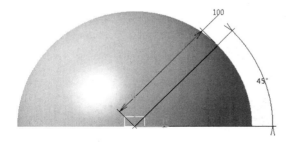

图 6-61　绘制"草图.1"

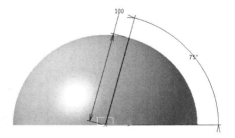

图 6-62　绘制"草图.2"

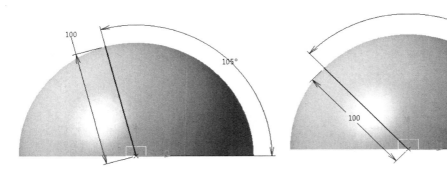

图 6-63　绘制"草图.3"　　　　　　　图 6-64　绘制"草图.4"

6．投影曲线（1）

（1）单击"线框"工具栏中的"投影"按钮 ，弹出"投影定义"对话框。

（2）在该对话框中选择"沿某一方向"投影类型，选择"草图.1"～"草图.4"为投影元素，选择"球面.1"为支持面，设置"方向"为"yz 平面"，如图 6-65 所示。

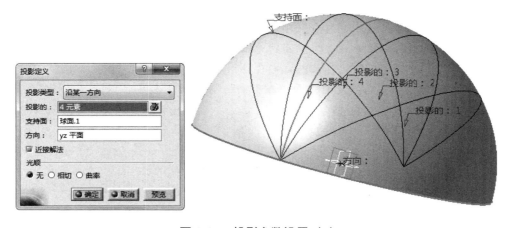

图 6-65　投影参数设置（1）

（3）单击"确定"按钮，投影后的曲线如图 6-66 所示。为了使图形清晰并方便后面绘制，先将曲线和草图隐藏。

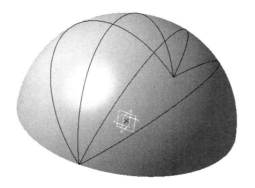

图 6-66　投影后的曲线（1）

知识点	投影曲线

投影是指将元素投射到一个辅助面上。在辅助面上生成的新元素就是原先元素的投影。"投影定义"对话框中的部分选项说明如下。

在"投影类型"下拉列表中选择"法线"选项时，表示从投影物体正上方投射光线。

在"投影类型"下拉列表中选择"沿某一方向"选项时，即可自定义投影参数。通过"方向"选择框选择的投影方向可以是轴、直线或面。

- 通过"投影的"选择框选择投影元素，这里选择空间中的一条曲线。
- 通过"支持面"选择框选择支持面，单击"预览"按钮即可看到结果。
- 勾选"近接解法"复选框，表示当有多个结果时，将保留近似投影。

7. 绘制"草图.5"和"草图.6"

（1）单击"草图编辑器"工具栏中的"草图"按钮，在特征树中选择"zx 平面"为草图绘制平面，进入草图绘制平台。

（2）单击"轮廓"工具栏中的"直线"按钮，绘制一条斜直线，如图 6-67 所示。单击"工作台"工具栏中的"退出工作台"按钮，退出草图绘制平台。

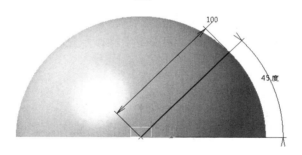

图 6-67　绘制"草图.5"

（3）采用相同的方法，在"zx 平面"上绘制"草图.6"，如图 6-68 所示。

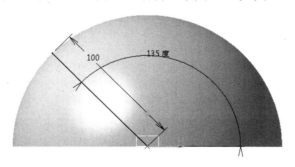

图 6-68　绘制"草图.6"

8. 投影曲线（2）

（1）单击"线框"工具栏中的"投影"按钮，弹出"投影定义"对话框。

（2）在该对话框中选择"沿某一方向"投影类型，选择"草图.5"和"草图.4"为投影元素，选择"球面.1"为支持面，设置"方向"为"zx 平面"，如图 6-69 所示。

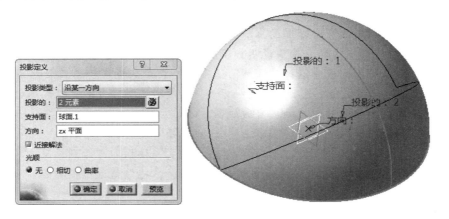

图 6-69　投影参数设置（2）

（3）单击"确定"按钮，投影后的曲线如图 6-70 所示。将投影后的曲线隐藏。

9. 复制球面

（1）先在特征树中选择"球面.1"特征，然后选择菜单栏中的"编辑"→"复制"命令，再选择菜单栏中的"编辑"→"粘贴"命令，复制球面特征。

（2）复制两个球面，如图 6-71 所示。为了便于操作，先将复制后的球面特征隐藏。

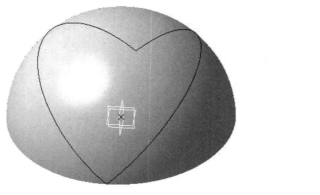

图 6-70　投影后的曲线（2）

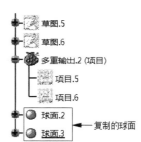

图 6-71　复制两个球面

10. 分割曲面（1）

（1）单击"修剪-分割"工具栏中的"分割"按钮，弹出"分割定义"对话框。

（2）在该对话框中选择"球面.1"为要切除的元素，选择投影曲线为切除元素，由于这里元素较多，需要仔细调整切除的方向，当不符合要求时，可以单击"另一侧"按钮调整切除的方向，如图 6-72 所示。

（3）单击"确定"按钮，完成曲面的分割，如图 6-73 所示。

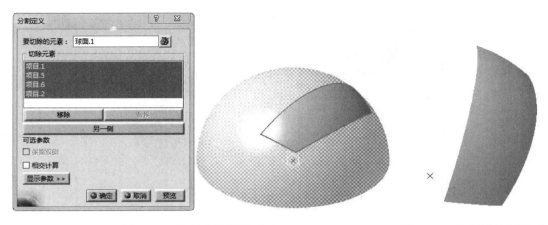

图 6-72　分割参数设置（1）　　　　　图 6-73　分割后的曲面（1）

11.　分割曲面（2）

（1）显示"球面.2"特征。单击"修剪-分割"工具栏中的"分割"按钮，弹出"分割定义"对话框。

（2）在该对话框中选择"球面.2"为要切除的元素，选择投影曲线为切除元素，由于这里元素较多，需要仔细调整切除的方向，当不符合要求时，可以单击"另一侧"按钮调整切除的方向，如图 6-74 所示。

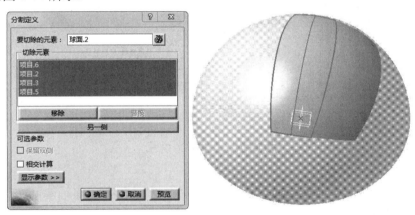

图 6-74　分割参数设置（2）

（3）单击"确定"按钮，完成曲面的分割。

12.　分割曲面（3）

（1）显示"球面.3"特征。单击"修剪-分割"工具栏中的"分割"按钮，弹出"分割定义"对话框。

（2）在该对话框中选择"球面.3"为要切除的元素，选择投影曲线为切除元素，由于这里元素较多，需要仔细调整切除的方向，当不符合要求时，可以单击"另一侧"按钮调整切除的方向，如图 6-75 所示。

（3）单击"确定"按钮，完成曲面的分割。

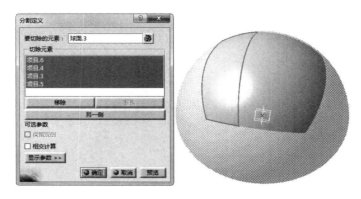

图 6-75　分割参数设置（3）

13. 绘制直线

（1）在特征树中选择前面隐藏的投影曲线，使其显示。

（2）单击"线框"工具栏中的"直线"按钮 ![按钮]，弹出"直线定义"对话框。

（3）在该对话框中选择"点-点"线型，捕捉投影曲线"项目.1"中任意一条曲线的两个端点，其他选项采用默认设置，如图 6-76 所示。

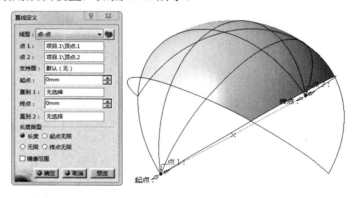

图 6-76　直线参数设置

（4）单击"确定"按钮，绘制直线 1。

（5）重复执行"直线"命令，捕捉投影曲线"项目.2"中任意一条曲线的两个端点，绘制直线 2，结果如图 6-77 所示。

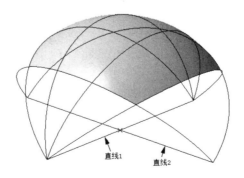

图 6-77　绘制直线

14. 填充曲面

（1）单击"曲面"工具栏中的"填充曲面"按钮，弹出"填充曲面定义"对话框。

（2）在该对话框中选择投影曲线和直线组成的封闭轮廓为填充边界，如图 6-78 所示，其他选项采用默认设置，单击"确定"按钮，完成曲面的填充。

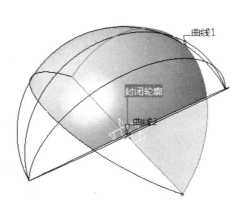

图 6-78 填充曲面参数设置

（3）采用相同的方法，完成其他投影曲线与直线组成的曲面的填充，结果如图 6-79 所示。之后隐藏投影曲线和直线。

图 6-79 填充曲面后的结果

15. 分割曲面（4）

（1）单击"修剪-分割"工具栏中的"分割"按钮，弹出"分割定义"对话框。

（2）在该对话框中选择填充曲面"填充.6"为要切除的元素，选择两侧的填充曲面"填充.1"和"填充.2"为切除元素，如图 6-80 所示。

（3）单击"另一侧"按钮调整切除的方向，切除拉伸曲面的外部，其他选项采用默认设置，单击"确定"按钮，完成曲面的分割，如图 6-81 所示。

（4）采用相同的方法，分割其他曲面，如图 6-82 所示。

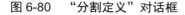

图 6-80　"分割定义"对话框

图 6-81　分割后的曲面（2）

16. 接合曲面（1）

（1）将多余的分割曲面隐藏，只留下小球面及它与球面中心的连接面，如图 6-83 所示。

（2）单击"接合-修复"工具栏中的"接合"按钮，弹出"接合定义"对话框。

（3）在该对话框中选择图 6-83 中的所有曲面为要接合的元素，其他选项采用默认设置，单击"确定"按钮，将这些曲面合并，如图 6-84 所示。

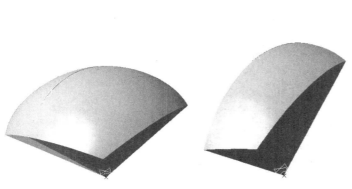

图 6-82　分割其他曲面　　图 6-83　显示的曲面　　图 6-84　"接合定义"对话框（1）

17. 倒圆角（1）

（1）单击"圆角"工具栏中的"倒圆角"按钮，弹出"倒圆角定义"对话框。

（2）在该对话框中单击"半径"按钮和"常量"按钮，在"半径"文本框中输入半径值"5mm"，选择合并曲面的上表面为要圆角化的对象，如图 6-85 所示。

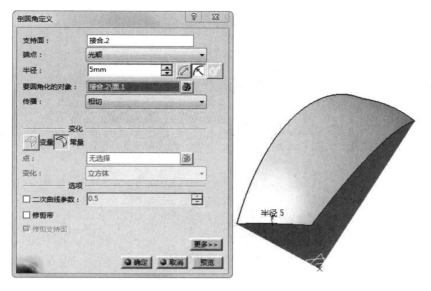

图 6-85　倒圆角参数设置（1）

（3）单击"确定"按钮，倒圆角后的曲面如图 6-86 所示。

18.　复制填充曲面（1）

隐藏倒圆角后的曲面。首先按住 Ctrl 键，在特征树中选择"填充.1"曲面、"填充.2"曲面和"填充.5"曲面，然后选择菜单栏中的"编辑"→"复制"命令，再选择菜单栏中的"编辑"→"粘贴"命令，复制 3 个填充曲面，如图 6-87 所示。

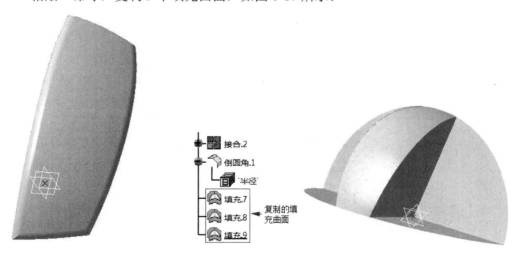

图 6-86　倒圆角后的曲面（1）　　　　　　**图 6-87　复制 3 个填充曲面（1）**

19.　分割曲面（5）

（1）单击"修剪-分割"工具栏中的"分割"按钮，弹出"分割定义"对话框。

（2）在该对话框中选择填充曲面"填充.7"为要切除的元素，选择"填充.8"和"填充.9"为切除元素，如图 6-88 所示。

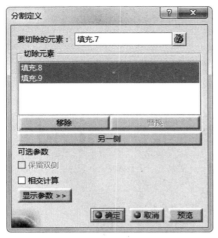

图 6-88　分割参数设置（4）

（3）单击"另一侧"按钮调整切除的方向，切除拉伸曲面的外部，其他选项采用默认设置，单击"确定"按钮，完成曲面的分割。

（4）采用相同的方法，选择"填充.8"和"填充.9"为要切除的元素，选择刚刚分割后的曲面为切除元素，结果如图 6-89 所示。

20. 接合曲面（2）

（1）单击"接合-修复"工具栏中的"接合"按钮，弹出"接合定义"对话框。

（2）在该对话框中选择图 6-89 中的所有曲面为要接合的元素，其他选项采用默认设置，单击"确定"按钮，将这些曲面合并，如图 6-90 所示。

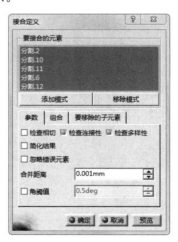

图 6-89　分割后的曲面（3）　　　　图 6-90　　"接合定义"对话框（2）

21. 倒圆角（2）

（1）单击"圆角"工具栏中的"倒圆角"按钮，弹出"倒圆角定义"对话框。

（2）在该对话框中单击"半径"按钮和"常量"按钮，在"半径"文本框中输入半径值"5mm"，选择合并曲面的上表面为要圆角化的对象，如图 6-91 所示。

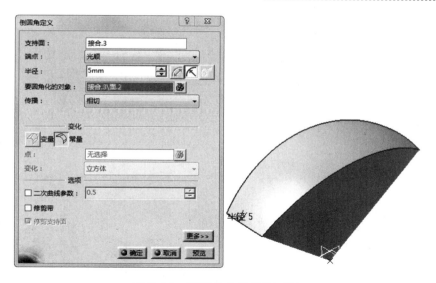

图 6-91　倒圆角参数设置（2）

（3）单击"确定"按钮，倒圆角后的曲面如图 6-92 所示。

图 6-92　倒圆角后的曲面（2）

22. 复制填充曲面（2）

　　隐藏倒圆角后的曲面。按住 Ctrl 键，在特征树中选择"填充.1"曲面、"填充.2"曲面和"填充.4"曲面，然后选择菜单栏中的"编辑"→"复制"命令，再选择菜单栏中的"编辑"→"粘贴"命令，复制 3 个填充曲面，如图 6-93 所示。

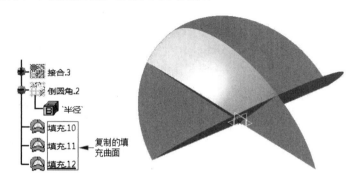

图 6-93　复制 3 个填充曲面（2）

23. 分割曲面（6）

（1）单击"修剪-分割"工具栏中的"分割"按钮，弹出"分割定义"对话框。

（2）在该对话框中选择填充曲面"填充.10"为要切除的元素，选择"填充.11"和"填充.12"为切除元素，如图 6-94 所示。

图 6-94　分割参数设置（5）

（3）单击"另一侧"按钮调整切除的方向，切除拉伸曲面的外部，其他选项采用默认设置，单击"确定"按钮，完成曲面的分割。

（4）采用相同的方法，选择"填充.11"和"填充.12"为要切除的元素，选择刚刚分割后的曲面为切除元素，结果如图 6-95 所示。

24. 接合曲面（3）

（1）单击"接合-修复"工具栏中的"接合"按钮，弹出"接合定义"对话框。

（2）在该对话框中选择图 6-95 中的所有曲面为要接合的元素，如图 6-96 所示，其他选项采用默认设置，单击"确定"按钮，将这些曲面合并。

图 6-95　分割后的曲面（4）　　　　图 6-96　"接合定义"对话框（3）

25. 倒圆角（3）

（1）单击"圆角"工具栏中的"倒圆角"按钮，弹出"倒圆角定义"对话框。

（2）在该对话框中单击"半径"按钮和"常量"按钮，在"半径"文本框中输入半径值"5mm"，选择合并曲面的上表面边线为要圆角化的对象，如图 6-97 所示。

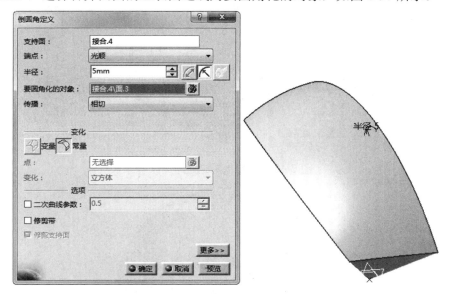

图 6-97　倒圆角参数设置（3）

（3）单击"确定"按钮，倒圆角后的曲面如图 6-98 所示。

26．创建旋转复制曲面（1）

（1）显示倒圆角后的曲面，如图 6-99 所示。

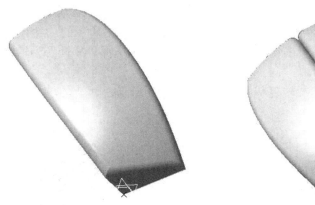

图 6-98　倒圆角后的曲面（3）　　　　　图 6-99　显示倒圆角后的曲面

（2）单击"变换"工具栏中的"旋转"按钮，弹出"旋转定义"对话框。

（3）在该对话框中选择"轴线-角度"定义模式，选择如图 6-99 所示的 3 个倒圆角后的曲面，在"轴线"选择框中单击鼠标右键，在弹出的快捷菜单中选择"X 轴"为轴线，输入角度值"90deg"，如图 6-100 所示。

（4）单击"确定"按钮，创建旋转复制曲面，如图 6-101 所示。

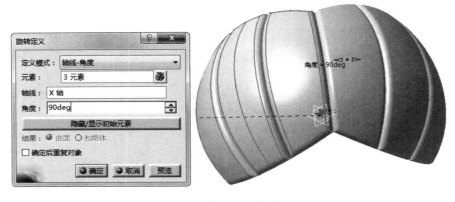

图 6-100　旋转参数设置（1）

图 6-101　创建旋转复制曲面（1）

27．创建旋转复制曲面（2）

（1）单击"变换"工具栏中的"旋转"按钮 ，弹出"旋转定义"对话框。

（2）在该对话框中选择"轴线-角度"定义模式，选择如图 6-99 所示的 3 个倒圆角后的曲面，在"轴线"选择框中单击鼠标右键，在弹出的快捷菜单中选择"Y 轴"为轴线，输入角度值"90deg"，如图 6-102 所示。

（3）单击"确定"按钮，创建旋转复制曲面，如图 6-103 所示。

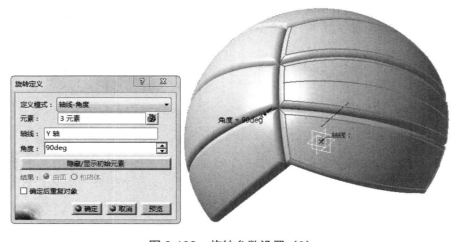

图 6-102　旋转参数设置（2）

图 6-103　创建旋转复制曲面（2）

知识点　　　　　　　　　　　　　　　旋转变换

"旋转"命令用于将零件文档中的零件绕固定轴旋转，使其从一个位置复制到另一个位置。"旋转定义"对话框中的部分选项说明如下。

"定义模式"下拉列表中提供了"轴线-角度"、"轴线-两个元素"和"三点"3 种模式来定义旋转变换。

- 轴线-角度：通过定义旋转轴和旋转角度来生成旋转特征。单击"轴线"选择框，在绘图区中选择定义的旋转轴或者单击鼠标右键，通过弹出的快捷菜单定义旋转轴，之后在"角度"文本框中输入想要旋转的角度值。
- 轴线-两个元素：与"轴线-角度"模式不同的是，该模式角度由两个元素来定义，这些元素可以是点、线、面。由于元素的组合方式不同，该模式又可以分为以下 4 种模式。
  - ➤ 轴/点/点：角度由所选择的点元素和这些点元素在轴上的投影连线之间的夹角构成，如图 6-104 所示。
  - ➤ 轴/点/线：角度由点元素和该点元素在轴上的投影构成的向量与线元素之间的夹角构成，如图 6-105 所示。

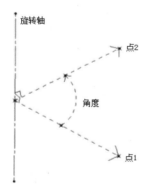

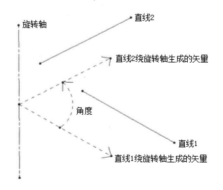

图 6-104　"轴/点/点"模式　　　　　　　图 6-105　"轴/点/线"模式

- ➤ 轴/线/面：角度由线和平面法线之间的夹角构成，如图 6-106 所示。
- ➤ 轴/面/面：角度由所选择的两个平面的法线之间的夹角构成，如图 6-107 所示。

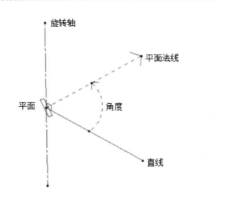

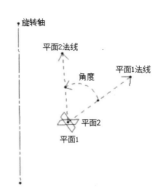

图 6-106　"轴/线/面"模式　　　　　　　　图 6-107　"轴/面/面"模式

- 三点：旋转轴将通过点2，并垂直于这三点确定的平面。角度由点1、点2连线和点2、点3连线之间的夹角构成，如图6-108所示。

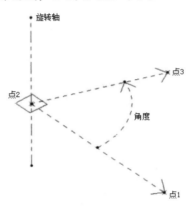

图 6-108　"三点"模式

28.　镜像曲面

（1）单击"变换"工具栏中的"对称"按钮，弹出"对称定义"对话框。

（2）在该对话框中选择如图6-99所示的3个倒圆角后的曲面为对称元素，选择"xy 平面"为参考平面，如图6-109所示。

（3）采用相同的方法，将旋转后的曲面进行镜像处理，结果如图6-110所示。

图 6-109　对称参数设置　　　　　　　　　图 6-110　镜像后的曲面

知识点　　　　　　　　对称变换

"对称"命令用于将零件文档中的零件镜像到参考元素的对称位置，参考元素可以是点、线、面。

29. 加厚曲面

（1）单击"包络体"工具栏中的"厚曲面"按钮，弹出"定义厚曲面"对话框。

（2）在该对话框的"第一偏移"和"第二偏移"文本框中分别输入厚度值"1mm"，选择倒圆角后的曲面"倒圆角.1"为要偏移的对象，如图 6-111 所示。

（3）单击"确定"按钮，完成排球中一个曲面的加厚。

（4）采用相同的方法，分别对所有的曲面进行加厚处理，结果如图 6-112 所示。

图 6-111　"定义厚曲面"对话框

图 6-112　加厚处理后的曲面

30. 保存文件

选择菜单栏中的"文件"→"保存"命令，弹出"另存为"对话框，采用默认设置，单击"保存"按钮，保存文件。

6.3.2　打印模型

首先根据 5.1.2 节中相应的步骤 1～4 进行操作，然后根据步骤 5 对生成支撑后的模型进行切片处理，并将其导入到相应的快速成型机器中，即可打印。

6.3.3　处理模型

1. 取出模型

打印完成后，将工作台调整至液态树脂平面之上，使用平铲等工具将模型底部与平台底部撬开，以便取出模型。取出后的排球模型如图 6-113 所示。

2. 清洗模型

打印完成后，需要使用酒精等溶剂对模型的表面进行清洗，以防止影响模型表面质量。

将适量酒精倒入盆内，使用毛刷将排球模型表面残留的液态树脂清洗干净。

3. 去除支撑

如图 6-113 所示，取出后的排球模型存在一些打印过程中生成的支撑，可以使用尖嘴钳、刀片、钢丝钳、镊子等工具将排球模型的支撑去除。

4. 打磨模型

根据去除支撑后的模型粗糙程度，可先用锉刀、粗砂纸等工具对支撑与模型接触的部位进行粗磨，然后用较细粒度的砂纸对模型进一步打磨，处理后的排球模型如图 6-114 所示。

图 6-113　取出后的排球模型　　　　　图 6-114　处理后的排球模型

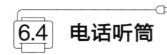

6.4　电话听筒

首先利用 CATIA 软件创建电话听筒模型，然后利用 Magics 软件进行参数设置并打印，最后对打印出来的电话听筒模型进行清洗、去除支撑和毛刺处理，如图 6-115 所示。

图 6-115　电话听筒模型的创建流程

6.4.1　创建模型

首先绘制草图，通过曲面相关命令创建电话听筒模型的主体部分，然后利用曲面造型和曲面编辑相关命令创建听音部分，最后利用曲面造型和曲面编辑相关命令创建说话部分。

1. 新建文件

选择菜单栏中的"开始"→"形状"→"创成式外形设计"命令，弹出"新建零件"对话框，输入零件名称"dianhuatingtong"，单击"确定"按钮，进入曲面设计平台。

2. 绘制"草图.1"

（1）单击"草图编辑器"工具栏中的"草图"按钮 🖊，在特征树中选择"yz 平面"为草图绘制平面，进入草图绘制平台。

（2）单击"圆"工具栏中的"弧"按钮 ⌒，绘制如图 6-116 所示的"草图.1"。单击"工作台"工具栏中的"退出工作台"按钮 ⬆️，退出草图绘制平台。

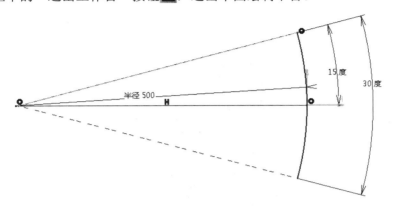

图 6-116　绘制"草图.1"

3. 创建拉伸曲面（1）

（1）单击"拉伸-旋转"工具栏中的"拉伸"按钮 🖌，弹出"拉伸曲面定义"对话框。

（2）在该对话框中，系统自动选择步骤 2 绘制的"草图.1"为拉伸轮廓，输入限制 1 和限制 2 的尺寸值"45mm"，如图 6-117 所示。

（3）单击"确定"按钮，创建拉伸曲面，如图 6-118 所示。

图 6-117　"拉伸曲面定义"对话框（1）　　　图 6-118　创建拉伸曲面（1）

4. 绘制"草图.2"

（1）单击"草图编辑器"工具栏中的"草图"按钮 🖊，在特征树中选择"zx 平面"为草图绘制平面，进入草图绘制平台。

（2）绘制如图 6-119 所示的"草图.2"。单击"工作台"工具栏中的"退出工作台"按钮，退出草图绘制平台。

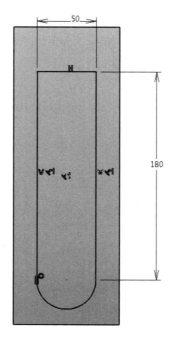

图 6-119   绘制"草图.2"

5. 投影曲线（1）

（1）单击"线框"工具栏中的"投影"按钮，弹出"投影定义"对话框，

（2 在该对话框中选择"法线"投影类型，选择"草图.2"为投影元素，选择步骤 3 创建的拉伸曲面"拉伸.1"为支持面，如图 6-120 所示。

（3）单击"确定"按钮，将"草图.2"投影到拉伸曲面"拉伸.1"上，如图 6-121 所示。

图 6-120   "投影定义"对话框（1）

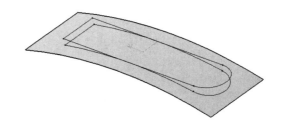

图 6-121   投影曲线（1）

6. 分割曲面（1）

（1）单击"修剪-分割"工具栏中的"分割"按钮，弹出如图 6-122 所示的"分割定义"对话框。

（2）选择拉伸曲面"拉伸.1"为要切除的元素，选择投影曲线为切除元素，使用投影曲线切除拉伸曲面的外部，单击"另一侧"按钮，调整切除的方向。

（3）单击"确定"按钮，投影曲线切除了拉伸曲面的外部，如图 6-123 所示。

图 6-122　"分割定义"对话框

图 6-123　分割后的曲面（1）

7．创建拉伸曲面（2）

（1）单击"拉伸-旋转"工具栏中的"拉伸"按钮 ，弹出"拉伸曲面定义"对话框。

（2）在该对话框中选择投影曲线"项目.1"为拉伸轮廓，在"方向"选择框中单击鼠标右键，在弹出的快捷菜单中选择"Y 部件"为参考方向，输入限制 1 的尺寸值"8mm"，单击"反转方向"按钮，调整拉伸方向，如图 6-124 所示。

（3）单击"确定"按钮，创建拉伸曲面，如图 6-125 所示。

图 6-124　"拉伸曲面定义"对话框（2）

图 6-125　创建拉伸曲面（2）

8．接合曲面（1）

单击"接合-修复"工具栏中的"接合"按钮 ，弹出如图 6-126 所示的"接合定义"对话框，选择分割后的曲面和步骤 7 创建的拉伸曲面为要接合的元素，单击"确定"按钮，将二者合并起来。

9. 倒圆角（1）

（1）单击"圆角"工具栏中的"倒圆角"按钮，弹出"倒圆角定义"对话框，选择如图 6-127 所示的顶部两个尖角的边线为要圆角化的对象，输入圆角半径值"20mm"，单击"确定"按钮。

图 6-126　"接合定义"对话框

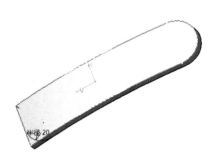

图 6-127　选择倒圆角的边线（1）

（2）采用相同的方法，选择如图 6-128 所示的顶面边线，输入圆角半径值"3mm"，单击"确定"按钮，完成倒圆角操作，结果如图 6-129 所示。

图 6-128　选择倒圆角的边线（2）

图 6-129　倒圆角后的曲面

10. 提取边界（1）

单击"操作"工具栏中的"边界"按钮，弹出如图 6-130 所示的"边界定义"对话框，选择曲面的任意边界，单击"确定"按钮，提取曲面的整个边界，如图 6-131 所示。

图 6-130　"边界定义"对话框（1）

图 6-131　提取曲面的整个边界

11. 创建填充曲面（1）

单击"曲面"工具栏中的"填充曲面"按钮 ，弹出如图 6-132 所示的"填充曲面定义"对话框，选择步骤 10 提取的边界为填充边界，创建填充曲面，如图 6-133 所示。

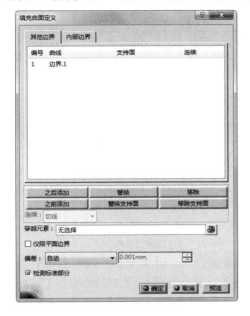

图 6-132　"填充曲面定义"对话框

图 6-133　创建填充曲面（1）

12. 创建点（1）

（1）单击"线框"工具栏中的"点"按钮 ▪，弹出"点定义"对话框。

（2）在该对话框的"点类型"下拉列表中选择"曲线上"选项，选择填充曲面边界"边界.1"，选中"曲线长度比率"单选按钮，在"比率"文本框中输入"0.2"，如图 6-134 所示，单击"确定"按钮，创建一个点。

（3）采用相同的方法，选择另外一个填充曲面边界，输入比率值"0.2"，或者单击"变换"工具栏中的"对称"按钮，将点沿"yz 平面"镜像，创建另一个点，如图 6-135 所示。

图 6-134　"点定义"对话框（1）

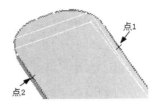

图 6-135　创建的两个点

13. 提取边界（2）

（1）单击"操作"工具栏中的"边界"按钮 ，弹出"边界定义"对话框。

（2）在该对话框中选择填充曲面的上表面为曲面边线，选择步骤 12 创建的两个点为边界的界限，如图 6-136 所示。

（3）单击"确定"按钮，提取部分上表面的边界，如图 6-137 所示。

图 6-136　"边界定义"对话框（2）

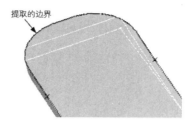

图 6-137　提取部分上表面的边界

14. 创建扫掠曲面（1）

（1）单击"曲面"工具栏中的"扫掠"按钮 ，弹出"扫掠曲面定义"对话框。

（2）在该对话框中单击轮廓类型中的"直线"按钮 ，在"子类型"下拉列表中选择"使用参考曲面"选项，选择步骤 13 提取的边界为引导曲线 1，选择步骤 11 创建的填充曲面为参考曲面，在"角度"文本框中输入"75deg"，在"长度 1"文本框中输入"16mm"，其他选项采用默认设置，如图 6-138 所示。

（3）单击"下一个"按钮，调整扫掠方向，单击"预览"按钮，观察扫掠曲面是否正确，确认无误后单击"确定"按钮，创建扫掠曲面，如图 6-139 所示。

图 6-138　扫掠曲面参数设置（1）

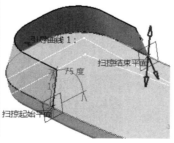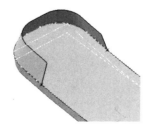

图 6-139　创建扫掠
曲面（1）

15．绘制直线（1）

（1）单击"线框"工具栏中的"直线"按钮 ⧄，弹出如图 6-140 所示的"直线定义"对话框。

（2）选择步骤 12 创建的两个点，选择步骤 11 创建的填充曲面为支持面，绘制的直线如图 6-141 所示。

图 6-140　"直线定义"对话框

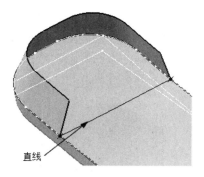

图 6-141　绘制的直线（1）

16．分割曲面（2）

（1）单击"修剪-分割"工具栏中的"分割"按钮 ⧄，弹出"分割定义"对话框。

（2）选择步骤 11 创建的填充曲面为要切除的元素，选择步骤 15 绘制的直线为切除元素。

（3）单击"确定"按钮，直线切除填充曲面的上部，分割后的曲面如图 6-142 所示。

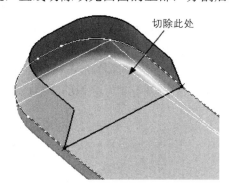

图 6-142　分割后的曲面（2）

17．绘制直线（2）

（1）单击"线框"工具栏中的"直线"按钮 ⧄，弹出"直线定义"对话框。

（2）选择扫掠曲面的两个尖点，如图 6-143 所示，单击"确定"按钮，绘制的直线如图 6-144 所示。

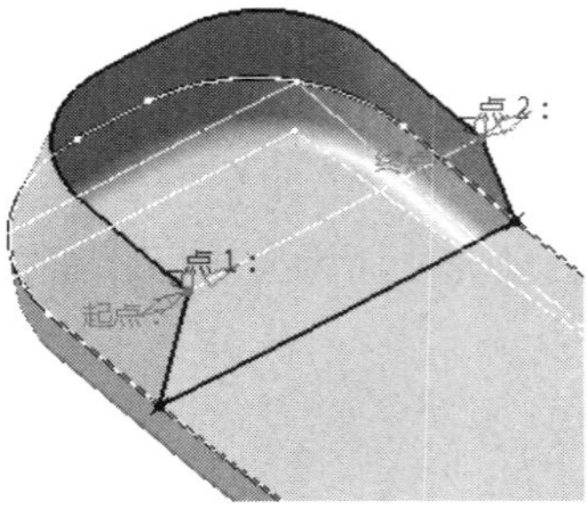

图 6-143　选择两个尖点

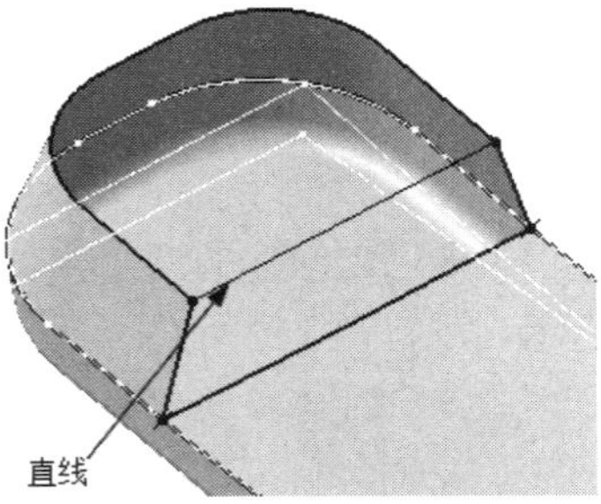

图 6-144　绘制的直线（2）

18. 创建填充曲面（2）

（1）单击“曲面”工具栏中的“填充曲面”按钮，弹出“填充曲面定义”对话框，依次选择两条直线和扫掠曲面的侧边边线作为边界，创建填充曲面，如图 6-145 所示。

（2）采用相同的方法，依次选择扫掠曲面的上边线和上端直线作为填充的边界，创建填充曲面，如图 6-146 所示。

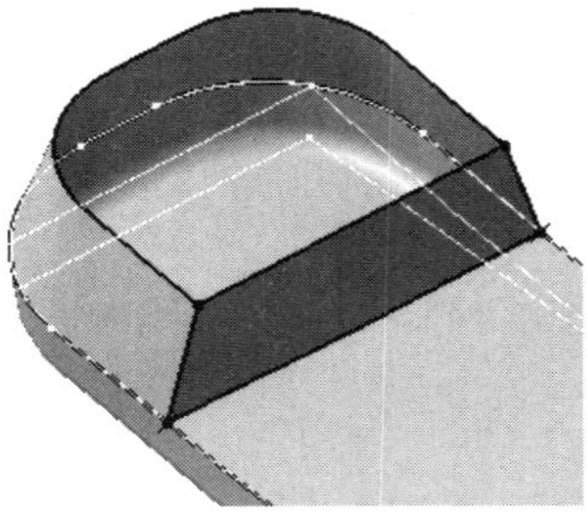

图 6-145　创建填充曲面（2）

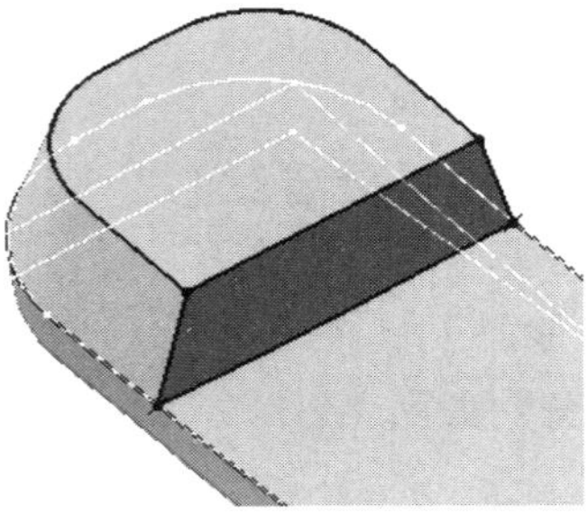

图 6-146　创建填充曲面（3）

19. 偏移曲面

（1）单击“曲面”工具栏中的“偏移曲面”按钮，弹出“偏移曲面定义”对话框。

（2）在该对话框中选择图 6-146 中标识的填充曲面“填充.3”为要偏移的曲面，输入偏移距离值“2mm”，如图 6-147 所示，向下生成偏移 2mm 的等距曲面。

（3）单击“确定”按钮，并隐藏图 6-146 中标识的填充曲面，结果如图 6-148 所示。

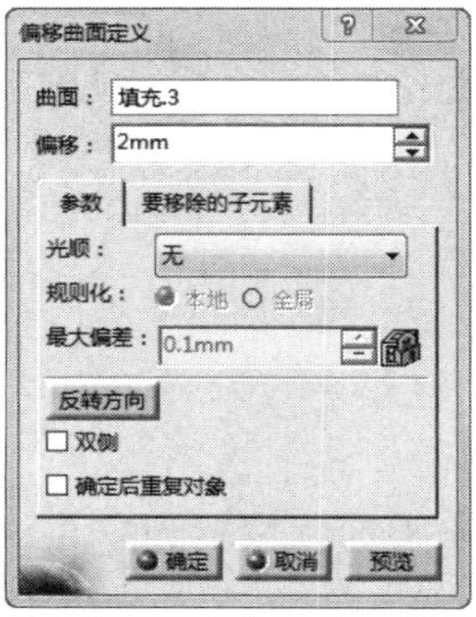

图 6-147　“偏移曲面定义”对话框

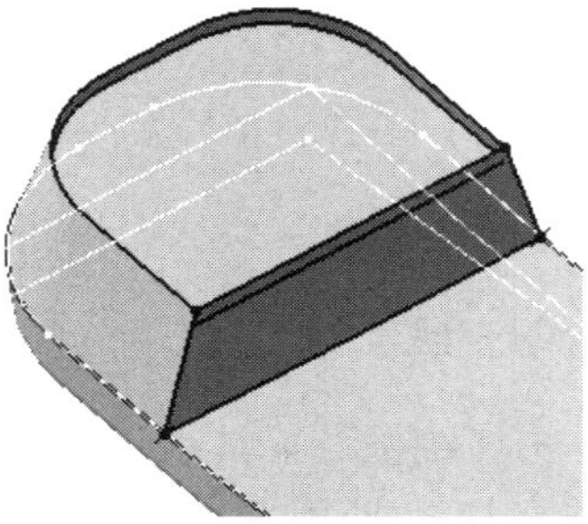

图 6-148　偏移后的曲面

20. 创建点（2）

（1）单击"线框"工具栏中的"点"按钮▪，弹出"点定义"对话框，在"点类型"下拉列表中选择"曲面上"选项，如图 6-149 所示。

（2）选择偏移曲面，在"距离"文本框中输入"0mm"，单击"确定"按钮，创建曲面的中心点，如图 6-150 所示。

图 6-149 "点定义"对话框（2）

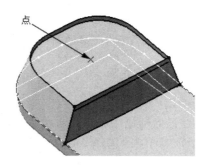

图 6-150 创建的点

21. 创建圆

（1）单击"线框"工具栏中的"圆"按钮◯，弹出"圆定义"对话框。

（2）在该对话框中选择步骤 20 创建的点为中心，选择偏移后的曲面为支持面，输入半径值"12mm"，单击"全圆"按钮◉，勾选"支持面上的几何图形"复选框，如图 6-151 所示。

图 6-151 "圆定义"对话框

（3）单击"确定"按钮，创建的圆如图 6-152 所示。

22. 分割曲面（3）

（1）单击"修剪-分割"工具栏中的"分割"按钮，弹出"分割定义"对话框。

（2）选择偏移曲面为要切除的元素，选择步骤 21 创建的圆为切除元素。

（3）单击"确定"按钮，切除圆的外部，分割后的曲面如图 6-153 所示。

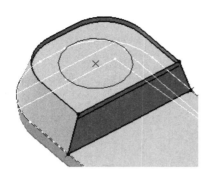

图 6-152　创建的圆

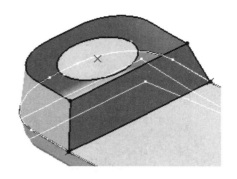

图 6-153　分割后的曲面（3）

23. 创建扫掠曲面（2）

（1）单击"曲面"工具栏中的"扫掠"按钮，弹出"扫掠曲面定义"对话框。

（2）在该对话框中单击轮廓类型中的"直线"按钮，在"子类型"下拉列表中选择"使用参考曲面"选项，选择步骤 21 创建的圆为引导曲线 1，选择步骤 22 创建的分割曲面为参考曲面，在"角度"文本框中输入"45deg"，在"长度 1"文本框中输入"10mm"，其他选项采用默认设置，如图 6-154 所示。

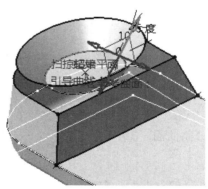

图 6-154　扫掠曲面参数设置（2）

（3）单击"下一个"按钮，调整扫掠方向，单击"预览"按钮，观察扫掠曲面是否正确，确认无误后单击"确定"按钮，创建扫掠曲面，如图 6-155 所示。

24. 分割曲面（4）

（1）右击特征树中的"填充.3"特征，在弹出的快捷菜单中选择"隐藏/显示"命令，重新显示填充曲面。

（2）单击"修剪-分割"工具栏中的"分割"按钮，弹出"分割定义"对话框。

（3）选择填充曲面为要切除的元素，选择步骤 23 创建的扫掠曲面为切除元素，单击"确定"按钮，切除圆的内部。

（4）采用相同方法，选择扫掠曲面为要切除的元素，选择刚刚分割后的曲面为切除元素，单击"确定"按钮，切除扫掠曲面外侧，分割后的曲面如图 6-156 所示。

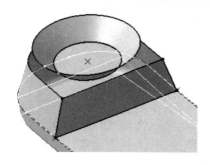

图 6-155　创建扫掠曲面（2）

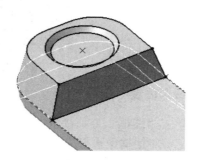

图 6-156　分割后的曲面（4）

25. 创建平面（1）

（1）单击"线框"工具栏中的"平面"按钮，弹出"平面定义"对话框，选择"平行通过点"平面类型，如图 6-157 所示。

（2）选择步骤 22 生成的分割后的曲面为参考平面，选择步骤 20 创建的点为参考点，单击"确定"按钮，创建一个平面，如图 6-158 所示。

图 6-157　"平面定义"对话框（1）

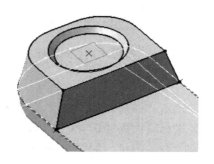

图 6-158　创建的平面（1）

26. 绘制"草图.3"

（1）单击"草图编辑器"工具栏中的"草图"按钮，在特征树中选择步骤 25 创建的平面为草图绘制平面，进入草图绘制平台。

（2）绘制 7 个半径为 1mm 的圆，其中 6 个圆的圆心在等边六边形（边长为 8mm）的角点上，另外一个圆的圆心在其中心点上，如图 6-159 所示。单击"工作台"工具栏中的"退出工作台"按钮，退出草图绘制平台。

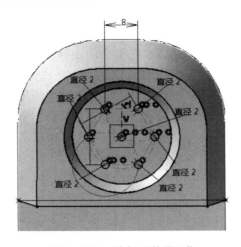

图 6-159　绘制"草图.3"

27．投影曲线（2）

（1）单击"线框"工具栏中的"投影"按钮 ，弹出"投影定义"对话框。

（2）在该对话框中选择"法线"投影类型，选择"草图.3"为投影元素，选择凹槽底面为支持面，取消勾选"近接解法"复选框，如图 6-160 所示。

（3）单击"确定"按钮，将"草图.3"投影到分割曲面"分割.3"上，如图 6-161 所示。

图 6-160　"投影定义"对话框（2）

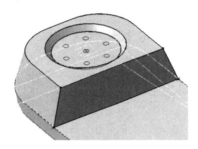

图 6-161　投影曲线（2）

28．分割曲面（5）

（1）单击"修剪-分割"工具栏中的"分割"按钮，弹出"分割定义"对话框。

（2）选择底面为要切除的元素，选择步骤 27 创建的投影曲线为切除元素，单击"确定"按钮，切除圆的内部，如图 6-162 所示。

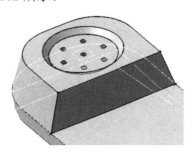

图 6-162　分割后的曲面（5）

29.　提取边界（3）

（1）单击"操作"工具栏中的"边界"按钮 ⌒，弹出"边界定义"对话框。

（2）在该对话框中选择分割曲面"分割.2"的上表面为曲面边线，选择圆弧的顶点为边界的界限，如图 6-163 所示。

（3）单击"确定"按钮，提取的边界如图 6-164 所示。

图 6-163　边界参数设置

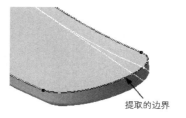

图 6-164　提取的边界

30.　绘制圆弧

（1）单击"线框"工具栏中的"圆"按钮 ◯，弹出"圆定义"对话框。

（2）在该对话框中选择"两点和半径"圆类型，选择提取的边界的端点，输入半径值"25mm"，选择填充曲面为支持面，单击"修剪圆"按钮 ⌒，勾选"支持面上的几何图形"复选框，如图 6-165 所示。

（3）单击"确定"按钮，绘制的圆弧如图 6-166 所示。

图 6-165　"圆定义"对话框

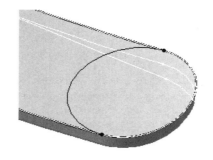

图 6-166　绘制的圆弧

31.　接合曲线

单击"操作"工具栏中的"接合"按钮 ▦，弹出"接合定义"对话框，选择步骤 30 绘制的圆弧和步骤 29 提取的边界曲线为要接合的元素，单击"确定"按钮，将二者合并，接合后的曲线如图 6-167 所示。

32.　绘制直线（3）

（1）单击"线框"工具栏中的"直线"按钮 ／，弹出"直线定义"对话框。

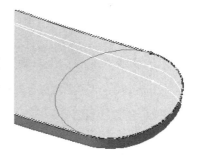

图 6-167　接合后的曲线

（2）在该对话框中选择"点-方向"线型，在"点"选择框中单击鼠标右键，在弹出的快捷菜单中选择"创建点"命令，弹出"点定义"对话框，输入坐标为（0,0,0），单击"确定"按钮，返回"直线定义"对话框。

（3）在"方向"选择框中单击鼠标右键，在弹出的快捷菜单中选择"X 部件"命令，输入终点值"20mm"，如图 6-168 所示。

（4）单击"确定"按钮，沿 x 轴方向绘制长度为 20mm 的线段，如图 6-169 所示。

图 6-168 "直线定义"对话框

图 6-169 绘制的直线（3）

33. 创建平面（2）

（1）单击"线框"工具栏中的"平面"按钮 ，弹出"平面定义"对话框。

（2）在该对话框中选择"与平面成一定角度或垂直"平面类型，选择步骤 32 绘制的直线为旋转轴，选择"zx 平面"为参考平面，输入角度值"-15deg"，如图 6-170 所示。

（3）单击"确定"按钮，创建与"zx 平面"夹角为-15°的平面，如图 6-171 所示。

图 6-170 "平面定义"对话框（2）

图 6-171 创建的平面（2）

34. 创建平面（3）

（1）单击"线框"工具栏中的"平面"按钮 ，弹出"平面定义"对话框。

（2）在该对话框中选择"偏移平面"平面类型，选择步骤 33 创建的平面为参考平面，输入偏移距离值"10mm"，如图 6-172 所示。

（3）单击"确定"按钮，创建一个等距平面，如图 6-173 所示。

35. 绘制"草图.4"

（1）单击"草图编辑器"工具栏中的"草图"按钮 ，在特征树中选择步骤 34 创建的平面为草图绘制平面，进入草图绘制平台。

（2）单击"圆"工具栏中的"圆"按钮 ，绘制如图 6-174 所示的"草图.4"。单击"工作台"工具栏中的"退出工作台"按钮 ，退出草图绘制平台。

  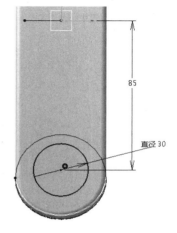

图 6-172 "平面定义"对话框（3）　图 6-173 创建的平面（3）　图 6-174 绘制"草图.4"

36. 创建多截面曲面

（1）单击"曲面"工具栏中的"多截面曲面"按钮 ，弹出"多截面曲面定义"对话框。

（2）在该对话框中选择"草图.4"和步骤 31 创建的接合曲线为截面轮廓，注意闭合点的位置和方向，如图 6-175 所示。

（3）单击"确定"按钮，创建多截面曲面，如图 6-176 所示。

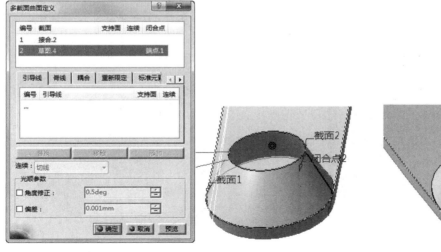

图 6-175 多截面曲面参数设置　　　图 6-176 创建多截面曲面

37. 分割曲面（6）

（1）单击"修剪-分割"工具栏中的"分割"按钮 ，弹出"分割定义"对话框。

（2）选择填充曲面为要切除的元素，选择接合曲线为切除元素，单击"确定"按钮，切除曲线的内部，如图 6-177 所示。

38. 创建填充曲面（3）

单击"曲面"工具栏中的"填充曲面"按钮 ，弹出"填充曲面定义"对话框，选择多截面曲面上部的边界曲线，创建填充曲面，如图 6-178 所示。

图 6-177　分割后的曲面（6）

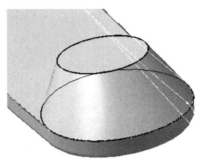

图 6-178　创建填充曲面（4）

39. 绘制"草图.5"

（1）单击"草图编辑器"工具栏中的"草图"按钮 ，在特征树中选择步骤 34 创建的平面为草图绘制平面，进入草图绘制平台。

（2）绘制如图 6-179 所示的"草图.5"，即 3 个平行长槽：宽度为 2mm，长度为 8mm，间距为 4mm，倾斜角度为 75°。单击"工作台"工具栏中的"退出工作台"按钮 ，退出草图绘制平台。

40. 分割曲面（7）

（1）单击"修剪-分割"工具栏中的"分割"按钮 ，弹出"分割定义"对话框。

（2）选择步骤 38 创建的填充曲面为要切除的元素，选择步骤 39 绘制的"草图.5"为切除元素，单击"确定"按钮，切除 3 个长槽，分割后的曲面如图 6-180 所示。

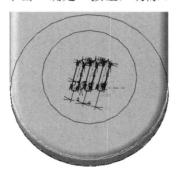

图 6-179　绘制"草图.5"

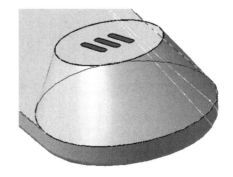

图 6-180　分割后的曲面（7）

41．接合曲面（2）

单击"操作"工具栏中的"接合"按钮，弹出"接合定义"对话框，选择创建的所有外表面为要接合的元素，单击"确定"按钮，将它们合并在一起。

42．倒圆角（2）

（1）单击"圆角"工具栏中的"倒圆角"按钮，弹出"倒圆角定义"对话框，选择如图 6-181 所示的边线，输入圆角半径值"10mm"，单击"确定"按钮。

（2）单击"圆角"工具栏中的"倒圆角"按钮，弹出"倒圆角定义"对话框，单击"变量"按钮，选择如图 6-182 所示的边线，双击圆弧两端的半径值，输入圆角半径值"1mm"，在"点"选择框中单击鼠标右键，并在弹出的快捷菜单中选择"创建点"命令，弹出"点定义"对话框，选择"曲线上"点类型，选择圆弧，输入比率值"0.5"，在圆弧中点处创建点，输入圆角半径值"10mm"，单击"确定"按钮。

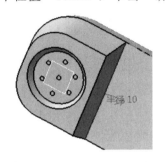

图 6-181　选择倒圆角的边线（1）

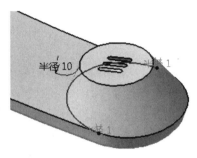

图 6-182　选择倒圆角的边线（2）

（3）单击"圆角"工具栏中的"倒圆角"按钮，弹出"倒圆角定义"对话框，选择如图 6-183 所示的边线，输入圆角半径值"2mm"，单击"确定"按钮，完成倒圆角操作，如图 6-184 所示。

图 6-183　选择倒圆角的边线（3）

图 6-184　倒圆角后的曲面

43．加厚曲面

（1）单击"包络体"工具栏中的"厚曲面"按钮，弹出"定义厚曲面"对话框。

（2）在该对话框的"第一偏移"文本框中输入厚度值"0.5mm"，在"第二偏移"文本框中输入厚度值"0mm"，选择倒圆角后的曲面为要偏移的对象，如图 6-185 所示。

（3）单击"确定"按钮，完成曲面的加厚，结果如图 6-186 所示。

图 6-185　厚曲面参数设置　　　　　图 6-186　加厚曲面

44．保存文件

选择菜单栏中的"文件"→"保存"命令，弹出"另存为"对话框，采用默认设置，单击"保存"按钮，保存文件。

6.4.2　打印模型

首先根据 5.1.2 节步骤 3 中相应的步骤（1）和步骤（2）进行操作。为了减少支撑，需要将模型旋转至合适位置。单击"旋转零件"按钮，弹出"旋转零件"对话框，将 x 轴所对应的数值修改为 270°，也就是绕 x 轴旋转 270°，单击"确定"按钮，模型旋转完毕，之后放置模型，如图 6-187 所示。接着根据 5.1.2 节步骤 5 对生成支撑后的模型进行切片处理，并将其导入到相应的快速成型机器中，即可打印。

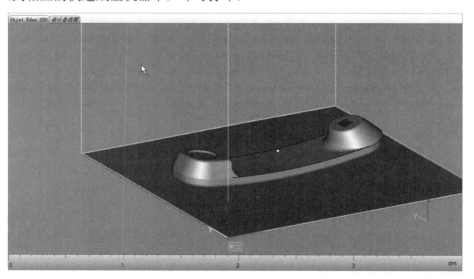

图 6-187　旋转并放置模型

6.4.3　处理模型

1．取出模型

打印完成后，将工作台调整至液态树脂平面之上，使用平铲等工具将模型底部与平台底部撬开，以便取出模型。取出后的电话听筒模型如图 6-188 所示。

图 6-188　取出后的电话听筒模型

2. 清洗模型

打印完成后，需要使用酒精等溶剂对模型的表面进行清洗，以防止影响模型表面质量。将适量酒精倒入盆内，使用毛刷将电话听筒模型表面残留的液态树脂清洗干净。

3. 去除支撑

如图 6-188 所示，取出后的电话听筒模型存在一些打印过程中生成的支撑，可以使用尖嘴钳、刀片、钢丝钳、镊子等工具将电话听筒模型的支撑去除。

4. 打磨模型

根据去除支撑后的模型粗糙程度，可先用锉刀、粗砂纸等工具对支撑与模型接触的部位进行粗磨，然后用较细粒度的砂纸对模型进一步打磨，处理后的电话听筒模型如图 6-189 所示。

图 6-189　处理后的电话听筒模型

6.5　短齿轮轴

首先利用 CATIA 软件创建短齿轮轴模型，然后利用 Magics 软件进行参数设置并打印，最后对打印出来的短齿轮轴模型进行清洗、去除支撑和毛刺处理，如图 6-190 所示。

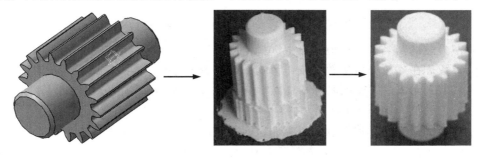

图 6-190　短齿轮轴模型的创建流程

6.5.1 创建模型

首先通过"公式"命令创建渐开线曲线，根据渐开线曲线创建曲面，然后通过"阵列"及"修剪"命令创建齿轮的曲面造型，接着根据曲面造型创建齿轮实体，最后通过"凸台"命令创建轴。

1. 新建文件

（1）选择菜单栏中的"文件"→"新建"命令，弹出"新建"对话框，在"类型"下拉列表中选择"Part"选项，单击"确定"按钮。

（2）弹出"新建零件"对话框，输入零件名称"duanchilunzhou"，单击"确定"按钮，进入零件设计平台。

（3）选择菜单栏中的"开始"→"形状"→"创成式外形设计"命令，进入曲面设计平台。

2. 创建公式

（1）选择菜单栏中的"工具"→"公式"命令，或者单击"知识工程"工具栏中的"公式"按钮 $f\infty$，打开"公式：duanchilunzhou"对话框，如图 6-191 所示。

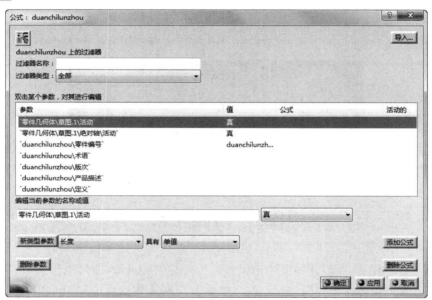

图 6-191　"公式：duanchilunzhou"对话框

（2）在"过滤器类型"下拉列表中选择"用户参数"选项，单击"新类型参数"按钮，添加新的参数，在"新类型参数"按钮旁的下拉列表中选择"实数"选项，在"编辑当前参数的名称或值"文本框中输入名称"模数"和值"1.5"，采用相同的方法输入"齿数"和"压力角"及它们的值，如图 6-192 所示。

（3）单击"新类型参数"按钮，添加新的参数，在"新类型参数"按钮旁的下拉列表中选择"长度"选项，在"编辑当前参数的名称或值"文本框中输入名称"分度圆半径"，单击"添加公式"按钮，弹出"公式编辑器：'分度圆半径'"对话框。在"词典"列表框中选择"参数"选项，在"参数的成员"列表框中选择"重命名的参数"选项，在"重命名的参数的成员"列表框中双击成员并添加计算符号，如分度圆半径公式为"'模数'＊'齿数'/2*1mm"；在"词典"列表框中选择"单位"选项，在"单位的成员"列表框中双击"mm"选项，如图 6-193 所示。

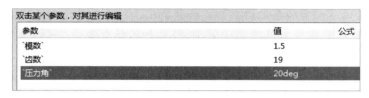

图 6-192　输入参数及它们的值

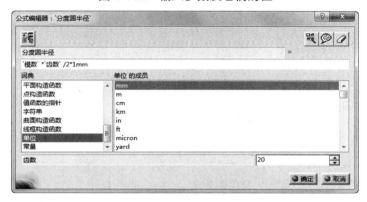

图 6-193　"公式编辑器：'分度圆半径'"对话框

（4）采用相同的方法创建"齿根圆半径"、"齿顶圆半径"和"基圆半径"公式，如图 6-194 所示。

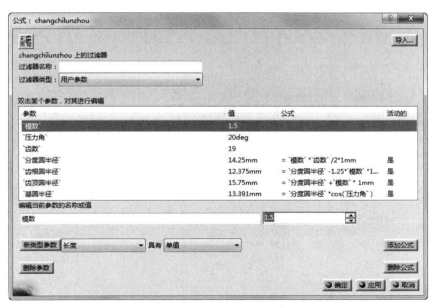

图 6-194　创建"齿根圆半径"、"齿顶圆半径"和"基圆半径"公式

知识点　　　　　　　　　　　　公式

创建的公式用于表示特定变量与自定义变量和其他一些参数之间的关系，即借助公式控制产品的特性，并且可以编辑参数的名称、值及公式，以及导入外部变量等。

"公式"命令可以通过建立参数（包括几何参数和工程参数）之间的关系，驱动尺寸变化来修改零件。

3. 创建函数

（1）单击"知识工程"工具栏中的"规则"按钮 **fog**，弹出如图 6-195 所示的"法则曲线编辑器"对话框，采用默认设置，单击"确定"按钮。

图 6-195　"法则曲线 编辑器"对话框

（2）弹出如图 6-196 所示的"规则编辑器：法则曲线.1 处于活动状态"对话框，在"新类型参数"按钮旁的下拉列表中选择"实数"选项，单击"新类型参数"按钮，新建形式参数，修改其名称为"t"，如图 6-197 所示。

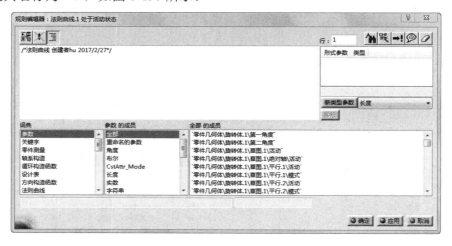

图 6-196　"规则编辑器：法则曲线.1 处于活动状态"对话框

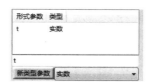

图 6-197　新建形式参数

（3）在"新类型参数"按钮旁的下拉列表中选择"长度"选项，单击"新类型参数"按钮，新建形式参数，修改其名称为"x"，并在左侧列表框中输入 x 函数，如图 6-198 所示，单击"确定"按钮。

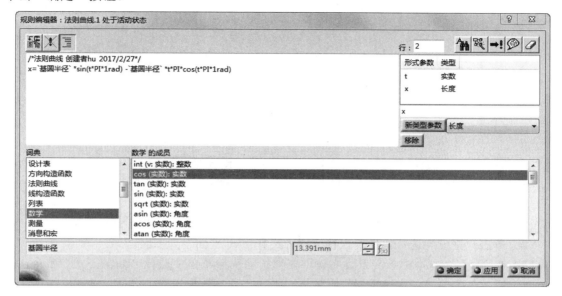

图 6-198　输入 x 函数

输入的 x 函数为"x ＝'基圆半径'*sin（t*PI*1rad）－'基圆半径'*t*PI*cos（t*PI*1rad）"。

（4）采用相同的方法定义 y 函数，其中 y 为长度型，t 为实数型。

输入的 y 函数为"y＝（'基圆半径'*cos（t*PI*1rad））+（'基圆半径'*t*PI*sin（t*PI*1rad））"。

　知识点　　　　　　　　　　　　　　　　规则曲线

"规则"命令可以利用输入的法则方程，使一个参数表示另一个参数，从而生成任意规则曲线。

4．创建圆

（1）单击"线框"工具栏中的"圆"按钮◯，弹出"圆定义"对话框，在"圆类型"下拉列表中选择"中心和半径"选项。

（2）单击"支持面"选择框后，在特征树中选择"xy 平面"为支持面。

（3）在"中心"选择框中单击鼠标右键，在弹出的快捷菜单中选择"创建点"命令，弹出"点定义"对话框，输入点坐标为（0,0,0），单击"确定"按钮，返回"圆定义"对话框。

（4）在"半径"文本框中单击鼠标右键，在弹出的快捷菜单中选择"编辑公式"命令，弹出"公式编辑器"对话框，双击"分度圆半径"成员，单击"确定"按钮，返回"圆定义"对话框。

（5）在"圆限制"选项组中单击"整圆"按钮⊙，单击"确定"按钮，完成分度圆的创建。

（6）采用相同的方法创建基圆、齿顶圆、齿根圆，如图 6-199 所示。

5. 创建点

（1）单击"线框"工具栏中的"点定义"按钮 ■，弹出"点定义"对话框，在"点类型"下拉列表中选择"平面上"选项，如图 6-200 所示。

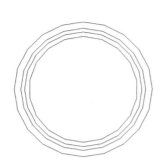

图 6-199　创建分度圆、基圆、齿顶圆、齿根圆　　　　图 6-200　　"点定义"对话框

（2）单击"平面"选择框后，在特征树中选择"xy 平面"为平面。

（3）在"H"文本框中单击鼠标右键，在弹出的快捷菜单中选择"编辑公式"命令，如图 6-201 所示，弹出"公式编辑器"对话框。先在"词典"列表框中选择"参数"选项，在"参数的成员"列表框中选择"Law"选项，再双击"Law 的成员"列表框中的"关系\法则曲线.1"选项；在"词典"列表框中选择"法则曲线"选项，在"法则曲线的成员"列表框中双击"Law-> Evaluate(实数):实数"，添加 H 值为"'关系\法则曲线.1'->Evaluate(0)"，如图 6-202 所示。单击"确定"按钮，弹出如图 6-203 所示的"自动更新"对话框，单击"是"按钮，返回"点定义"对话框。采用相同的方法将 V 赋值为"'关系\法则曲线.2'->Evaluate(0)"。

图 6-201　选择"编辑
　　　公式"命令

图 6-202　　"公式编辑器"对话框

（4）重复执行步骤（3），创建 H 值分别为"'关系\法则曲线.1'->Evaluate(0.06)"、"'关系\法则曲线.1'->Evaluate(0.085)"、"'关系\法则曲线.1'->Evaluate(0.11)"、"'关系\法则曲线.1'->Evaluate(0.13)"、"'关系\法则曲线.1'->Evaluate(0.16)"、"'关系\法则曲线.1'->Evaluate(0.2)"和"'关系\法则曲线.1'->Evaluate(0.3)"，V 值分别为"'关系\法则曲线.2'->Evaluate(0.06)"、

"'关系\法则曲线.2'->Evaluate(0.085)"、"'关系\法则曲线.2'->Evaluate(0.11)"、"'关系\法则曲线.2'->Evaluate(0.13)"、"'关系\法则曲线.2'->Evaluate(0.16)"、"'关系\法则曲线.2'->Evaluate(0.2)"和"'关系\法则曲线.2'->Evaluate(0.3)"的 7 个点，结果如图 6-204 所示。

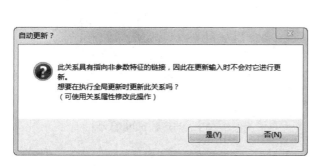

图 6-203　"自动更新"对话框　　　　图 6-204　创建点

6．绘制样条曲线

（1）单击"曲线"工具栏中的"样条曲线"按钮，弹出"样条线定义"对话框，如图 6-205 所示。

（2）依次选择步骤 5 创建的 8 个点，单击"确定"按钮，完成样条曲线的绘制，如图 6-206 所示。

图 6-205　"样条线定义"对话框

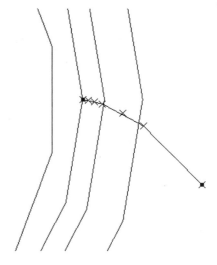

图 6-206　绘制样条曲线

7．创建拉伸曲面（1）

（1）单击"拉伸-旋转"工具栏中的"拉伸"按钮，弹出"拉伸曲面定义"对话框。

（2）在该对话框中选择步骤 6 绘制的样条曲线为轮廓，在"方向"选择框中单击鼠标右键，在弹出的快捷菜单中选择"Z 部件"为拉伸方向，输入限制 1 的尺寸值"24mm"，其他选项采用默认设置，如图 6-207 所示。

（3）单击"确定"按钮，完成拉伸曲面的创建，如图 6-208 所示。

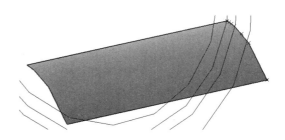

图 6-207 "拉伸曲面定义"对话框

图 6-208 创建拉伸曲面（1）

8. 创建外插延伸曲面

（1）单击"操作"工具栏中的"外插延伸"按钮 ，弹出"外插延伸定义"对话框。

（2）在该对话框中选择步骤 7 创建的拉伸曲面边线为边界，输入长度值"3mm"，其他选项采用默认设置，如图 6-209 所示。

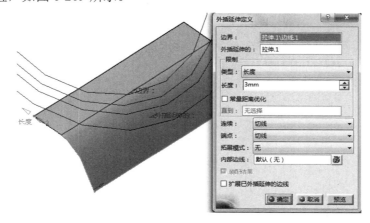

图 6-209 外插延伸参数设置

（3）单击"确定"按钮，完成曲面的延伸。

知识点   外插延伸

外插延伸是指通过延伸曲面的一条边界或一个端点处的曲线来创建曲面。

"外插延伸定义"对话框中的部分选项说明如下。

- 连续：可以设置外插延伸曲面与原曲面的连续方式，包括"切线"和"曲率"两种方式。
- 端点：可以设置外插延伸曲面和支持面之间的转换类型。当设置为"法线"时，表示外插延伸曲面采用垂线延伸；当设置为"切线"时，表示外插延伸曲面采用切线延伸。
- 拓展模式：可以设置外插延伸的拓展模式，包括"无"、"相切连续"和"点连续" 3 种模式。

● 装配结果：勾选该复选框，表示将外插曲线或曲面装配到支持曲线或曲面上。

9. 创建相交线

（1）单击"线框"工具栏中的"相交"按钮，弹出"相交定义"对话框。

（2）在该对话框中分别选择"yz 平面"和"zx 平面"为元素，其他选项采用默认设置，如图 6-210 所示。单击"确定"按钮，创建相交线。

10. 创建平面

（1）单击"线框"工具栏中的"平面"按钮，弹出"平面定义"对话框。

（2）在"平面类型"下拉列表中选择"与平面成一定角度或垂直"选项，选择步骤 9 创建的相交线为旋转轴，选择"yz 平面"为参考平面，在"角度"文本框中单击鼠标右键，在弹出的快捷菜单中选择"编辑公式"命令，弹出"公式编辑器"对话框，输入公式"360/4/'齿数'*1deg"，单击"确定"按钮。

（3）返回"平面定义"对话框，如图 6-211 所示，其他选项采用默认设置，单击"确定"按钮，完成平面的创建。

图 6-210　"相交定义"对话框

图 6-211　"平面定义"对话框

11. 镜像曲面

单击"变换"工具栏中的"对称"按钮，弹出"对称定义"对话框，选择外插延伸曲面"外插延伸.1"为镜像元素，选择步骤 10 创建的平面为参考平面，如图 6-212 所示，单击"确定"按钮，完成曲面的镜像，如图 6-213 所示。

图 6-212　"对称定义"对话框

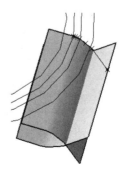

图 6-213　镜像后的曲面

12. 创建拉伸曲面（2）

（1）单击"拉伸-旋转"工具栏中的"拉伸"按钮，弹出"拉伸曲面定义"对话框。

（2）选择步骤 4 绘制的齿顶圆为轮廓，在"方向"选择框中单击鼠标右键，在弹出的快捷菜单中选择"Z 部件"为拉伸方向，输入限制 1 的尺寸值"24mm"，其他选项采用默认设置。

（3）单击"确定"按钮，完成拉伸曲面的创建。

（4）采用相同的方法对齿根圆进行拉伸，结果如图 6-214 所示。

图 6-214　创建拉伸曲面（2）

13. 修剪曲面（1）

（1）单击"修剪-分割"工具栏中的"修剪"按钮，弹出"修剪定义"对话框。

（2）在该对话框中选择外插延伸曲面"外插延伸.1"和镜像后的曲面"对称.2"为修剪元素，单击"另一侧/下一元素"和"另一侧/上一元素"按钮，调整剪去的部分，如图 6-215 所示。

（3）单击"确定"按钮，完成曲面的修剪。

（4）采用相同的方法对修剪后的曲面与齿轮圆曲面进行修剪，结果如图 6-216 所示。

图 6-215　"修剪定义"对话框（1）

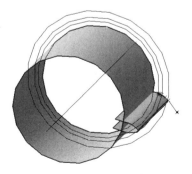

图 6-216　修剪后的曲面（1）

14. 阵列曲面

（1）选择菜单栏中的"插入"→"高级复制工具"→"圆形阵列"命令，弹出"定义圆形阵列"对话框。

（2）在"参数"下拉列表中选择"实例和角度间距"选项，输入实例数"19"，在"角度间距"文本框中单击鼠标右键，在弹出的快捷菜单中选择"编辑公式"命令，弹出"公式编辑器"对话框，输入公式"360/4/'齿数'*1deg"，单击"确定"按钮。

（3）返回"定义圆形阵列"对话框，选择相交线为参考元素，选择修剪后的曲面"修剪.2"为要阵列的对象，如图 6-217 所示。

（4）单击"确定"按钮，完成曲面的阵列，如图 6-218 所示。

图 6-217 "定义圆形阵列"对话框

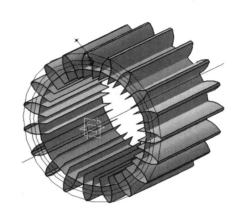

图 6-218 阵列曲面

15. 修剪曲面（2）

（1）单击"修剪-分割"工具栏中的"修剪"按钮，弹出"修剪定义"对话框。

（2）在该对话框中选择阵列后的曲面"圆形阵列.1"和拉伸曲面"拉伸.3"为修剪元素，单击"另一侧/下一元素"和"另一侧/上一元素"按钮，调整剪去的部分，如图 6-219 所示。

（3）单击"确定"按钮，完成曲面的修剪，隐藏曲线和点，如图 6-220 所示。

图 6-219 "修剪定义"对话框（2）

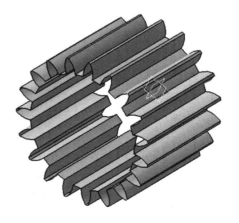

图 6-220 修剪后的曲面（2）

16．创建特征

（1）选择菜单栏中的"开始"→"机械设计"→"零件设计"命令，进入零件设计平台。

（2）选择菜单栏中的"插入"→"基于曲面的特征"→"封闭曲面"命令，弹出"定义封闭曲面"对话框。

（3）在该对话框中选择修剪后的曲面"修剪.4"为要封闭的对象，如图6-221所示。

（4）单击"确定"按钮，完成特征的创建，隐藏曲面，如图6-222所示。

图6-221　"定义封闭曲面"对话框　　　　　　图6-222　创建特征

17．倒圆角

（1）单击"修饰特征"工具栏中的"倒圆角"按钮，弹出"倒圆角定义"对话框。

（2）在该对话框中单击"半径"按钮和"常量"按钮，输入半径值"0.6mm"，在视图中选择图6-223所示的边线进行倒圆角操作。

（3）单击"确定"按钮，完成倒圆角操作，如图6-224所示。

提示：圆角半径$R \approx 0.38 \times$模数≈ 0.6mm。

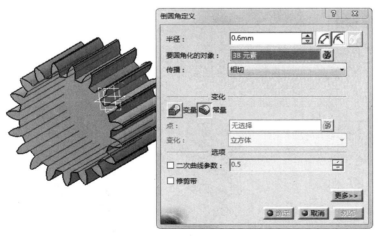

图6-223　选择边线　　　　　　　　　图6-224　倒圆角后的实体

18. 绘制"草图.1"

（1）单击"草图编辑器"工具栏中的"草图"按钮 ，在特征树中选择"xy 平面"为草图绘制平面，进入草图绘制平台。

（2）单击"圆"工具栏中的"圆"按钮 ，绘制如图 6-225 所示的"草图.1"。单击"工作台"工具栏中的"退出工作台"按钮 ，退出草图绘制平台。

19. 创建拉伸特征

（1）单击"基于草图的特征"工具栏中的"凸台"按钮 ，弹出"定义凸台"对话框。

（2）在该对话框中，系统自动选择步骤 18 绘制的"草图.1"为轮廓，输入拉伸长度值"12mm"，单击"反转方向"按钮，调整拉伸方向，其他选项采用默认设置，如图 6-226 所示。

图 6-225　绘制"草图.1"　　　　图 6-226　　"定义凸台"对话框

（3）单击"确定"按钮，完成拉伸特征的创建，如图 6-227 所示。

20. 创建另一侧拉伸特征

重复执行步骤 18 和步骤 19，在齿轮主体的另一侧创建相同尺寸的拉伸特征，结果如图 6-228 所示。

图 6-227　创建拉伸特征（1）　　　　图 6-228　创建拉伸特征（2）

21. 倒角

（1）单击"修饰特征"工具栏中的"倒角"按钮 ，弹出"定义倒角"对话框。

（2）在该对话框的"模式"下拉列表中选择"长度 1/角度"选项，输入长度值"1mm"

和角度值"45deg",选择如图 6-229 所示的齿轮轴的两端边线进行倒角操作。

图 6-229　选择齿轮轴的两端边线

（3）其他选项采用默认设置，单击"确定"按钮，完成短齿轮轴模型的创建，如图 6-230 所示。

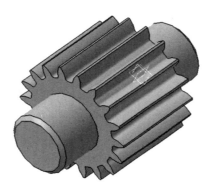

图 6-230　倒角后的短齿轮轴模型

22. 保存文件

选择菜单栏中的"文件"→"保存"命令，弹出"另存为"对话框，采用默认设置，单击"保存"按钮，保存文件。

6.5.2　打印模型

先根据 5.1.2 节中相应的步骤 1～4 进行操作，再根据相应的步骤 5 对生成支撑后的模型进行切片处理，并将其导入到相应的快速成型机器中，即可打印。

6.5.3　处理模型

1. 取出模型

打印完成后，将工作台调整至液态树脂平面之上，使用平铲等工具将模型底部与平台底部撬开，以便取出模型。取出后的短齿轮轴模型如图 6-231 所示。

2. 清洗模型

打印完成后，需要使用酒精等溶剂对模型的表面进行清洗，以防止影响模型表面质量。将适量酒精倒入盆内，使用毛刷将短齿轮轴模型表面残留的液态树脂清洗干净。

3. 去除支撑

如图 6-231 所示，取出后的短齿轮轴模型存在一些打印过程中生成的支撑，可以使用尖嘴钳、刀片、钢丝钳、镊子等工具将短齿轮轴模型的支撑去除。

4. 打磨模型

根据去除支撑后的模型粗糙程度，可先用锉刀、粗砂纸等工具对支撑与模型接触的部位进行粗磨，然后用较细粒度的砂纸对模型进一步打磨，处理后的短齿轮轴模型如图 6-232 所示。

图 6-231　取出后的短齿轮轴模型

图 6-232　处理后的短齿轮轴模型

第 7 章

钣金产品设计及 3D 打印

本章导读

钣金具有质量轻、强度高、导电（能够用于电磁屏蔽）、成本低、可大规模量产、性能好等特点，在电子电器、通信、汽车工业、医疗器械等领域得到了广泛应用。

本章主要介绍常见的几款钣金产品，如电气箱下箱体、花盆、硬盘固定架钣金模型的创建及 3D 打印过程。通过本章的学习，读者应当掌握如何在 CATIA 软件中创建模型并导入到 RPData 软件中以打印出模型。

7.1 电气箱下箱体

首先利用 CATIA 软件创建电气箱下箱体模型，然后利用 RPData 软件进行参数设置并打印，最后对打印出来的电气箱下箱体模型进行清洗、去除支撑和毛刺处理，如图 7-1 所示。

图 7-1 电气箱下箱体模型的创建流程

7.1.1 创建模型

首先通过"拉伸"命令创建基本钣金件，然后通过"边线上的墙体"命令创建四周的弯边，接着通过"剪口"命令修剪部分材料，最后通过"从平面弯曲"命令完成电气箱下箱体模型的创建。

1. 新建文件

选择菜单栏中的"开始"→"机械设计"→"Generative Sheetmetal Design"命令，弹出"新建零件"对话框。输入零件名称"dianqixiangxiaxiangti"，单击"确定"按钮，进入钣金件设计平台。

2. 设置参数

（1）单击"Walls"（墙体）工具栏中的"Sheet Metal Parameters"（钣金参数）按钮 ，弹出如图 7-2 所示的"Sheet Metal Parameters"（钣金参数）对话框。

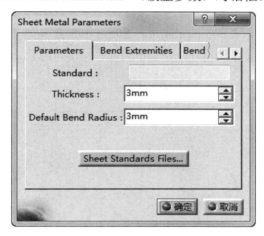

图 7-2　"Sheet Metal Parameters"（钣金参数）对话框

（2）在"Thickness"（厚度）文本框中输入"3mm"，在"Default Bend Radius"（顺接曲面半径）文本框中输入"3mm"。

（3）单击"确定"按钮，完成钣金件参数的设置。

知识点　　　　　　　　　　　　　　　　　**钣金参数**

1. Parameters（参数）

在"Parameters"（参数）选项卡中，可以设置钣金件的厚度和钣金件的顺接曲面半径。

单击"Sheet Standards Files"（钣金标准文件）按钮，弹出"选择文件"对话框，可以从计算机中调用一个数据文件来定义钣金件的参数，如图 7-3 所示。

2. Bend Extremities（弯曲端点）

（1）在"Bend Extremities"（弯曲端点）选项卡中，提供了"Minimum with no relief"（不带止裂槽的最小值）、"Square relief"（方形止裂槽）、"Round relief"（圆形止裂槽）、"Linear"（线性）、"Tangent"（切线）、"Maximum"（最大值）、"Closed"（封闭的）和"Flat joint"（平面接合）8 种顺接曲面端点方式。

（2）如图 7-4 所示，可以设置这 8 种方式不同的参数值。

3. Bend Allowance（折弯余量）

"Bend Allowance"（折弯余量）选项卡如图 7-5 所示。在此选项卡中，可以设置 K 因子。

图 7-3 "选择文件"对话框

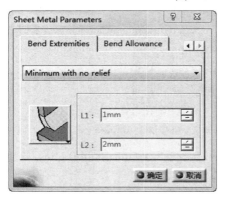

图 7-4 顺接曲面端点方式的参数设置

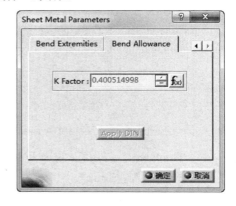

图 7-5 "Bend Allowance"（折弯余量）选项卡

3. 创建拉伸壁

（1）单击"Walls"（墙体）工具栏中的"Extrusion"（拉伸）按钮，弹出如图 7-6 所示的"Extrusion Definition"（拉伸定义）对话框。

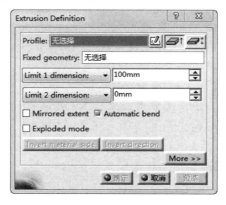

图 7-6 "Extrusion Definition"（拉伸定义）对话框

（2）单击"Profile"（轮廓）选择框后的"草图"按钮，在特征树中选择"xy 平面"为草图绘制平面，进入草图绘制平台。

（3）单击"轮廓"工具栏中的"直线"按钮，绘制如图 7-7 所示的草图轮廓。单击"工作台"工具栏中的"退出工作台"按钮，返回"Extrusion Definition"（拉伸定义）对话框。

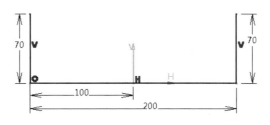

图 7-7　绘制草图轮廓（1）

（4）输入拉伸深度值"100mm"，勾选"Mirrored extent"（镜像范围）复选框，其他选项采用默认设置。

（5）单击"确定"按钮，完成拉伸壁的创建，如图 7-8 所示。

图 7-8　创建拉伸壁

知识点　　　　　　　　　　　　　拉伸壁

"Extrusion Definition"（拉伸定义）对话框中的部分选项说明如下。

"Sketch at extreme position"（单面加厚）按钮：单击此按钮，在草图轮廓的一侧生成钣金件，单击"Invert material side"（反转材料边）按钮，在草图轮廓的另一侧生成钣金件。

"Sketch at middle position"（双面加厚）按钮：单击此按钮，在草图轮廓两侧均匀生成钣金件。

"Fixed geometry"（已固定几何图形）选择框：单击此选择框，在绘图区中选择几何元素，定义拉伸过程中不变的几何元素。

限制类型下拉列表：可以从下拉列表中选择限制类型，包括限制尺寸、至平面的限制、至曲面的限制。当选择"Limit 1 dimension"（限制 1 尺寸）/"Limit 2 dimension"（限制 2 尺寸）选项时，可以在文本框中输入限制尺寸值；当选择"Limit 1 up to plane"（限制 1 直到平面）/"Limit 2 up to plane"（限制 2 直到平面）或"Limit 1 up to surface"（限制 1 直到曲面）/"Limit 2 up to surface"（限制 2 直到曲面）选项时，可以在绘图区中选择限制元素。

- "Mirrored extent"（镜像范围）复选框：用于沿两个方向拉伸相同的长度。
- "Automatic bend"（自动弯曲）复选框：用于设置拉伸过程中自动进行顺接。
- "Exploded mode"（分解模式）复选框：用于设置拉伸后，以拐点炸开，生成多个拉伸件。

4. 创建边线墙（1）

（1）单击"Walls"（墙体）工具栏中的"Wall On Edge"（边线上的墙体）按钮，弹出"Wall On Edge Definition"（边线上的墙体定义）对话框。

（2）在绘图区中选择拉伸特征左侧上边线为边线墙附着边线。

（3）选择"Height"（高度）选项，并输入高度值"10mm"；选择"Angle"（角度）选项，并输入角度值"90deg"。

（4）在"Clearance mode"（间隙模式）下拉列表中选择"No Clearance"（无间隙）选项，如图7-9所示。

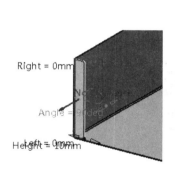
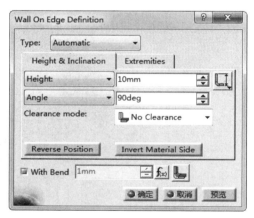

图7-9 边线选择与"Wall On Edge Definition"（边线上的墙体定义）对话框（1）

提示：偏移距离值可以是正值，也可以是负值。

（5）其他选项采用默认设置，单击"确定"按钮，完成一侧边线墙的创建。

（6）采用相同的方法，创建拉伸特征另外两条边线的边线墙，如图7-10所示。

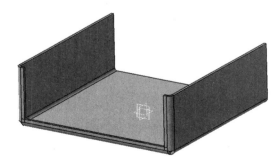

图7-10 创建边线墙（1）

知识点　　　　　　　　　　　　　　　边线墙

"Wall On Edge Definition"（边线上的墙体定义）对话框中的部分选项说明如下。

"Type"（类型）下拉列表：可以在该下拉列表中选择边线墙的创建类型，包括自动、基于草图的。

"Height&Inclination"（高度和倾斜）选项卡：可以在定义边线墙高度的下拉列表中选择"Hight"（高度）、"Up To Plane"（直到平面）或"Up To Surface"（直到曲面）。

"Height"（高度）选项：在文本框中输入高度值，单击"Length type"（长度类型）按钮右下角的黑色小三角，选择高度值表示的长度类型，如图 7-11 所示。如果选择"Up To Plane"（直到平面）或"Up To Surface"（直到曲面）选项，则可以单击文本框，在绘图区中选择平面或曲面来定义高度，单击"Limit position"（限制位置）按钮右下角的黑色小三角，选择高度限制的位置类型，如图 7-12 所示。

图 7-11　长度类型　　　　　　　　　　图 7-12　位置类型

"Angle"（角度）选项：在文本框中输入边线墙与附着墙之间的夹角值；如果选择"Orientation plane"（方向平面）选项，则在绘图区中选择角度参照并在"Rotation angle"（旋转角度）文本框中输入边线墙与方向平面之间的夹角值。

"Clearance mode"（间隙模式）下拉列表：可以选择间隙类型，包括"No Clearance"（无间隙）、"Mon odirectional"（单向）、"Bidirectional"（双向）。在选择后面两种间隙类型时，会出现"Clearance value"（间隙值）文本框，用于设置间隙距离。

"Reverse Position"（反转位置）按钮：调整边线墙的生成方向。单击"Invert Material Side"（反转材料边）按钮，调整边线墙厚度的生成方向。

"Bend parameters"（弯曲参数）按钮：单击此按钮，弹出如图 7-13 所示的"Bend Definition"（弯曲定义）对话框，在"Left Extremity"（左端点）和"Right Extremity"（右端点）选项卡中定义止裂槽，在"Bend Allowance"（弯曲余量）选项卡中定义折弯系数 K 的值。

"Extremities"（端点）选项卡如图 7-14 所示。

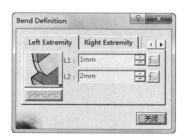

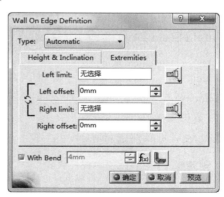

图 7-13　"Bend Definition"（弯曲定义）对话框　　图 7-14　"Extremities"（端点）选项卡

"Left limit"（左侧限制）选择框：在绘图区中选择左侧限制的参照，在"Left offset"（左侧偏移）文本框中输入与参照之间的偏移距离值。

"Right limit"（右侧限制）选择框：在绘图区中选择右侧限制的参照，在"Right offset"（右侧偏移）文本框中输入与参照之间的偏移距离值。

5. 展开（1）

（1）单击"Bending"（弯曲）工具栏中的"Unfolding"（展开）按钮 ，弹出"Unfolding Definition"（展开定义）对话框。

（2）在"Reference Face"（参考面）选择框中单击，在绘图区中选择拉伸特征的最大平面为参考固定平面。

（4）单击"Select All"（全选）按钮，绘图区中所有折弯生成的圆弧面会被添加到"Unfold Faces"（展开面）下拉列表中，其他选项采用默认设置，如图7-15所示。

（5）单击"确定"按钮，完成折弯件的展开，如图7-16所示。

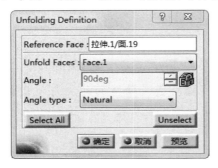

图7-15　"Unfolding Definition"（展开定义）
对话框（1）

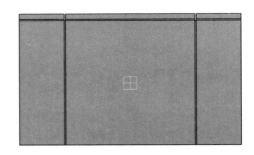

图7-16　展开折弯件（1）

知识点　　　　　　　　　　　　　　　　　展开

"Unfolding Definition"（展开定义）对话框中的部分选项说明如下。

"Reference Face"（参考面）选择框：在绘图区中选择参考修剪面，即展开过程中固定的平面。

"Unfold Faces"（展开面）下拉列表：在绘图区中选择需要展开的面，即折弯生成的圆弧面。

"Select All"（全选）按钮：单击此按钮，绘图区中所有折弯生成的圆弧面会被添加到"Unfold Faces"（展开面）下拉列表中。可以在"Unfold Faces"（展开面）下拉列表中选择所要展开的圆弧面。

"Unselect"（取消选择）按钮：单击此按钮，取消对展开面的选择。

6. 创建剪口（1）

（1）单击"Cutting/Stamping"（切除/冲压）工具栏中的"Cut Out"（剪口）按钮 ，弹出"Cutout Definition"（剪口定义）对话框。

（2）在"Cutout Type"（剪口类型）选项组的"Type"（类型）下拉列表中选择"Sheetmetal standard"（钣金标准）选项，在"End Limit"（终止限制）选项组的"Type"（类型）下拉列表中选择"Up to last"（直到最后）选项，如图 7-17 所示。

（3）单击"Selection"（选择）选择框后的"草图"按钮，选择展开后的钣金上表面为草图绘制平面，进入草图绘制平台。

（4）单击"轮廓"工具栏中的"直线"按钮，绘制如图 7-18 所示的草图轮廓。单击"工作台"工具栏中的"退出工作台"按钮，返回"Cutout Definition"（剪口定义）对话框。

（5）单击"确定"按钮，完成剪口的创建，如图 7-19 所示。

图 7-17　"Cutout Definition"
（剪口定义）对话框（1）

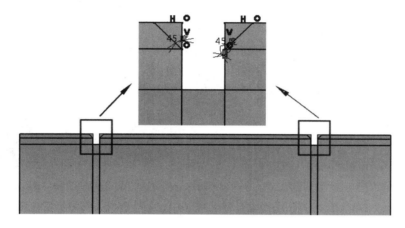

图 7-18　绘制草图轮廓（2）

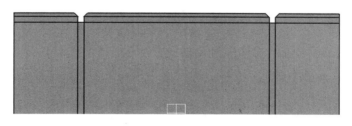

图 7-19　创建剪口（1）

知识点　　　　　　　　　　　　　　　剪口

"Cutout Definition"（剪口定义）对话框中的部分选项说明如下。

"Cutout Type"（剪口类型）选项组：在该选项组的"Type"（类型）下拉列表中，可以设置创建的剪口类型，包括"Sheetmetal standard"（钣金标准）和"Sheetmetal pocket"（钣金槽腔）。如果选择"Sheetmetal standard"（钣金标准）选项，则可以在"End Limit"（终止限制）

选项组的"Type"（类型）下拉列表中选择"Dimension"（尺寸）、"Up to next"（直到下一个）和"Up to last"（直到最后）选项；如果选择"Sheetmetal pocket"（钣金槽腔）选项，则终止限制类型为"Dimension"（尺寸）。

"Lying on skin"（位于蒙皮上）复选框：创建的切除只针对草图所依附的壁。

"Reverse Side"（反转边）按钮：调整切除草图内部还是外部的钣金件。

"Reverse Direction"（反转方向）按钮：调整垂直于切除面上的切除方向。

7. 折叠（1）

（1）单击"Bending"（弯曲）工具栏中的"Folding"（折叠）按钮，弹出"Folding Definition"（折叠定义）对话框。

（2）在"Reference Face"（参考面）选择框中单击，在绘图区中选择拉伸特征的最大平面为参考固定平面。

（3）单击"Select All"（全选）按钮，绘图区中所有折弯生成的圆弧面会被添加到"Fold Faces"（折叠面）下拉列表中，其他选项采用默认设置，如图7-20所示。

（4）单击"确定"按钮，完成折弯件的折叠，如图7-21所示。

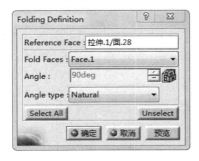
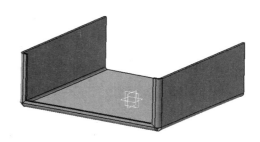

图7-20　"Folding Definition"（折叠定义）对话框（1）　图7-21　折叠折弯件（1）

知识点　　　　　　　　　　　　　　　　　**折叠**

"Folding Definition"（折叠定义）对话框中的部分选项说明如下。

"Reference Face"（参考面）选择框：在绘图区中选择参考修剪面，即折叠过程中固定的平面。

"Fold Faces"（折叠面）下拉列表：在绘图区中选择需要折叠的面，即折弯生成的圆弧面。

"Select All"（全选）按钮：单击此按钮，绘图区中所有折弯生成的圆弧面会被添加到"Fold Faces"（折叠面）下拉列表中。在"Fold Faces"（折叠面）下拉列表中选中所要折叠的圆弧面；单击"Unselect"（取消选择）按钮，可以取消折叠面的选取。

"Angle type"（角度类型）下拉列表：在该下拉列表中设置角度类型，包括"Natural"（自然）、"Defined"（已定义）、"Spring back"（反弹）选项，这里选择"Spring back"（反弹）选项。

8. 创建边线墙（2）

（1）单击"Walls"（墙体）工具栏中的"Wall On Edge"（边线上的墙体）按钮，弹出"Wall On Edge Definition"（边线上的墙体定义）对话框。

（2）在绘图区中选择拉伸特征左侧上边线为边线墙附着边线。

（3）选择"Height"（高度）选项，并输入高度值"10mm"；选择"Angle"（角度）选项，并输入角度值"90deg"。

（4）在"Clearance mode"（间隙模式）下拉列表中选择"No Clearance"（无间隙）选项，如图 7-22 所示。

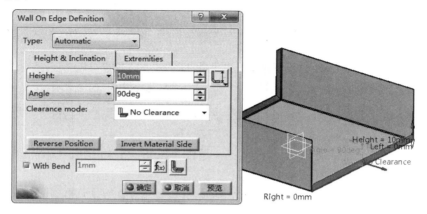

图 7-22 边线选择与"Wall On Edge Definition"（边线上的墙体定义）对话框（2）

（5）其他选项采用默认设置，单击"确定"按钮，完成一侧边线墙的创建。

（6）采用相同的方法，创建拉伸特征另外两条边线的边线墙，如图 7-23 所示。

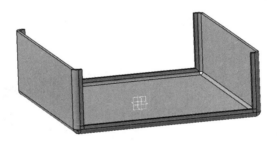

图 7-23 创建边线墙（2）

9. 展开（2）

（1）单击"Bending"（弯曲）工具栏中的"Unfolding"（展开）按钮 ，弹出"Unfolding Definition"（展开定义）对话框。

（2）在"Reference Face"（参考面）选择框中单击，在绘图区中选择拉伸特征的最大平面为参考固定平面。

（3）单击"Select All"（全选）按钮，绘图区中所有折弯生成的圆弧面会被添加到"Unfold Faces"（展开面）下拉列表中，其他选项采用默认设置，如图 7-24 所示。

（4）单击"确定"按钮，完成折弯件的展开，如图 7-25 所示。

10. 创建剪口（2）

（1）单击"Cutting/Stamping"（切除/冲压）工具栏中的"Cut Out"（剪口）按钮 ，弹出"Cutout Definition"（剪口定义）对话框。

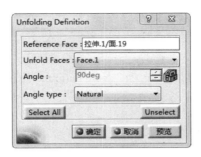

图 7-24　"Unfolding Definition"（展开定义）对话框（2）

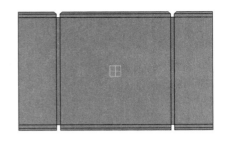

图 7-25　展开折弯件（2）

（2）在"Cutout Type"（剪口类型）选项组的"Type"（类型）下拉列表中选择"Sheetmetal standard"（钣金标准）选项，在"End Limit"（终止限制）选项组的"Type"（类型）下拉列表中选择"Up to last"（直到最后）选项，如图 7-26 所示。

（3）单击"Selection"（选择）选择框后的"草图"按钮 ，选择展开后的钣金上表面为草图绘制平面，进入草图绘制平台。

（4）单击"轮廓"工具栏中的"直线"按钮 ，绘制如图 7-27 所示的草图轮廓。单击"工作台"工具栏中的"退出工作台"按钮 ，返回"Cutout Definition"（剪口定义）对话框。

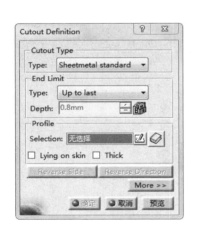

图 7-26　"Cutout Definition"
（剪口定义）对话框（2）

图 7-27　绘制草图轮廓（3）

（5）单击"确定"按钮，完成剪口的创建，如图 7-28 所示。

11. 折叠（2）

（1）单击"Bending"（弯曲）工具栏中的"Folding"（折叠）按钮 ，弹出"Folding Definition"（折叠定义）对话框。

（2）在"Reference Face"（参考面）选择框中单击，在绘图区中选择拉伸特征的最大平面为参考固定平面。

（3）单击"Select All"（全选）按钮，绘图区中所有折弯生成的圆弧面会被添加到"Fold Faces"（折叠面）下拉列表中，其他选项采用默认设置，如图 7-29 所示。

（4）单击"确定"按钮，完成折弯件的折叠，如图 7-30 所示。

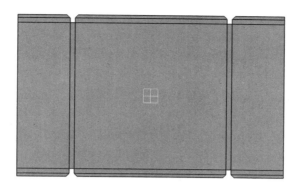

图 7-28　创建剪口（2）

图 7-29　"Folding Definition"（折叠定义）对话框（2）

图 7-30　折叠折弯件（2）

12. 创建边线墙（3）

（1）单击"Walls"（墙体）工具栏中的"Wall On Edge"（边线上的墙体）按钮 ，弹出"Wall On Edge Definition"（边线上的墙体定义）对话框。

（2）在绘图区中选择拉伸特征左侧上边线为边线墙附着边线。

（3）选择"Height"（高度）选项，并输入高度值"10mm"；选择"Angle"（角度）选项，并输入角度值"90deg"。

（4）在"Clearance mode"（间隙模式）下拉列表中选择"Monodirectional"（单向）选项，在"Clearance value"（间隙值）文本框中输入间隙距离值"1mm"，如图 7-31 所示。

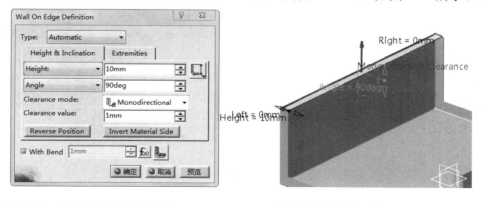

图 7-31　边线选择与"Wall On Edge Definition"（边线上的墙体定义）对话框（3）

（5）其他选项采用默认设置，单击"确定"按钮，完成剪口一侧边线墙的创建。

（6）采用相同的方法，创建剪口另一侧边线的边线墙，如图 7-32 所示。

13. 创建剪口（3）

（1）单击"Cutting/Stamping"（切除/冲压）工具栏中的"Cut Out"（剪口）按钮🔲，弹出"Cutout Definition"（剪口定义）对话框。

（2）在"Cutout Type"（剪口类型）选项组的"Type"（类型）下拉列表中选择"Sheetmetal standard"（钣金标准）选项，在"End Limit"（终止限制）选项组的"Type"（类型）下拉列表中选择"Up to last"（直到最后）选项，如图 7-33 所示。

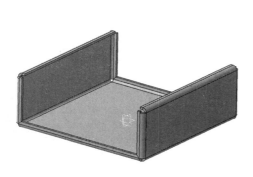

图 7-32　创建边线墙（3）　　　图 7-33　"Cutout Definition"（剪口定义）对话框（3）

（3）单击"Selection"（选择）选择框后的"草图"按钮📝，选择右侧的边线墙特征的外表面为草图绘制平面，进入草图绘制平台。

（4）绘制如图 7-34 所示的草图轮廓。单击"工作台"工具栏中的"退出工作台"按钮🔼，返回"Cutout Definition"（剪口定义）对话框。

（5）单击"确定"按钮，完成剪口的创建，如图 7-35 所示。

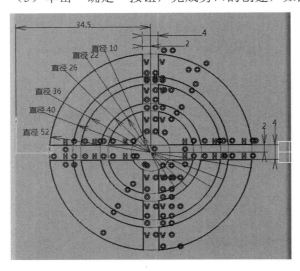

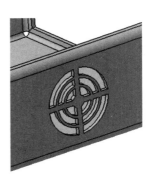

图 7-34　绘制草图轮廓（4）　　　　　图 7-35　创建剪口（3）

14. 创建剪口（4）

（1）单击"Cutting/Stamping"（切除/冲压）工具栏中的"Cut Out"（剪口）按钮📧，弹出"Cutout Definition（剪口定义）"对话框。

（2）在"Cutout Type"（剪口类型）选项组的"Type"（类型）下拉列表中选择"Sheetmetal standard"（钣金标准）选项，在"End Limit"（终止限制）选项组的"Type"（类型）下拉列表中选择"Up to last"（直到最后）选项，如图 7-36 所示。

（3）单击"Selection"（选择）选择框后的"草图"按钮📝，选择左侧的边线墙特征的外表面为草图绘制平面，进入草图绘制平台。

（4）单击"轮廓"工具栏中的"矩形"按钮▭，绘制如图 7-37 所示的草图轮廓。单击"工作台"工具栏中的"退出工作台"按钮🔼，返回"Cutout Definition"（剪口定义）对话框。

（5）单击"确定"按钮，完成剪口的创建，如图 7-38 所示。

图 7-36 "Cutout Definition"（剪口定义）对话框（4）

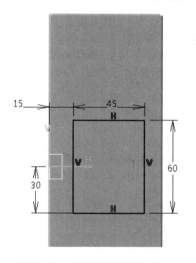

图 7-37 绘制草图轮廓（5）

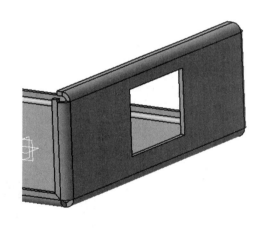

图 7-38 创建剪口（4）

15. 创建边线墙（4）

（1）单击"Walls"（墙体）工具栏中的"Wall On Edge"（边线上的墙体）按钮✏，弹出"Wall On Edge Definition"（边线上的墙体定义）对话框。

（2）在绘图区中选择步骤 14 创建的剪口左侧边线为边线墙附着边线。

（3）选择"Height"（高度）选项，并输入高度值"15mm"；选择"Angle"（角度）选项，并输入角度值"90deg"。

（4）在"Clearance mode"（间隙模式）下拉列表中选择"Monodirectional"（单向）选项，在"Clearance value"（间隙值）文本框中输入间隙距离值"1mm"，如图 7-39 所示。

（5）其他选项采用默认设置，单击"确定"按钮，完成剪口一侧边线墙的创建。

（6）采用相同的方法，创建剪口另一侧边线的边线墙，如图 7-40 所示。

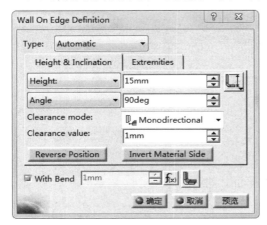

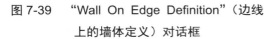

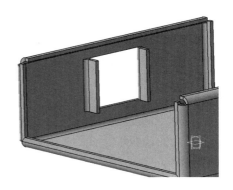

图 7-39　"Wall On Edge Definition"（边线上的墙体定义）对话框

图 7-40　创建边线墙（4）

16. 倒角

（1）单击"Cutting/Stamping"（切除/冲压）工具栏中的"Chamfer"（倒角）按钮 ，弹出"Chamfer"（倒角）对话框。

（2）在"Type"（类型）下拉列表中选择"Length1/Angle"（长度 1/角度）选项，在"Length 1"（长度 1）文本框中输入"5mm"，在"Angle"（角度）文本框中输入"45deg"，其他选项采用默认设置。

（3）选择边线上的墙体的 4 条边线为要倒角的对象，如图 7-41 所示。单击"确定"按钮，倒角的实体如图 7-42 所示。

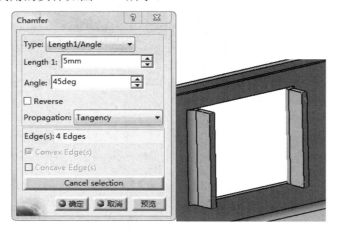

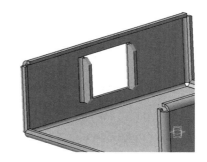

图 7-41　"Chamfer"（倒角）对话框与边线选择

图 7-42　倒角后的实体

17. 保存文件

选择菜单栏中的"文件"→"保存"命令，弹出"另存为"对话框，采用默认设置，单击"保存"按钮，保存文件。

7.1.2 打印模型

1. 打开软件

双击 RPData 软件图标 ，打开 RPData 软件，其操作界面如图 7-43 所示。

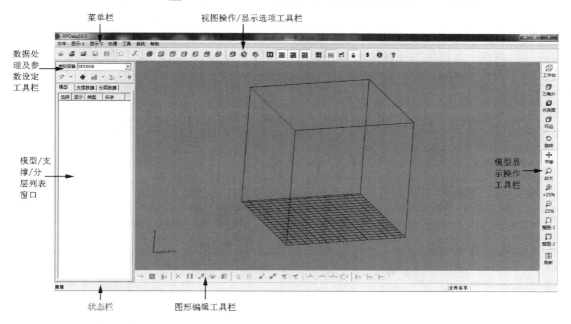

图 7-43 RPData 软件操作界面

知识点   RPData 软件操作界面

下面介绍 RPData 软件操作界面中的各工具栏及窗口的含义。

（1）菜单栏：包含所有操作命令。

（2）视图操作/显示选项工具栏：包含对模型进行打开、保存及查看不同视图方向等命令。

（3）数据处理及参数设定工具栏：包含选择设备类型及对模型添加支撑、分层等命令。

（4）模型/支撑/分层列表窗口：可分别显示模型、支撑数据、分层数据等。

（5）模型显示操作工具栏：包含对模型、支撑进行放大、缩小等命令，还包含对模型以不同方式进行查看的命令。

（6）图形编辑工具栏：包含对模型、支撑数据和分层数据进行编辑等命令。

（7）状态栏：显示当前的操作信息。

2. 加载和放置模型

1）选择设备类型

在处理数据前，需要选择相应的设备类型。单击"虚拟设备"旁的三角下拉按钮，显示当前系统中的设备列表，选择相应设备即可，如图 7-44 所示。

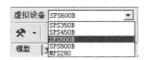

图 7-44　设备列表

2）加载 STL 格式的数据文件

（1）单击"打开 STL 文件"按钮 ，或者选择菜单栏中的"文件"→"转换"命令，弹出"加载模型"对话框，如图 7-45 所示。

图 7-45　"加载模型"对话框

（2）选择所需要的 STL 格式的数据文件，单击"加载"按钮，STL 数据开始进行转换。转换结束后，单击"关闭"按钮关闭窗口或者继续加载其他的 STL 数据。加载"dianqixiangxiaxiangti"模型，如图 7-46 所示。

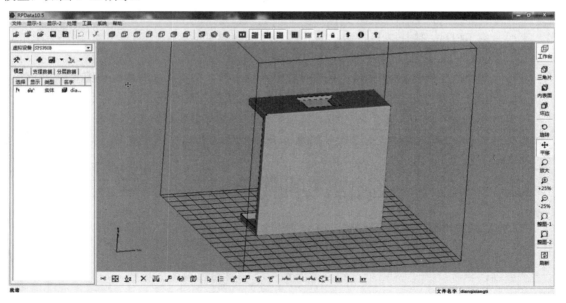

图 7-46　加载"dianqixiangxiaxiangti"模型

3. 模型的摆放和显示方式

1）模型的摆放

按上述加载 STL 文件的操作步骤加载"dianqixiangxiaxiangti"模型后，单击图形编辑工具栏中的"对中"按钮 ▣，可以将模型放置在工作台的中央；也可以单击模型显示操作工具栏中的"移动"按钮 ⚔，选中模型后按住鼠标左键，将模型移动到想要放置的位置。

2）模型的显示方式

在模型显示操作工具栏中，可以对模型应用不同的显示方式，按钮与对应的模型显示方式如表 7-1 所示。

表 7-1 按钮与对应的模型显示方式

按钮	描述	显示方式
工作台	工作台或模型	在工作台或框架模型中切换显示
三角片	三角片	切换显示三角片数据
内表面	内表面	切换显示内表面（以与外表面不同的颜色显示）
坏边	坏边	切换显示坏边（三角片不连续产生的坏边）

"坏边"显示方式可以用于检查模型是否存在错误，如果存在错误，则模型将以红色线条显示；如果不存在错误，则模型仍以黄色线条显示。

4. 工作台的查看

1）查看方式

在视图操作/显示选项工具栏中，可以对工作台应用不同的查看方式，按钮与对应的工作台查看方式如表 7-2 所示。

表 7-2 按钮与对应的工作台查看方式

按钮	描述	查看方式
♪	工作台坐标系	切换显示工作台坐标系
	等轴测图	设置等轴测图方向
	下视图	设置下视图方向
	上视图	设置上视图方向
	右视图	设置右视图方向
	左视图	设置左视图方向
	后视图	设置后视图方向
	前视图	设置前视图方向

2）移动、旋转和缩放

在模型显示操作工具栏中，可以对当前视图进行移动、旋转和缩放等操作，具体按钮与操作含义如表 7-3 所示。

表 7-3　具体按钮与操作含义

按钮	描述	操作含义
旋转	旋转	单击该按钮后，按住鼠标左键并移动鼠标，可以任意旋转视图
平移	平移	单击该按钮后，按住鼠标左键并移动鼠标，可以平移视图
放大	放大	单击该按钮后，按住鼠标左键并移动鼠标，会出现放大窗口，松开鼠标左键，可以放大视图
+25%	+25%	单击该按钮后，将视图放大 25%
-25%	-25%	单击该按钮后，将视图缩小 25%
整图-1	整图-1	单击该按钮后，以当前操作对象为目标，设置视图窗口及视角
整图-2	整图-2	单击该按钮后，以工作台及所有对象为目标，设置视图窗口及视角
刷新	刷新	单击该按钮后，更新屏幕显示，并清除尺寸标注信息

　　为了减少打印"dianqixiangxiaxiangti"模型时生成的支撑，获得良好的打印效果，可以将该模型旋转至合适位置。单击图形编辑工具栏中的"旋转"按钮 ⊙，弹出如图 7-47 所示的"旋转"对话框，将 x 轴所对应的数值修改为"90"，单击"应用"按钮即可实现模型绕 x 轴旋转 90°，旋转后的模型如图 7-48 所示。

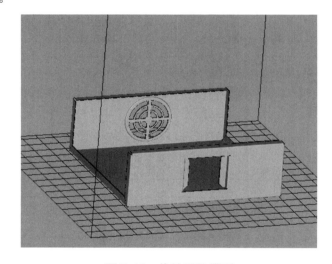

图 7-47　"旋转"对话框　　　　　　　　　　图 7-48　旋转后的模型

5. 生成支撑

　　按上述步骤，加载"dianqixiangxiaxiangti"模型，在数据处理及参数设定工具栏中单击"自动支撑处理"按钮 ▣·，弹出自动支撑处理对话框，如图 7-49 所示，单击"是"按钮可以开始处理，单击"否"按钮可以取消操作；还可以通过"自动支撑处理"按钮 ▣·的下拉菜单选择对活动模型或所有模型生成自动支撑。

　　生成支撑后，在模型/支撑/分层列表窗口中选择"支撑数据"选项卡，可以查看每个支撑的相关数据。在视图操作/显示选项工具栏中单击"切换显示支撑"按钮 ◪，即可将所生成的支撑数据显示出来，单击标号为 17 的支撑，查看支撑数据，如图 7-50 所示。

序号	类型	面积:mm^2
1	B	840.8
2	N	156.7
3	N	155.6
4	N	155.5
5	N	155.1
6	N	154.9
7	N	154.7
8	N	154.6
9	N	154.4
10	N	154.4
11	N	154.0
12	N	153.6
13	N	152.3
14	N	151.2
15	N	55.0
16	N	25.7
17	N	17.4
18	N	11.7

图 7-49 自动支撑处理对话框

图 7-50 查看支撑数据

此时视图窗口将高亮显示当前选择的支撑，如图 7-51 所示。

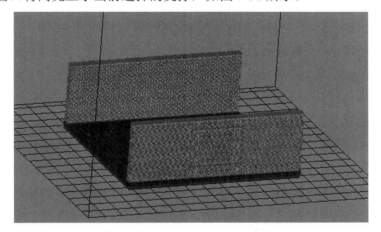

图 7-51 当前选择的支撑

提示：在浏览支撑时，按下键盘上的 F 键，可以设置当前支撑为主要显示目标，便于查看支撑结构和形状；按下键盘上的 ↑ 和 ↓ 键，可以选择需要查看的支撑。

6. 分层处理数据

1）分层处理

在数据处理及参数设定工具栏中单击"分层处理"按钮，弹出"分层处理"对话框，如图 7-52 所示。当选中"选择模型"单选按钮时，表示只对当前所选中的模型进行分层处理；当选中"全部模型"单选按钮时，表示可以对所有模型进行分层处理。单击"确定"按钮可以开始处理，单击"取消"按钮可以取消操作。

分层处理后，在模型/支撑/分层列表窗口中选择"分层数据"选项卡，可以查看分层数据列表，如图 7-53 所示。

2）查看分层数据

对电气箱下箱体模型进行分层操作后，分层数据列表显示了分层数据信息，包括图标、高度、支撑标志、开环标志、闭环标志。单击视图操作/显示选项工具栏中的"切换显示模型"按钮 ，可以将模型显示出来，之后单击"隐藏上半部"按钮 ◐，可以将模型的上半部分隐藏，此时将显示模型当前层的外部线框，如图 7-54（a）所示。单击"切换显示分层区域"按钮 ▥，可以将模型当前层的实际打印情况显示出来，如图 7-54（b）所示。选择不同层，可以查看模型的生成过程，被选择层将会高亮显示，为当前可编辑对象。

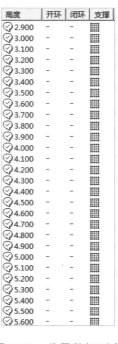

高度	开环	闭环	支撑
2.900	-	-	
3.000	-	-	
3.100	-	-	
3.200	-	-	
3.300	-	-	
3.400	-	-	
3.500	-	-	
3.600	-	-	
3.700	-	-	
3.800	-	-	
3.900	-	-	
4.000	-	-	
4.100	-	-	
4.200	-	-	
4.300	-	-	
4.400	-	-	
4.500	-	-	
4.600	-	-	
4.700	-	-	
4.800	-	-	
4.900	-	-	
5.000	-	-	
5.100	-	-	
5.200	-	-	
5.300	-	-	
5.400	-	-	
5.500	-	-	
5.600	-	-	

图 7-52　"分层处理"对话框

图 7-53　分层数据列表

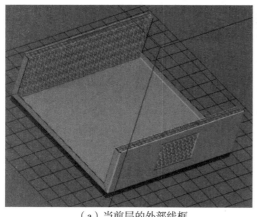

（a）当前层的外部线框

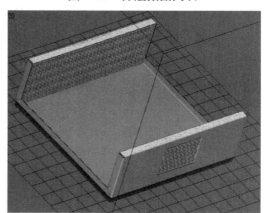

（b）当前层的实际打印情况

图 7-54　分层查看"dianqixiangxiaxiangti"模型

7. 输出数据

（1）在数据处理及参数设定工具栏中单击"数据输出"按钮 ♣，弹出"数据输出"对话框，如图 7-55 所示。

图 7-55　"数据输出"对话框

（2）指定数据输出文件路径、文件名和文件类型等，单击"确定"按钮，执行输出数据的操作。

8. 打印模型

根据上述操作，对模型进行相应处理后输出"*.slc"文件，并导入到与快速成型机器相配套的成型软件 RPBuild 中，设置快速成型机器的相关参数后即可打印。

7.1.3　处理模型

1. 取出模型

打印完成后，将工作台调整至液态树脂平面之上，使用平铲等工具将模型底部与平台底部撬开，以便取出模型。取出后的电气箱下箱体模型如图 7-56 所示。

2. 清洗模型

打印完成后，需要使用酒精等溶剂对模型的表面进行清洗，以防止影响模型表面质量。将适量酒精倒入盆内，使用毛刷将电气箱下箱体模型表面残留的液态树脂清洗干净。

3. 去除支撑

如图 7-56 所示，取出后的电气箱下箱体模型存在一些打印过程中生成的支撑，可以使用尖嘴钳、刀片、钢丝钳、镊子等工具将电气箱下箱体模型的支撑去除，如图 7-57 所示。

图 7-56　取出后的电气箱下箱体模型

图 7-57　去除电气箱下箱体模型的支撑

4. 打磨模型

根据去除支撑后的模型粗糙程度，可先用锉刀、粗砂纸等工具对支撑与模型接触的部位进行粗磨，如图 7-58 所示，然后用较细粒度的砂纸对模型进一步打磨，处理后的电气箱下箱体模型如图 7-59 所示。

图 7-58　用锉刀对模型进行粗磨　　　　　图 7-59　处理后的电气箱下箱体模型

首先利用 CATIA 软件创建花盆模型，然后利用 RPData 软件进行参数设置并打印，最后对打印出来的花盆模型进行清洗、去除支撑和毛刺处理，如图 7-60 所示。

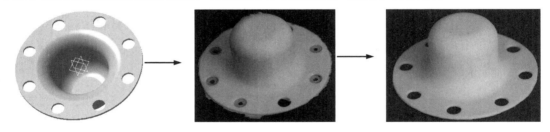

图 7-60　花盆模型的创建流程

7.2.1　创建模型

首先创建花盆的第一个壁，然后在第一个壁上创建环状冲压，最后在边缘上创建剪口。

1. 新建文件

选择菜单栏中的"开始"→"机械设计"→"Generative Sheetmetal Design"命令，弹出"新建零件"对话框。在"输入零件名称"文本框中输入"huapen"，单击"确定"按钮，进入钣金件设计平台。

2. 设置参数

（1）单击"Walls"（墙体）工具栏中的"Sheet Metal Parameters"（钣金参数）按钮，弹出如图 7-61 所示的"Sheet Metal Parameters"（钣金参数）对话框。

（2）在"Thickness"（厚度）文本框中输入"3mm"，在"Default Bend Radius"（顺接曲面半径）文本框中输入"6mm"。

（3）单击"确定"按钮，完成钣金件参数的设置。

3. 创建平整壁（第一个壁）

（1）单击"Walls"（墙体）工具栏中的"Wall"（墙体）按钮 ，弹出如图 7-62 所示的"Wall Definition"（墙定义）对话框。

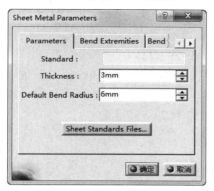

图 7-61　"Sheet Metal Parameters"
（钣金参数）对话框

图 7-62　"Wall Definition"
（墙定义）对话框

（2）单击"Profile（轮廓）"选择框后的"草图"按钮 ，在特征树中选择"xy 平面"为草图绘制平面，进入草图绘制平台。

（3）单击"轮廓"工具栏中的"圆"按钮 ，绘制如图 7-63 所示的草图轮廓。单击"工作台"工具栏中的"退出工作台"按钮 ，返回"Wall Definition"（墙定义）对话框。

（4）单击"确定"按钮，完成第一个壁的创建，如图 7-64 所示。

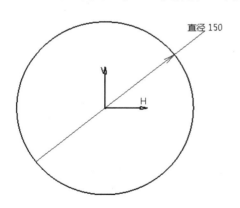

图 7-63　绘制草图轮廓（1）

图 7-64　创建第一个壁

知识点　　　　　　　　　　　　　　　　　**平整壁**

"Wall Definition"（墙定义）对话框中的部分选项说明如下。

"Sketch at extreme position"（单面加厚）按钮 ：在草图轮廓的一侧生成钣金件，单击"Invert Side"（反转边）按钮，反转钣金件的生成方向，在草图轮廓的另一侧生成钣金件。

"Sketch at middle position"（双面加厚）按钮 ：在草图轮廓两侧均匀生成钣金件。

"Tangent to"（相切于）选择框：在绘图区中指定与钣金件相切的参照。

4. 创建环状冲压

（1）单击"Stamping"（冲压）工具栏中的"Circular Stamp"（环状冲压）按钮 ，在绘图区中选择步骤 3 创建的第一个壁，系统会自动选择圆心作为圆形冲压的定位点，弹出"Circular Stamp Definition"（环状冲压定义）对话框。

（2）在"Parameters"（参数）选项组中设置"Height H"为"60mm"，"Radius R1"为"15mm"，"Radius R2"为"15mm"，"Diameter D"为"65mm"，"Angle A"为"90deg"，其他选项采用默认设置，如图 7-65 所示。

（3）单击"确定"按钮，完成环状冲压的创建，如图 7-66 所示。

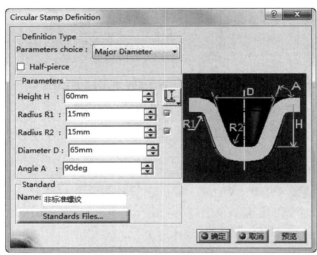

图 7-65　"Circular Stamp Definition"（环状冲压定义）对话框

图 7-66　创建环状冲压

知识点　　　　　　　　　　　环状冲压

"Circular Stamp Definition"（环状冲压定义）对话框中的部分选项说明如下。

"Parameters choice"（参数选择）下拉列表：可以在此下拉列表中选择创建环状冲压的参数类型，包括"Major Diameter"（长直径）、"Minor Diameter"（短直径）、"Two diameters"（双直径）和"Punch&Die"（冲孔和冲压模）。

"Parameters"（参数）选项组：用于输入各个参数的值。

5. 创建剪口

（1）单击"Cutting/Stamping"（切除/冲压）工具栏中的"Cut Out"（剪口）按钮 ，弹出"Cutout Definition"（剪口定义）对话框。

（2）在"Cutout Type"（剪口类型）选项组的"Type"（类型）下拉列表中选择"Sheetmetal

standard"（钣金标准）选项，在"End Limit"（终止限制）
选项组的"Type"（类型）下拉列表中选择"Up to last"（直
到最后）选项，如图 7-67 所示。

（3）单击"Selection（选择）"选择框后的"草图"按
钮，选择第一个壁的上表面为草图绘制平面，进入草图
绘制平台。

（4）单击"轮廓"工具栏中的"圆"按钮，绘制如
图 7-68 所示的草图轮廓。单击"工作台"工具栏中的"退
出工作台"按钮，返回"Cutout Definition"（剪口定义）
对话框。

（5）单击"确定"按钮，完成剪口的创建，如图 7-69
所示。

图 7-67 "Cutout Definition"
（剪口定义）对话框

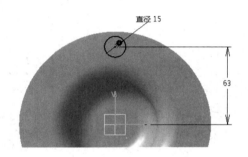

图 7-68 绘制草图轮廓（2）

图 7-69 创建剪口

6. 阵列剪口

（1）单击"Transformation"（变换）工具栏中的"Circular Pattern"（圆形阵列）按钮，
弹出"定义圆形阵列"对话框。

（2）在"参数"下拉列表中选择"实例和角度间距"选项，在"实例"文本框中输入"8"，
在"角度间距"文本框中输入"45deg"。

（3）在"参考元素"选择框中单击鼠标右键，在弹出的快捷菜单中选择"Z 轴"为阵列
方向。

（4）选择步骤 5 创建的剪口为要阵列的对象，单击"确定"按钮，完成剪口的阵列，如
图 7-70 所示。

图 7-70 阵列剪口

7. 保存文件

选择菜单栏中的"文件"→"保存"命令，弹出"另存为"对话框，采用默认设置，单击"保存"按钮，保存文件。

7.2.2 打印模型

根据 7.1.2 节相应的步骤 1～3 进行操作后，发现模型较大，已经超出本书所选择的机器的打印范围，需要将其缩小至合理尺寸。单击图形编辑工具栏中的"比例放大/缩小"按钮 ，弹出"比例"对话框，如图 7-71 所示，勾选"统一"复选框，并将其数值修改为"0.5"，单击"应用"按钮，模型将被缩小二分之一，如图 7-72 所示。

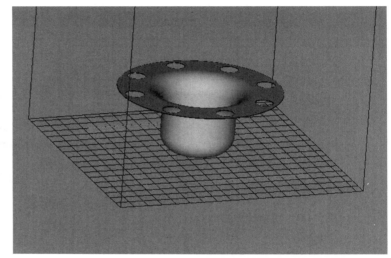

图 7-71　"比例"对话框　　　　　　　　图 7-72　缩放模型

剩余步骤参考 7.1.2 节相应的步骤 4～8 进行操作，即可完成打印。

7.2.3 处理模型

1. 取出模型

打印完成后，将工作台调整至液态树脂平面之上，使用平铲等工具将模型底部与平台底部撬开，以便取出模型。取出后的花盆模型如图 7-73 所示。

2. 清洗模型

打印完成后，需要使用酒精等溶剂对模型的表面进行清洗，以防止影响模型表面质量。将适量酒精倒入盆内，使用毛刷将花盆模型表面残留的液态树脂清洗干净。

3. 去除支撑

取出后的花盆模型存在一些打印过程中生成的支撑，可以使用尖嘴钳、刀片、钢丝钳、镊子等工具将花盆模型的支撑去除，如图 7-74 所示。

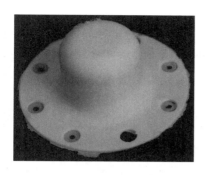

图 7-73　取出后的花盆模型　　　　图 7-74　去除花盆模型的支撑

4. 打磨模型

根据去除支撑后的模型粗糙程度，可先用锉刀、粗砂纸等工具对支撑与模型接触的部位进行粗磨，如图 7-75 所示，然后用较细粒度的砂纸对模型进一步打磨，处理后的花盆模型如图 7-76 所示。

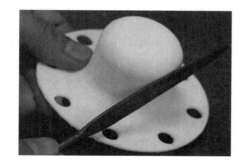

图 7-75　用锉刀对模型进行粗磨　　　　图 7-76　处理后的花盆模型

7.3　硬盘固定架

首先利用 CATIA 软件创建硬盘固定架模型，然后利用 RPData 软件进行参数设置并打印，最后对打印出来的硬盘固定架模型进行清洗、去除支撑和毛刺处理，如图 7-77 所示。

图 7-77　硬盘固定架模型的创建流程

7.3.1　创建模型

首先通过"墙体"命令创建基本钣金件，然后通过"剪口"命令创建钣金件上的修剪部分，最后通过"凸缘"命令在剪口上添加凸缘，完成硬盘固定架模型的创建。

1. 新建文件

选择菜单栏中的"开始"→"机械设计"→"Generative Sheetmetal Design"命令，弹出"新建零件"对话框。在"输入零件名称"文本框中输入"yingpangudingjia"，单击"确定"按钮，进入钣金件设计平台。

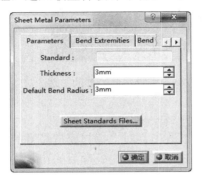

图 7-78 "Sheet Metal Parameters"
（钣金参数）对话框

2. 设置参数

（1）单击"Walls"（墙体）工具栏中的"Sheet Metal Parameters"（钣金参数）按钮，弹出如图 7-78 所示的"Sheet Metal Parameters"（钣金参数）对话框。

（2）在"Thickness"（厚度）文本框中输入"3mm"，在"Default Bend Radius"（顺接曲面半径）文本框中输入"3mm"。

（3）单击"确定"按钮，完成钣金件参数的设置。

3. 创建平整壁（第一个壁）

（1）单击"Walls"（墙体）工具栏中的"Wall"（墙体）按钮，弹出如图 7-79 所示的"Wall Definition"（墙定义）对话框。

（2）单击"Profile"（轮廓）选择框后的"草图"按钮，在特征树中选择"xy 平面"为草图绘制平面，进入草图绘制平台。

（3）单击"轮廓"工具栏中的"矩形"按钮，绘制如图 7-80 所示的草图轮廓。单击"工作台"工具栏中的"退出工作台"按钮，返回"Wall Definition"（墙定义）对话框。

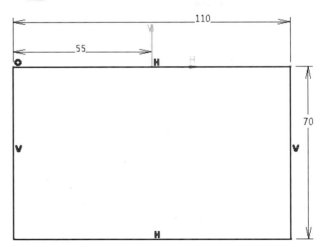

图 7-80 绘制草图轮廓（1）

图 7-79 "Wall Definition"
（墙定义）对话框

（4）单击"确定"按钮，完成第一个壁的创建，如图 7-81 所示。

4. 创建剪口（1）

（1）单击"Cutting/Stamping"（切除/冲压）工具栏中的"Cut Out"（剪口）按钮，弹出

"Cutout Definition"（剪口定义）对话框。

（2）在"Cutout Type"（剪口类型）选项组的"Type"（类型）下拉列表中选择"Sheetmetal standard"（钣金标准）选项，在"End Limit"（终止限制）选项组的"Type"（类型）下拉列表中选择"Up to last"（直到最后）选项，如图 7-82 所示。

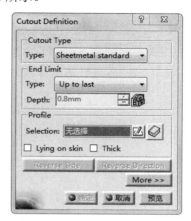

图 7-81　创建第一个壁　　　图 7-82　　"Cutout Definition"（剪口定义）对话框（1）

（3）单击"Selection"（选择）选择框后的"草图"按钮🖉，选择第一个壁的上表面为草图绘制平面，进入草图绘制平台。

（4）绘制如图 7-83 所示的草图轮廓。单击"工作台"工具栏中的"退出工作台"按钮⬆，返回"Cutout Definition"（剪口定义）对话框。

（5）单击"确定"按钮，完成剪口的创建，如图 7-84 所示。

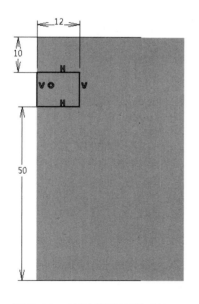

图 7-83　绘制草图轮廓（2）

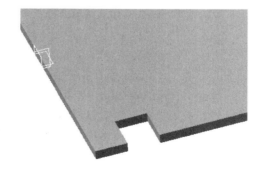

图 7-84　创建剪口（1）

5. 创建剪口（2）

（1）单击"Cutting/Stamping"（切除/冲压）工具栏中的"Cut Out"（剪口）按钮▣，弹出

"Cutout Definition"（剪口定义）对话框。

（2）在"Cutout Type"（剪口类型）选项组的"Type"（类型）下拉列表中选择"Sheetmetal standard"（钣金标准）选项，在"End Limit"（终止限制）选项组的"Type"（类型）下拉列表中选择"Up to last"（直到最后）选项，如图7-85所示。

图7-85　"Cutout Definition"（剪口定义）对话框（2）

（3）单击"Selection"（选择）选择框后的"草图"按钮，选择第一个壁的上表面为草图绘制平面，进入草图绘制平台。

（4）单击"轮廓"工具栏中的"圆"按钮，绘制如图7-86所示的草图轮廓。单击"工作台"工具栏中的"退出工作台"按钮，返回"Cutout Definition"（剪口定义）对话框。

（5）单击"确定"按钮，完成剪口的创建，如图7-87所示。

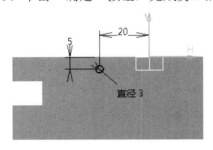

图7-86　绘制草图轮廓（3）

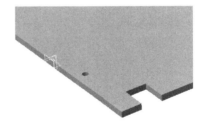

图7-87　创建剪口（2）

6. 阵列剪口

（1）单击"Transformation"（变换）工具栏中的"Rectangular Pattern"（矩形阵列）按钮，弹出"定义矩形阵列"对话框。

（2）在"参数"下拉列表中选择"实例和间距"选项，在"实例"文本框中输入"3"，在"间距"文本框中输入"20mm"，选择x轴方向的边线为参考方向，如图7-88所示。

（3）选择步骤5创建的剪口为要阵列的对象，单击"确定"按钮，完成剪口的阵列，如图7-89所示。

7. 折弯钣金件

（1）单击"Bending"（弯曲）工具栏中的"Bend From Flat"（从平面弯曲）按钮，弹出

"Bend From Flat Definition"（从平面弯曲定义）对话框，如图 7-90 所示。

图 7-88　"定义矩形阵列"对话框（1）

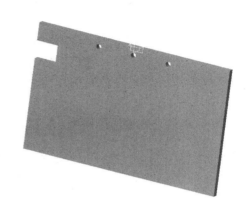

图 7-89　阵列剪口（1）

（2）单击"Profile"（轮廓）选择框后的"草图"按钮，选择第一个壁的上表面为草图绘制平面，进入草图绘制平台。单击"轮廓"工具栏中的"直线"按钮／，绘制如图 7-91 所示的折弯线。单击"工作台"工具栏中的"退出工作台"按钮，返回"Bend From Flat Definition"（从平面弯曲定义）对话框。

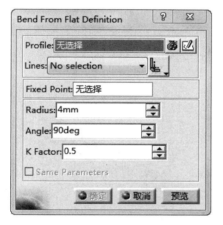

图 7-90　"Bend From Flat Definition"（从平面弯曲定义）对话框

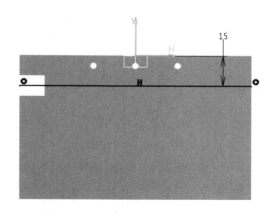

图 7-91　绘制折弯线

提示：折弯线必须是直线，可以是多条直线段，但直线段之间不能相交。

（3）在"Radius"（半径）文本框中输入折弯半径值"1mm"，在"Angle"（角度）文本框中输入折弯角度值"90deg"，其他选项采用默认设置。

（4）单击"确定"按钮，完成钣金件的折弯，如图 7-92 所示。

8. 创建剪口（3）

（1）单击"Cutting/Stamping"（切除/冲压）工具栏中的"Cut Out"（剪口）按钮，弹出"Cutout Definition"（剪口定义）对话框。

（2）在"Cutout Type"（剪口类型）选项组的"Type"（类型）下拉列表中选择"Sheetmetal standard"（钣金标准）选项，在"End Limit"（终止限制）选项组的"Type"（类型）下拉列表中选择"Up to last"（直到最后）选项，如图 7-93 所示。

图 7-92 折弯钣金件

图 7-93   "Cutout Definition"（剪口定义）
对话框（3）

（3）单击"Selection"（选择）选择框后的"草图"按钮，选择第一个壁的上表面为草图绘制平面，进入草图绘制平台。

（4）单击"轮廓"工具栏中的"矩形"按钮，绘制如图 7-94 所示的草图轮廓。单击"工作台"工具栏中的"退出工作台"按钮，返回"Cutout Definition"（剪口定义）对话框。

（5）单击"确定"按钮，完成剪口的创建，如图 7-95 所示。

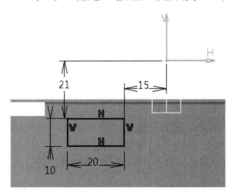

图 7-94 绘制草图轮廓（4）

图 7-95   创建剪口（3）

9. 镜像剪口

（1）单击"Transformation"（变换）工具栏中的"Mirror"（镜像）按钮，弹出"Mirror Definition：镜像.3"对话框。

（2）在特征树中选择"yz 平面"为镜像平面，选择步骤 8 创建的剪口为要镜像的对象，如图 7-96 所示。

（3）单击"确定"按钮，完成剪口的镜像，如图 7-97 所示。

图 7-96　"Mirror Definition：镜像.3"对话框

图 7-97　镜像剪口

10. 创建凸缘（1）

（1）单击"Swept Walls"（已扫掠的墙体）工具栏中的"Flange"（凸缘）按钮，弹出"Flange Definition"（凸缘定义）对话框。

（2）在"Length"（长度）文本框中输入"10mm"，单击"Length type"（长度类型）按钮，在"Angle"（角度）文本框中输入"90deg"，其他选项采用默认设置，如图 7-98 所示。

（3）在"Spine"（脊线）选择框中单击，在绘图区中选择步骤 9 创建的剪口上边线。

（4）单击"确定"按钮，完成凸缘的创建。

（5）采用相同的方法，创建另一个剪口的凸缘，如图 7-99 所示。

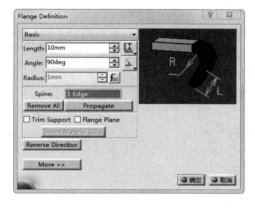

图 7-98　"Flange Definition"（凸缘定义）对话框（1）　　图 7-99　创建凸缘（1）

 知识点　　　　　　　　　　　　　　凸缘

"Flange Definition"（凸缘定义）对话框中的部分选项说明如下。

凸缘的生成方式包括"Basic"（基本）和"Relimited"（已重新限定）。

"Length"（长度）文本框：输入凸缘的长度值，单击"Length type"（长度类型）按钮，在打开的如图 7-100 所示的工具栏中选择长度类型。

"Angle"（角度）文本框：输入凸缘与附着壁之间的夹角值，单击"Angle type"（角度类型）按钮，在打开的如图 7-101 所示的工具栏中选择角度类型。

图 7-100　长度类型工具栏　　　　　　图 7-101　角度类型工具栏

"Radius"（半径）文本框：输入凸缘与附着壁之间的过渡圆弧半径值。

"Spine"（脊线）选择框：在绘图区中选择凸缘的附着边线。单击"Remove All"（全部移除）按钮，可将选择的脊线移除；而单击"Propagate"（拓展）按钮，可延长与脊线相切的边线为脊线。

"Trim Support"（修剪支持面）复选框：勾选此复选框，表示对附着壁修剪创建的凸缘。

"Flange Plane"（凸缘平面）复选框：勾选此复选框，表示在绘图区中选择平面并创建与其相切的凸缘。

"Invert Material Side"（反转材料边）按钮：调整钣金件厚度的生成方向。

"Reverse Direction"（反转方向）按钮：调整凸缘在附着边线上的方向。

11.　创建剪口（4）

（1）单击"Cutting/Stamping"（切除/冲压）工具栏中的"Cut Out"（剪口）按钮，弹出"Cutout Definition"（剪口定义）对话框。

（2）在"Cutout Type"（剪口类型）选项组的"Type"（类型）下拉列表中选择"Sheetmetal standard"（钣金标准）选项，在"End Limit"（终止限制）选项组的"Type"（类型）下拉列表中选择"Up to last"（直到最后）选项，如图 7-102 所示。

图 7-102　"Cutout Definition"（剪口定义）对话框（4）

（3）单击"Selection"（选择）选择框后的"草图"按钮，选择第一个壁的上表面为草图绘制平面，进入草图绘制平台。

（4）单击"轮廓"工具栏中的"矩形"按钮，绘制如图 7-103 所示的草图轮廓。单击"工作台"工具栏中的"退出工作台"按钮，返回"Cutout Definition"（剪口定义）对话框。

286

（5）单击"确定"按钮，完成剪口的创建，如图 7-104 所示。

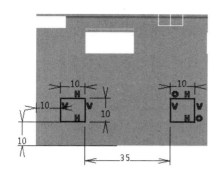

图 7-103　绘制草图轮廓（5）

图 7-104　创建剪口（4）

12. 创建凸缘（2）

（1）单击"Swept Walls"（已扫掠的墙体）工具栏中的"Flange"（凸缘）按钮，弹出"Flange Definition"（凸缘定义）对话框。

（2）在"Length"（长度）文本框中输入"10mm"，单击"Length type"（长度类型）按钮，在"Angle"（角度）文本框中输入"90deg"，其他选项采用默认设置，如图 7-105 所示。

（3）在"Spine"（脊线）选择框中单击，在绘图区中选择步骤 11 创建的剪口上边线。

（4）单击"确定"按钮，完成凸缘的创建。

（5）采用相同的方法，创建另一个剪口的凸缘，如图 7-106 所示。

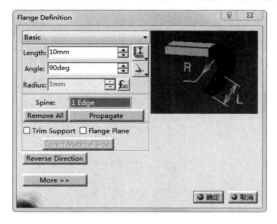

图 7-105　"Flange Definition"（凸缘定义）对话框（2）

图 7-106　创建凸缘（2）

13. 创建剪口（5）

（1）单击"Cutting/Stamping"（切除/冲压）工具栏中的"Cut Out"（剪口）按钮，弹出"Cutout Definition"（剪口定义）对话框。

（2）在"Cutout Type"（剪口类型）选项组的"Type"（类型）下拉列表中选择"Sheetmetal standard"（钣金标准）选项，在"End Limit"（终止限制）选项组的"Type"（类型）下拉列表中选择"Up to last"（直到最后）选项，如图 7-107 所示。

（3）单击"Selection"（选择）选择框后的"草图"按钮，选择第一个壁的上表面为草图绘制平面，进入草图绘制平台。

（4）单击"轮廓"工具栏中的"圆"按钮，绘制如图7-108所示的草图轮廓。单击"工作台"工具栏中的"退出工作台"按钮，返回"Cutout Definition"（剪口定义）对话框。

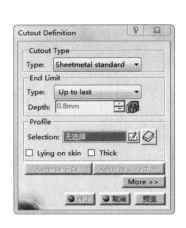

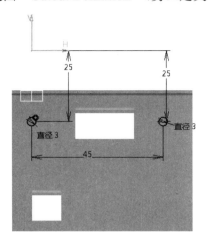

图7-107　"Cutout Definition"（剪
口定义）对话框（5）

图7-108　绘制草图轮廓（6）

（5）单击"确定"按钮，完成剪口的创建，如图7-109所示。

14. 创建剪口（6）

（1）单击"Cutting/Stamping"（切除/冲压）工具栏中的"Cut Out"（剪口）按钮，弹出"Cutout Definition"（剪口定义）对话框。

（2）在"Cutout Type"（剪口类型）选项组的"Type"（类型）下拉列表中选择"Sheetmetal standard"（钣金标准）选项，在"End Limit"（终止限制）选项组的"Type"（类型）下拉列表中选择"Up to last"（直到最后）选项，如图7-110所示。

图7-109　创建剪口（5）

图7-110　"Cutout Definition"（剪口定义）
对话框（6）

（3）单击"Selection"（选择）选择框后的"草图"按钮，选择第一个壁的上表面为草图绘制平面，进入草图绘制平台。

（4）绘制如图 7-111 所示的草图轮廓。单击"工作台"工具栏中的"退出工作台"按钮，返回"Cutout Definition"（剪口定义）对话框。

（5）单击"确定"按钮，完成剪口的创建，如图 7-112 所示。

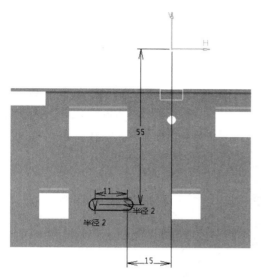

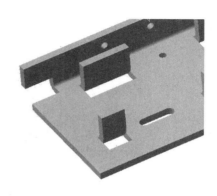

图 7-111　绘制草图轮廓（7）　　　　　图 7-112　创建剪口（6）

15. 阵列剪口（2）

（1）单击"Transformation"（变换）工具栏中的"Rectangular Pattern"（矩形阵列）按钮，弹出"定义矩形阵列"对话框。

（2）在"参数"下拉列表中选择"实例和间距"选项，在"实例"文本框中输入"2"，在"间距"文本框中输入"50mm"，选择 x 轴方向的边线为参考方向，如图 7-113 所示。

（3）选择步骤 14 创建的剪口为要阵列的对象，单击"确定"按钮，完成剪口的阵列，如图 7-114 所示。

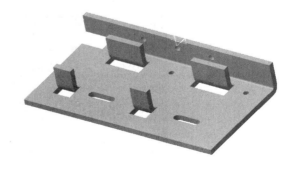

图 7-113　"定义矩形阵列"对话框（2）　　　图 7-114　阵列剪口（2）

16. 保存文件

选择菜单栏中的"文件"→"保存"命令,弹出"另存为"对话框,采用默认设置,单击"保存"按钮,保存文件。

7.3.2 打印模型

根据 7.1.2 节相应的步骤 1~3 进行操作后,为了保证"yingpangudingjia"模型的打印质量,减少后期对模型支撑的处理,可以将"yingpangudingjia"模型旋转 90° 放置。单击图形编辑工具栏中的"旋转"按钮 ⊕,弹出"旋转"对话框,将 x 轴所对应的数值修改为 90°,单击"应用"按钮,即可实现模型绕 x 轴旋转 90°,旋转后的模型如图 7-115 所示。

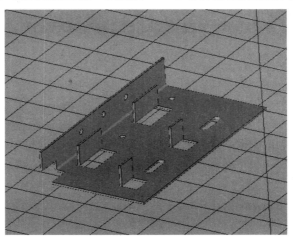

图 7-115　旋转后的模型

剩余步骤参考 7.1.2 节相应的步骤 4~8 进行操作,即可完成打印。

7.3.3 处理模型

1. 取出模型

打印完成后,将工作台调整至液态树脂平面之上,使用平铲等工具将模型底部与平台底部撬开,以便取出模型。取出后的硬盘固定架模型如图 7-116 所示。

图 7-116　取出后的硬盘固定架模型

2. 清洗模型

打印完成后，需要使用酒精等溶剂对模型的表面进行清洗，以防止影响模型表面质量。将适量酒精倒入盆内，使用毛刷将硬盘固定架模型表面残留的液态树脂清洗干净。

3. 去除支撑

取出后的硬盘固定架模型存在一些打印过程中生成的支撑，可以使用尖嘴钳、刀片、钢丝钳、镊子等工具将硬盘固定架模型的支撑去除。

4. 打磨模型

根据去除支撑后的模型粗糙程度，可先用锉刀、粗砂纸等工具对支撑与模型接触的部位进行粗磨，然后用较细粒度的砂纸对模型进一步打磨，处理后的硬盘固定架模型如图 7-117 所示。

图 7-117　处理后的硬盘固定架模型

第 8 章

鼓风机产品设计及 3D 打印

—— 本章导读 ——

鼓风机由销、弹簧夹、端盖、滚筒、电机机座、外壳、底座等组成。

本章主要介绍鼓风机各个零件在 CATIA 软件中的建模过程，以及如何利用 RPData 软件进行参数设置并打印。

8.1 销

首先利用 CATIA 软件创建销模型，然后利用 RPData 软件进行参数设置并打印，最后对打印出来的销模型进行清洗、去除支撑和毛刺处理，如图 8-1 所示。

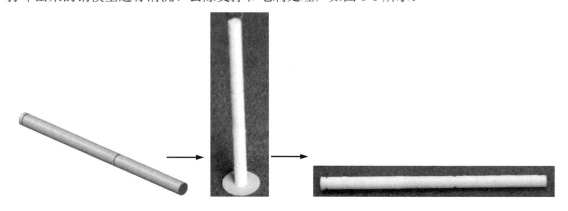

图 8-1 销模型的创建流程

8.1.1 创建模型

首先绘制草图，通过"凸台"命令绘制销模型的主体；然后绘制草图，通过"旋转槽"

命令绘制销模型上的旋转槽，最后阵列旋转槽，完成销模型的创建。

1. 新建文件

选择菜单栏中的"开始"→"机械设计"→"零件设计"命令，弹出"新建零件"对话框，输入零件名称"pin"，单击"确定"按钮，进入零件设计平台。

2. 绘制"草图.1"

（1）单击"草图编辑器"工具栏中的"草图"按钮 ，在特征树中选择"yz 平面"为草图绘制平面，进入草图绘制平台。

（2）单击"轮廓"工具栏中的"圆"按钮 ，以坐标原点为圆心绘制直径为 11.6 的圆。单击"工作台"工具栏中的"退出工作台"按钮 ，退出草图绘制平台。

3. 创建凸台

（1）单击"基于草图的特征"工具栏中的"凸台"按钮 ，弹出"定义凸台"对话框。

（2）在该对话框"第一限制"选项组的"类型"下拉列表中选择"尺寸"选项，在"长度"文本框中输入"192mm"，在"轮廓/曲面"选项组中选择步骤 2 绘制的"草图.1"为凸台拉伸的轮廓，如图 8-2 所示。

（3）单击"确定"按钮，完成凸台的创建，如图 8-3 所示。

图 8-2　"定义凸台"对话框　　　　　　图 8-3　创建凸台

4. 绘制"草图.2"

（1）单击"草图编辑器"工具栏中的"草图"按钮 ，在特征树中选择"zx 平面"为草图绘制平面，进入草图绘制平台。

（2）单击"轮廓"工具栏中的"轴"按钮 ，绘制一条水平轴。单击"轮廓"工具栏中的"矩形"按钮 ，绘制如图 8-4 所示的"草图.2"。单击"工作台"工具栏中的"退出工作台"按钮 ，退出草图绘制平台。

5. 创建旋转槽

（1）单击"基于草图的特征"工具栏中的"旋转槽"按钮 ，弹出"定义旋转槽"对话框。

（2）在该对话框中，系统自动选择步骤 4 绘制的"草图.2"为旋转截面，选择"草图轴线"为旋转轴，其他选项采用默认设置，如图8-5所示。

（3）单击"确定"按钮，完成旋转槽的创建，如图8-6所示。

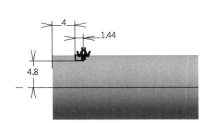

图8-4　绘制"草图.2"　　　图8-5　"定义旋转槽"对话框　　　图8-6　创建旋转槽

6. 矩形阵列旋转槽

（1）单击"变换特征"工具栏中的"矩形阵列"按钮，弹出"定义矩形阵列"对话框。

（2）在该对话框中选择"旋转槽.1"特征为要阵列的对象，在"参数"下拉列表中选择"实例和间距"选项，在"实例"文本框中输入"2"，在"间距"文本框中输入"110mm"，通过"参考元素"选择框选择零件模型的凸台外圆柱面为参考元素，如图8-7所示，单击"确定"按钮，生成的矩形阵列如图8-8所示。

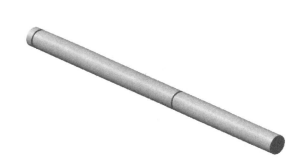

图8-7　"定义矩形阵列"对话框　　　　　图8-8　生成的矩形阵列

7. 倒角

（1）单击"修饰特征"工具栏中的"倒角"按钮，弹出如图8-9所示的"定义倒角"对话框。

（2）在"模式"下拉列表中选择"长度1/角度"选项，在"长度1"文本框中输入"0.5mm"，在"角度"文本框中输入"45deg"，选择凸台的两侧边线为要倒角的对象，单击"确定"按钮，结果如图8-10所示。

图 8-9　"定义倒角"对话框　　　　　图 8-10　倒角后的实体

8. 保存文件

选择菜单栏中的"文件"→"保存"命令，弹出"另存为"对话框，采用默认设置，单击"保存"按钮，保存文件。

8.1.2　打印模型

根据 7.1.2 节相应的步骤 1～3 进行操作后，为了获得较好的打印质量，可以将模型旋转放置。单击图形编辑工具栏中的"旋转"按钮 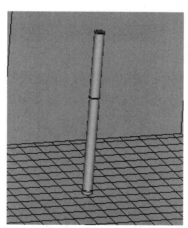，弹出"旋转"对话框，将 y 轴所对应的数值修改为 90°，单击"应用"按钮，即可实现模型绕 y 轴旋转 90°，旋转后的模型如图 8-11 所示。

图 8-11　旋转后的模型

剩余步骤参考 7.1.2 节相应的步骤 4～8 进行操作，即可完成打印。

8.1.3　处理模型

1. 取出模型

打印完成后，将工作台调整至液态树脂平面之上，使用平铲等工具将模型底部与平台底部撬开，以便取出模型。取出后的销模型如图 8-12 所示。

2. 清洗模型

打印完成后，需要使用酒精等溶剂对模型的表面进行清洗，以防止影响模型表面质量。将适量酒精倒入盆内，使用毛刷将销模型表面残留的液态树脂清洗干净。

3. 去除支撑

取出后的销模型存在一些打印过程中生成的支撑，可以使用尖嘴钳、刀片、钢丝钳、镊子等工具将销模型的支撑去除。

4. 打磨模型

根据去除支撑后的模型粗糙程度，可先用锉刀、粗砂纸等工具对支撑与模型接触的部位进行粗磨，然后用较细粒度的砂纸对模型进一步打磨，处理后的销模型如图 8-13 所示。

图 8-12　取出后的销模型

图 8-13　处理后的销模型

8.2　弹簧夹

首先利用 CATIA 软件创建弹簧夹模型，然后利用 RPData 软件进行参数设置并打印，最后对打印出来的弹簧夹模型进行清洗、去除支撑和毛刺处理，如图 8-14 所示。

图 8-14　弹簧夹模型的创建流程

8.2.1 创建模型

首先绘制草图，通过"凸台"命令创建弹簧夹模型的主体；然后绘制草图，通过"凹槽"命令绘制弹簧夹模型上的孔；最后进行倒圆角处理，完成弹簧夹模型的绘制。

1. 新建文件

选择菜单栏中的"开始"→"机械设计"→"零件设计"命令，弹出"新建零件"对话框，输入零件名称"spring clamp"，单击"确定"按钮，进入零件设计平台。

2. 绘制"草图.1"

（1）单击"草图编辑器"工具栏中的"草图"按钮，在特征树中选择"yz 平面"为草图绘制平面，进入草图绘制平台。

（2）绘制如图 8-15 所示的"草图.1"。单击"工作台"工具栏中的"退出工作台"按钮，退出草图绘制平台。

3. 创建凸台

（1）单击"基于草图的特征"工具栏中的"凸台"按钮，弹出"定义凸台"对话框。

（2）在该对话框"第一限制"选项组的"类型"下拉列表中选择"尺寸"选项，在"长度"文本框中输入"1.2mm"，在"轮廓/曲面"选项组中选择步骤 2 绘制的"草图.1"为凸台拉伸的轮廓，如图 8-16 所示。

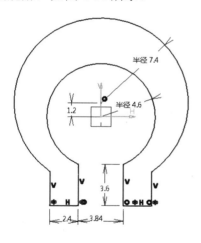

图 8-15 绘制"草图.1"

图 8-16 "定义凸台"对话框

（3）单击"确定"按钮，完成凸台的创建，如图 8-17 所示。

4. 绘制"草图.2"

（1）单击"草图编辑器"工具栏中的"草图"按钮，在视图中选择凸台的上表面为草图绘制平面，进入草图绘制平台。

（2）单击"轮廓"工具栏中的"圆"按钮和"变换"工具栏中的"镜像"按钮，绘制如图 8-18 所示的"草图.2"。单击"工作台"工具栏中的"退出工作台"按钮，退出草图绘制平台。

图 8-17　创建凸台

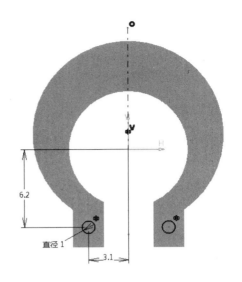

图 8-18　绘制"草图.2"

5．创建凹槽

（1）单击"凹槽"工具栏中的"凹槽"按钮 📠，弹出"定义凹槽"对话框。

（2）在该对话框"第一限制"选项组的"类型"下拉列表中选择"直到最后"选项，在"轮廓/曲面"选项组中选择步骤 4 绘制的"草图.2"为凹槽轮廓，其他选项采用默认设置，如图 8-19 所示。

（3）单击"确定"按钮，完成凹槽的创建，如图 8-20 所示。

图 8-19　"定义凹槽"对话框

图 8-20　创建凹槽

6．倒圆角

（1）单击"修饰特征"工具栏中的"倒圆角"按钮 🔘，弹出"倒圆角定义"对话框。

（2）在该对话框中单击"半径"按钮 📐 和"常量"按钮 🔘，在"半径"文本框中输入圆角半径值"1.6mm"，选择如图 8-21 所示的 4 条边线为要圆角化的对象。

（3）单击"确定"按钮，倒圆角后的实体如图 8-22 所示。

图 8-21 "倒圆角定义"对话框与边线选择

图 8-22 倒圆角后的实体

7. 保存文件

选择菜单栏中的"文件"→"保存"命令,弹出"另存为"对话框,采用默认设置,单击"保存"按钮,保存文件。

8.2.2 打印模型

根据 7.1.2 节相应的步骤 1～3 进行操作后,为了获得较好的打印质量,可以将模型旋转放置。单击图形编辑工具栏中的"旋转"按钮 ,弹出"旋转"对话框,将 y 轴所对应的数值修改为 90°,单击"应用"按钮,即可实现模型绕 y 轴旋转 90°,旋转后的模型如图 8-23 所示。

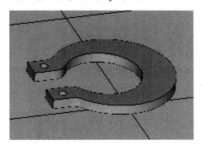

图 8-23 旋转后的模型

剩余步骤参考 7.1.2 节相应的步骤 4～8 进行操作,即可完成打印。

8.2.3 处理模型

1. 取出模型

打印完成后，将工作台调整至液态树脂平面之上，使用平铲等工具将模型底部与平台底部撬开，以便取出模型。取出后的弹簧夹模型如图 8-24 所示。

2. 清洗模型

打印完成后，需要使用酒精等溶剂对模型的表面进行清洗，以防止影响模型表面质量。将适量酒精倒入盆内，使用毛刷将弹簧夹模型表面残留的液态树脂清洗干净。

3. 去除支撑

取出后的弹簧夹模型存在一些打印过程中生成的支撑，可以使用尖嘴钳、刀片、钢丝钳、镊子等工具将弹簧夹模型的支撑去除。

4. 打磨模型

根据去除支撑后的模型粗糙程度，可先用锉刀、粗砂纸等工具对支撑与模型接触的部位进行粗磨，然后用较细粒度的砂纸对模型进一步打磨，处理后的弹簧夹模型如图 8-25 所示。

图 8-24　取出后的弹簧夹模型　　　　图 8-25　处理后的弹簧夹模型

8.3 端盖

首先利用 CATIA 软件创建端盖模型，然后利用 RPData 软件进行参数设置并打印，最后对打印出来的端盖模型进行清洗、去除支撑和毛刺处理，如图 8-26 所示。

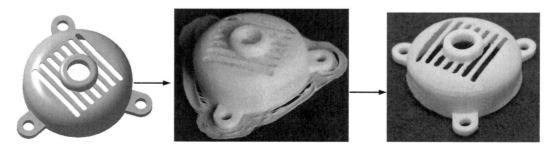

图 8-26　端盖模型的创建流程

8.3.1　创建模型

首先绘制草图，通过"旋转体"命令创建端盖模型的主体；然后绘制草图，通过"凹槽"命令和"矩形阵列"命令创建凹槽；接着创建端盖模型上端的凸台和孔；最后创建下端的凸台和孔。

1．新建文件

选择菜单栏中的"开始"→"机械设计"→"零件设计"命令，弹出"新建零件"对话框，输入零件名称"end cover"，单击"确定"按钮，进入零件设计平台。

2．绘制"草图.1"

（1）单击"草图编辑器"工具栏中的"草图"按钮 ，在特征树中选择"yz 平面"为草图绘制平面，进入草图绘制平台。

（2）绘制如图 8-27 所示的"草图.1"。单击"工作台"工具栏中的"退出工作台"按钮 ，退出草图绘制平台。

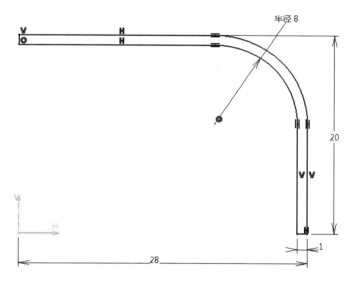

图 8-27　绘制"草图.1"

3．创建端盖模型的主体

（1）单击"基于草图的特征"工具栏中的"旋转体"按钮 ，弹出如图 8-28 所示的"定义旋转体"对话框。

（2）系统自动选择步骤 2 绘制的"草图.1"为轮廓，选择"草图轴线"为旋转轴，在"第一角度"和"第二角度"文本框中分别输入"360deg"和"0deg"。

（3）单击"确定"按钮，创建端盖模型的主体，如图 8-29 所示。

4．绘制"草图.2"

（1）单击"草图编辑器"工具栏中的"草图"按钮 ，在特征树中选择"xy 平面"为草图绘制平面，进入草图绘制平台。

（2）绘制如图 8-30 所示的"草图.2"。单击"工作台"工具栏中的"退出工作台"按钮
，退出草图绘制平台。

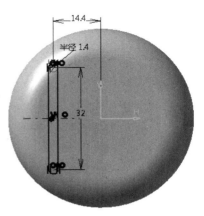

图 8-28 　"定义旋转　　　图 8-29 　创建端盖模型的主体　　　图 8-30 　绘制"草图.2"
　　　　　　体"对话框

5. 创建凹槽

（1）单击"凹槽"工具栏中的"凹槽"按钮，弹出"定义凹槽"对话框。

（2）在该对话框"第一限制"选项组的"类型"下拉列表中选择"尺寸"选项，输入深度值"22mm"，在"轮廓/曲面"选项组中选择步骤 4 绘制的"草图.2"为凹槽轮廓，其他选项采用默认设置，如图 8-31 所示。

（3）单击"确定"按钮，完成凹槽的创建，如图 8-32 所示。

图 8-31 　"定义凹槽"对话框　　　　　　图 8-32 　创建凹槽

6. 矩形阵列凹槽

（1）单击"变换特征"工具栏中的"矩形阵列"按钮，弹出"定义矩形阵列"对话框。

（2）在该对话框中选择"凹槽.1"特征为要阵列的对象，在"第一方向"选项卡的"参数"下拉列表中选择"实例和间距"选项，在"实例"文本框中输入"1"，在"间距"文本框中输入"20mm"，通过"参考元素"选择框选择"zx 平面"为参考元素，如图 8-33 所示；

在"第二方向"选项卡的"参数"下拉列表中选择"实例和间距"选项，在"实例"文本框中输入"7"，在"间距"文本框中输入"5mm"，单击"确定"按钮，生成的矩形阵列如图 8-34 所示。

图 8-33　"定义矩形阵列"对话框　　　　　图 8-34　生成的矩形阵列

7. 绘制"草图.3"

（1）单击"草图编辑器"工具栏中的"草图"按钮 ，在视图中选择旋转体的内上表面为草图绘制平面，进入草图绘制平台。

（2）单击"轮廓"工具栏中的"圆"按钮 ，以坐标原点为圆心绘制直径为 20 的圆。单击"工作台"工具栏中的"退出工作台"按钮 ，退出草图绘制平台。

8. 创建"凸台.1"

（1）单击"基于草图的特征"工具栏中的"凸台"按钮 ，弹出"定义凸台"对话框。

（2）在该对话框"第一限制"选项组的"类型"下拉列表中选择"尺寸"选项，在"长度"文本框中输入"6mm"，在"轮廓/曲面"选项组中选择步骤 7 绘制的"草图.3"为凸台拉伸的轮廓，如图 8-35 所示。

（3）单击"确定"按钮，创建"凸台.1"，如图 8-36 所示。

图 8-35　"定义凸台"对话框（1）　　　　　图 8-36　创建"凸台.1"

9. 倒圆角

（1）单击"修饰特征"工具栏中的"倒圆角"按钮，弹出"倒圆角定义"对话框。

（2）在该对话框中单击"半径"按钮和"常量"按钮，在"半径"文本框中输入圆角半径值"2mm"，选择如图 8-37 所示的"凸台.1"的上边线为要圆角化的对象。

图 8-37　"倒圆角定义"对话框与边线选择

（3）单击"确定"按钮，倒圆角后的实体如图 8-38 所示。

10. 创建"孔.1"

（1）按住 Ctrl 键，依次选中"凸台.1"的上表面和圆弧边线，单击"基于草图的特征"工具栏中的"孔"按钮，弹出"定义孔"对话框。

（2）在该对话框的"扩展"选项卡中，选择孔的生成方式为"盲孔"，输入孔直径值"12mm"和深度值"10mm"，如图 8-39 所示。

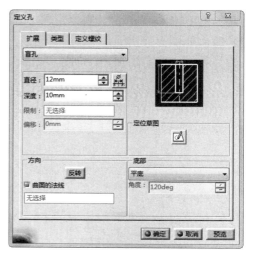

图 8-38　倒圆角后的实体　　　　**图 8-39　"定义孔"对话框（1）**

（3）单击"确定"按钮，完成"孔.1"的创建，如图 8-40 所示。

11．绘制"草图.5"

（1）单击"草图编辑器"工具栏中的"草图"按钮，在特征树中选择"xy 平面"为草图绘制平面，进入草图绘制平台。

（2）绘制如图 8-41 所示的"草图.5"（注意，在创建孔时，会自动生成定位草图，所以此处为"草图.5"），单击"工作台"工具栏中的"退出工作台"按钮，退出草图绘制平台。

图 8-40　创建"孔.1"

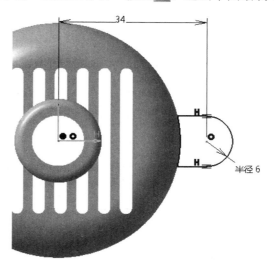

图 8-41　绘制"草图.5"

12．创建"凸台.2"

（1）单击"基于草图的特征"工具栏中的"凸台"按钮，弹出"定义凸台"对话框。

（2）在该对话框"第一限制"选项组的"类型"下拉列表中选择"尺寸"选项，在"长度"文本框中输入"4mm"，在"轮廓/曲面"选项组中选择步骤 11 绘制的"草图.5"为凸台拉伸的轮廓，如图 8-42 所示。

（3）单击"确定"按钮，创建"凸台.2"，如图 8-43 所示。

图 8-42　"定义凸台"对话框（2）

图 8-43　创建"凸台.2"

13. 阵列"凸台.2"

（1）单击"阵列"工具栏中的"圆形阵列"按钮 ⚙，弹出"定义圆形阵列"对话框。

（2）在该对话框中输入实例个数"3"和角度间距值"120deg"，选择旋转体的外表面为参考元素，选择步骤 12 创建的"凸台.2"特征为要阵列的对象，其他选项采用默认设置，如图 8-44 所示。

（3）单击"确定"按钮，完成"凸台.2"的阵列，如图 8-45 所示。

图 8-44　"定义圆形阵列"对话框（1）

图 8-45　阵列"凸台.2"

14. 创建"孔.2"

（1）按住 Ctrl 键，依次选中"凸台.2"的上表面和圆弧边线，单击"基于草图的特征"工具栏中的"孔"按钮 ⬛，弹出"定义孔"对话框。

（2）在该对话框的"扩展"选项卡中，选择孔的生成方式为"直到平面"，输入孔直径值"6mm"，选择"凸台.2"的下表面为限制平面，如图 8-46 所示。

（3）单击"确定"按钮，完成"孔.2"的创建，如图 8-47 所示。

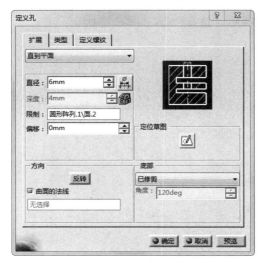

图 8-46　"定义孔"对话框（2）

图 8-47　创建"孔.2"

15. 阵列"孔.2"

（1）单击"阵列"工具栏中的"圆形阵列"按钮 ⚙，弹出"定义圆形阵列"对话框。

（2）在该对话框中输入实例个数"3"和角度间距值"120deg"，选择旋转体的外表面为参考元素，选择步骤 14 创建的"孔.2"特征为要阵列的对象，其他选项采用默认设置，如图 8-48 所示。

（3）单击"确定"按钮，完成"孔.2"的阵列，如图 8-49 所示。

图 8-48 "定义圆形阵列"对话框（2）

图 8-49 阵列"孔.2"

16. 保存文件

选择菜单栏中的"文件"→"保存"命令，弹出"另存为"对话框，采用默认设置，单击"保存"按钮，保存文件。

8.3.2 打印模型

根据 7.1.2 节相应的步骤 1～3 进行操作后，为了获得较好的打印质量，可以将模型旋转放置。单击图形编辑工具栏中的"旋转"按钮 ⊙，弹出"旋转"对话框，将 x 轴所对应的数值修改为 180°，单击"应用"按钮，即可实现模型绕 x 轴旋转 180°，旋转后的模型如图 8-50 所示。

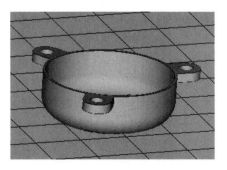

图 8-50 旋转后的模型

剩余步骤参考 7.1.2 节相应的步骤 4～8 进行操作，即可完成打印。

8.3.3　处理模型

1. 取出模型

打印完成后，将工作台调整至液态树脂平面之上，使用平铲等工具将模型底部与平台底部撬开，以便取出模型。取出后的端盖模型如图 8-51 所示。

2. 清洗模型

打印完成后，需要使用酒精等溶剂对模型的表面进行清洗，以防止影响模型表面质量。将适量酒精倒入盆内，使用毛刷将端盖模型表面残留的液态树脂清洗干净。

3. 去除支撑

取出后的端盖模型存在一些打印过程中生成的支撑，可以使用尖嘴钳、刀片、钢丝钳、镊子等工具将端盖模型的支撑去除。

4. 打磨模型

根据去除支撑后的模型粗糙程度，可先用锉刀、粗砂纸等工具对支撑与模型接触的部位进行粗磨，然后用较细粒度的砂纸对模型进一步打磨，处理后的端盖模型如图 8-52 所示。

　　　图 8-51　取出后的端盖模型　　　　　　　图 8-52　处理后的端盖模型

8.4　滚筒

首先利用 CATIA 软件创建滚筒模型，然后利用 RPData 软件进行参数设置并打印，最后对打印出来的滚筒模型进行清洗、去除支撑和毛刺处理，如图 8-53 所示。

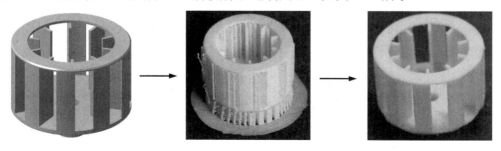

图 8-53　滚筒模型的创建流程

8.4.1 创建模型

首先绘制草图，通过"凸台"命令创建滚筒模型的主体；然后通过"孔"和"倒角"命令完成滚筒模型的创建。

1. 新建文件

选择菜单栏中的"开始"→"机械设计"→"零件设计"命令，弹出"新建零件"对话框，输入零件名称"roller"，单击"确定"按钮，进入零件设计平台。

2. 绘制"草图.1"

（1）单击"草图编辑器"工具栏中的"草图"按钮，在特征树中选择"xy 平面"为草图绘制平面，进入草图绘制平台。

（2）单击"轮廓"工具栏中的"圆"按钮，以坐标原点为圆心绘制直径为 88 的圆。单击"工作台"工具栏中的"退出工作台"按钮，退出草图绘制平台。

3. 创建"凸台.1"

（1）单击"基于草图的特征"工具栏中的"凸台"按钮，弹出"定义凸台"对话框。

（2）在该对话框"第一限制"选项组的"类型"下拉列表中选择"尺寸"选项，在"长度"文本框中输入"4mm"，在"轮廓/曲面"选项组中选择步骤 2 绘制的"草图.1"为凸台拉伸的轮廓，如图 8-54 所示。

（3）单击"确定"按钮，创建"凸台.1"，如图 8-55 所示。

图 8-54 "定义凸台"对话框（1）

图 8-55 创建"凸台.1"

4. 绘制"草图.2"

（1）单击"草图编辑器"工具栏中的"草图"按钮，在视图中选择"凸台.1"的上表面为草图绘制平面，进入草图绘制平台。

（2）绘制如图 8-56 所示的"草图.2"。单击"工作台"工具栏中的"退出工作台"按钮，退出草图绘制平台。

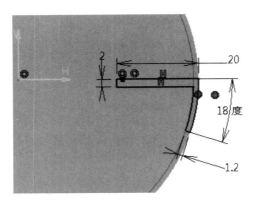

图 8-56　绘制"草图.2"

5. 创建"凸台.2"

（1）单击"基于草图的特征"工具栏中的"凸台"按钮 ⏇，弹出"定义凸台"对话框。

（2）在该对话框"第一限制"选项组的"类型"下拉列表中选择"尺寸"选项，在"长度"文本框中输入"50.8mm"，在"轮廓/曲面"选项组中选择步骤 4 绘制的"草图.2"为凸台拉伸的轮廓，如图 8-57 所示。

（3）单击"确定"按钮，创建"凸台.2"，如图 8-58 所示。

图 8-57　"定义凸台"对话框（2）

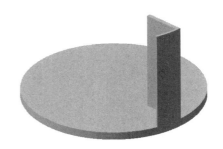

图 8-58　创建"凸台.2"

6. 阵列"凸台.2"

（1）单击"阵列"工具栏中的"圆形阵列"按钮 ✳，弹出"定义圆形阵列"对话框。

（2）在该对话框中输入实例个数"10"和角度间距值"36deg"，选择"凸台.1"的外圆柱面为参考元素，选择步骤 5 创建的"凸台.2"特征为要阵列的对象，其他选项采用默认设置，如图 8-59 所示。

（3）单击"确定"按钮，完成"凸台.2"的阵列，如图 8-60 所示。

7. 绘制"草图.3"

（1）单击"草图编辑器"工具栏中的"草图"按钮 ✐，在视图中选择"凸台.2"的上表面为草图绘制平面，进入草图绘制平台。

图 8-59　"定义圆形阵列"对话框

图 8-60　阵列"凸台.2"

（2）单击"操作"工具栏中的"投影 3D 元素"按钮，提取"凸台.1"的外圆边线为"草图.3"。单击"工作台"工具栏中的"退出工作台"按钮，退出草图绘制平台。

8. 创建"凸台.3"

（1）单击"基于草图的特征"工具栏中的"凸台"按钮，弹出"定义凸台"对话框。

（2）在该对话框"第一限制"选项组的"类型"下拉列表中选择"尺寸"选项，在"长度"文本框中输入"2mm"，在"轮廓/曲面"选项组中选择步骤 7 绘制的"草图.3"为凸台拉伸的轮廓，如图 8-61 所示。

（3）单击"确定"按钮，创建"凸台.3"，如图 8-62 所示。

图 8-61　"定义凸台"对话框（3）

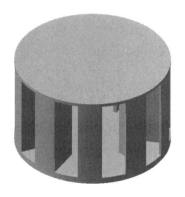

图 8-62　创建"凸台.3"

9. 绘制"草图.4"

（1）单击"草图编辑器"工具栏中的"草图"按钮，在视图中选择"凸台.3"的上表面为草图绘制平面，进入草图绘制平台。

（2）单击"轮廓"工具栏中的"圆"按钮，以坐标原点为圆心绘制直径为 64 的圆。单击"工作台"工具栏中的"退出工作台"按钮，退出草图绘制平台。

10. 创建凹槽

（1）单击"凹槽"工具栏中的"凹槽"按钮，弹出"定义凹槽"对话框。

（2）在该对话框"第一限制"选项组的"类型"下拉列表中选择"尺寸"选项，输入深度值"2mm"，在"轮廓/曲面"选项组中选择步骤9绘制的"草图.4"为凹槽轮廓，其他选项采用默认设置，如图8-63所示。

（3）单击"确定"按钮，完成凹槽的创建，如图8-64所示。

图8-63　"定义凹槽"对话框　　　　　图8-64　创建凹槽

11. 绘制"草图.5"

（1）单击"草图编辑器"工具栏中的"草图"按钮，在视图中选择"凸台.1"的下表面为草图绘制平面，进入草图绘制平台。

（2）单击"轮廓"工具栏中的"圆"按钮，以坐标原点为圆心绘制直径为24的圆。单击"工作台"工具栏中的"退出工作台"按钮，退出草图绘制平台。

12. 创建"凸台.4"

（1）单击"基于草图的特征"工具栏中的"凸台"按钮，弹出"定义凸台"对话框。

（2）在该对话框"第一限制"选项组的"类型"下拉列表中选择"尺寸"选项，在"长度"文本框中输入"20mm"，在"轮廓/曲面"选项组中选择步骤11绘制的"草图.5"为凸台拉伸的轮廓，如图8-65所示。

（3）单击"确定"按钮，创建"凸台.4"，如图8-66所示。

13. 创建孔

（1）按住Ctrl键，依次选中"凸台.4"的上表面和圆弧边线，单击"基于草图的特征"工具栏中的"孔"按钮，弹出"定义孔"对话框。

（2）在该对话框的"扩展"选项卡中，选择孔的生成方式为"直到平面"，输入孔直径值"12mm"，选择"凸台.1"的内表面为限制平面，如图8-67所示。

（3）单击"确定"按钮，完成孔的创建，如图8-68所示。

图 8-65　"定义凸台"对话框（4）

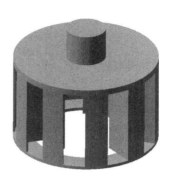

图 8-66　创建"凸台.4"

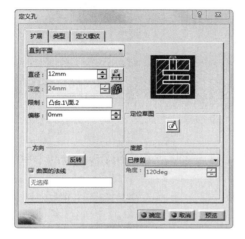

图 8-67　"定义孔"对话框

图 8-68　创建孔

14. 倒角

（1）单击"修饰特征"工具栏中的"倒角"按钮 ，弹出"定义倒角"对话框。

（2）在"模式"下拉列表中选择"长度 1/角度"选项，在"长度 1"文本框中输入"1mm"，在"角度"文本框中输入"45deg"，选择如图 8-69 所示的 5 条边线为要倒角的对象。单击"确定"按钮，倒角后的实体如图 8-70 所示。

图 8-69　"定义倒角"对话框与边线选择

图 8-70　倒角后的实体

15. 保存文件

选择菜单栏中的"文件"→"保存"命令,弹出"另存为"对话框,采用默认设置,单击"保存"按钮,保存文件。

8.4.2 打印模型

根据 7.1.2 节相应的步骤 1~8 进行操作,即可完成打印。

8.4.3 处理模型

1. 取出模型

打印完成后,将工作台调整至液态树脂平面之上,使用平铲等工具将模型底部与平台底部撬开,以便取出模型。取出后的滚筒模型如图 8-71 所示。

2. 清洗模型

打印完成后,需要使用酒精等溶剂对模型的表面进行清洗,以防止影响模型表面质量。将适量酒精倒入盆内,使用毛刷将滚筒模型表面残留的液态树脂清洗干净。

3. 去除支撑

取出后的滚筒模型存在一些打印过程中生成的支撑,可以使用尖嘴钳、刀片、钢丝钳、镊子等工具将滚筒模型的支撑去除。

4. 打磨模型

根据去除支撑后的模型粗糙程度,可先用锉刀、粗砂纸等工具对支撑与模型接触的部位进行粗磨,然后用较细粒度的砂纸对模型进一步打磨,处理后的滚筒模型如图 8-72 所示。

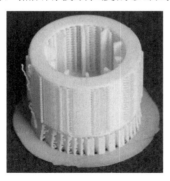
图 8-71　取出后的滚筒模型

图 8-72　处理后的滚筒模型

8.5 电机机座

首先利用 CATIA 软件创建电机机座模型,然后利用 RPData 软件进行参数设置并打印,最后对打印出来的电机机座模型进行清洗、去除支撑和毛刺处理，如图 8-73 所示。

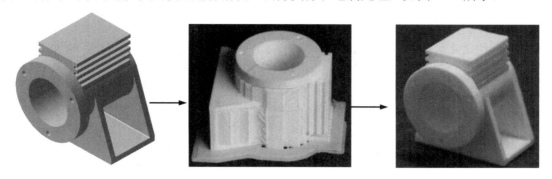

图 8-73　电机机座模型的创建流程

8.5.1　创建模型

首先绘制草图，通过"凸台"命令创建电机机座模型的主体；然后通过"凹槽"和"矩形阵列"命令创建上端的凹槽；接着通过"孔"和"圆形阵列"命令创建孔；最后对电机机座模型进行倒圆角处理。

1. 新建文件

选择菜单栏中的"开始"→"机械设计"→"零件设计"命令，弹出"新建零件"对话框，输入零件名称"motor seat"，单击"确定"按钮，进入零件设计平台。

2. 绘制"草图.1"

（1）单击"草图编辑器"工具栏中的"草图"按钮，在特征树中选择"yz 平面"为草图绘制平面，进入草图绘制平台。

（2）单击"轮廓"工具栏中的"圆"按钮，以坐标原点为圆心绘制直径为 56 的圆。单击"工作台"工具栏中的"退出工作台"按钮，退出草图绘制平台。

3. 创建"凸台.1"

（1）单击"基于草图的特征"工具栏中的"凸台"按钮，弹出"定义凸台"对话框。

（2）在该对话框"第一限制"选项组的"类型"下拉列表中选择"尺寸"选项，在"长度"文本框中输入"72mm"，在"轮廓/曲面"选项组中选择步骤 2 绘制的"草图.1"为凸台拉伸的轮廓，如图 8-74 所示。

（3）单击"确定"按钮，创建"凸台.1"，如图 8-75 所示。

4. 绘制"草图.2"

（1）单击"草图编辑器"工具栏中的"草图"按钮，在特征树中选择"xy 平面"为草图绘制平面，进入草图绘制平台。

（2）单击"轮廓"工具栏中的"矩形"按钮，绘制如图 8-76 所示的"草图.2"。单击"工作台"工具栏中的"退出工作台"按钮，退出草图绘制平台。

图 8-74 "定义凸台"对话框（1）

图 8-75 创建"凸台.1"

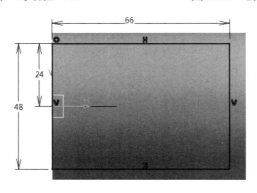

图 8-76 绘制"草图.2"

5. 创建"凸台.2"

（1）单击"基于草图的特征"工具栏中的"凸台"按钮，弹出"定义凸台"对话框。

（2）在该对话框"第一限制"选项组的"类型"下拉列表中选择"尺寸"选项，在"长度"文本框中输入"48mm"，在"轮廓/曲面"选项组中选择步骤 4 绘制的"草图.2"为凸台拉伸的轮廓，如图 8-77 所示。

（3）单击"确定"按钮，创建"凸台.2"，如图 8-78 所示。

图 8-77 "定义凸台"对话框（2）

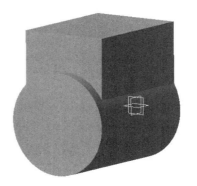

图 8-78 创建"凸台.2"

6. 绘制"草图.3"

（1）单击"草图编辑器"工具栏中的"草图"按钮 ，在视图中选择"凸台.1"的后端面为草图绘制平面，进入草图绘制平台。

（2）绘制如图 8-79 所示的"草图.3"。单击"工作台"工具栏中的"退出工作台"按钮 ，退出草图绘制平台。

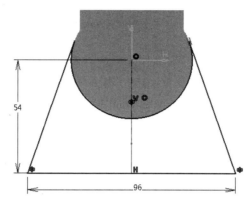

图 8-79 绘制"草图.3"

7. 创建"凸台.3"

（1）单击"基于草图的特征"工具栏中的"凸台"按钮 ，弹出"定义凸台"对话框。

（2）在该对话框"第一限制"选项组的"类型"下拉列表中选择"尺寸"选项，在"长度"文本框中输入"6mm"，在"轮廓/曲面"选项组中选择步骤 6 绘制的"草图.3"为凸台拉伸的轮廓，如图 8-80 所示。

（3）单击"确定"按钮，创建"凸台.3"，如图 8-81 所示。

图 8-80 "定义凸台"对话框（3）

图 8-81 创建"凸台.3"

8. 绘制"草图.4"

（1）单击"草图编辑器"工具栏中的"草图"按钮 ，在视图中选择"凸台.1"的前端面为草图绘制平面，进入草图绘制平台。

（2）单击"轮廓"工具栏中的"圆"按钮 ，以坐标原点为圆心绘制直径为 80 的圆。单击"工作台"工具栏中的"退出工作台"按钮🔼，退出草图绘制平台。

9. 创建"凸台.4"

（1）单击"基于草图的特征"工具栏中的"凸台"按钮⑦，弹出"定义凸台"对话框。

（2）在该对话框"第一限制"选项组的"类型"下拉列表中选择"尺寸"选项，在"长度"文本框中输入"12mm"，在"轮廓/曲面"选项组中选择步骤绘制的"草图.4"为凸台拉伸的轮廓，如图8-82所示。

（3）单击"确定"按钮，创建"凸台.4"，如图8-83所示。

图8-82 "定义凸台"对话框（4）

图8-83 创建"凸台.4"

10. 创建平面

（1）单击"参考元素"工具栏中的"平面"按钮▱，弹出如图8-84所示的"平面定义"对话框。

图8-84 "平面定义"对话框

（2）在"平面类型"下拉列表中选择"偏移平面"选项，通过"参考"选择框选择"凸台.3"的端面为参考平面，在"偏移"文本框中输入"4mm"，单击"确定"按钮。

11. 绘制"草图.5"

（1）单击"草图编辑器"工具栏中的"草图"按钮☑，在特征树中选择步骤10创建的平面为草图绘制平面，进入草图绘制平台。

（2）单击"轮廓"工具栏中的"圆"按钮◉，以坐标原点为圆心绘制直径为48的圆。单击"工作台"工具栏中的"退出工作台"按钮🔼，退出草图绘制平台。

12. 创建"凹槽.1"

（1）单击"凹槽"工具栏中的"凹槽"按钮，弹出"定义凹槽"对话框。

（2）在该对话框"第一限制"选项组的"类型"下拉列表中选择"直到平面"选项，选择"凸台.4"的前端面为限制平面，在"轮廓/曲面"选项组中选择步骤 11 绘制的"草图.5"为凹槽轮廓，其他选项采用默认设置，如图 8-85 所示。

（3）单击"确定"按钮，完成"凹槽.1"的创建，如图 8-86 所示。

图 8-85　"定义凹槽"对话框（1）

图 8-86　创建"凹槽.1"

13. 创建简单孔

（1）按住 Ctrl 键，依次选中"凸台.1"的表面和圆弧边线，单击"基于草图的特征"工具栏中的"孔"按钮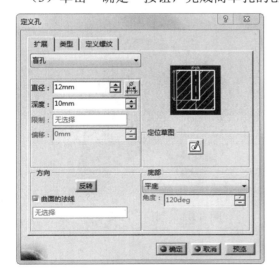，弹出"定义孔"对话框。

（2）在该对话框的"扩展"选项卡中，选择孔的生成方式为"盲孔"，输入孔直径值"12mm"和深度值"10mm"，如图 8-87 所示。

（3）单击"确定"按钮，完成简单孔的创建，如图 8-88 所示。

图 8-87　"定义孔"对话框

图 8-88　创建简单孔

14. 绘制"草图.7"

（1）单击"草图编辑器"工具栏中的"草图"按钮，在视图中选择"凸台.2"的前端面为草图绘制平面，进入草图绘制平台。

（2）绘制如图8-89所示的"草图.7"（注意，在创建孔时，会自动生成定位草图，所以此处为"草图.7"）。单击"工作台"工具栏中的"退出工作台"按钮，退出草图绘制平台。

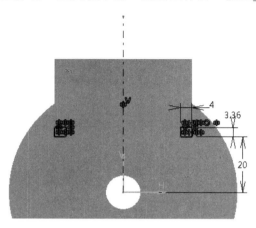

图 8-89   绘制"草图.7"

15. 创建"凹槽.2"

（1）单击"凹槽"工具栏中的"凹槽"按钮，弹出"定义凹槽"对话框。

（2）在该对话框"第一限制"选项组的"类型"下拉列表中选择"直到平面"选项，选择"凸台.2"的另一端面为限制平面，在"轮廓/曲面"选项组中选择步骤14绘制的"草图.7"为凹槽轮廓，其他选项采用默认设置，如图8-90所示。

（3）单击"确定"按钮，完成"凹槽.2"的创建，如图8-91所示。

图 8-90   "定义凹槽"对话框（2）

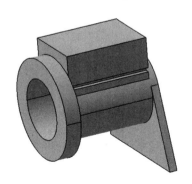

图 8-91   创建"凹槽.2"

16. 矩形阵列"凹槽.2"

（1）单击"变换特征"工具栏中的"矩形阵列"按钮，弹出"定义矩形阵列"对话框。

（2）在该对话框中选择"凹槽.2"特征为要阵列的对象，在"参数"下拉列表中选择"实

例和间距"选项，在"实例"文本框中输入"4"，在"间距"文本框中输入"6.96mm"，选择
"zx 平面"为参考元素，如图 8-92 所示。单击"确定"按钮，生成的矩形阵列如图 8-93 所示。

图 8-92　"定义矩形阵列"对话框（1）　　　　图 8-93　生成的矩形阵列（1）

17.　矩形阵列"凸台.3"

（1）单击"变换特征"工具栏中的"矩形阵列"按钮 ▦，弹出"定义矩形阵列"对话框。

（2）在该对话框中选择"凸台.3"特征为要阵列的对象，在"参数"下拉列表中选择
"实例和间距"选项，在"实例"文本框中输入"2"，在"间距"文本框中输入"48mm"，
选择"凹槽.2"的边线为参考元素，如图 8-94 所示。单击"确定"按钮，生成的矩形阵列如
图 8-95 所示。

图 8-94　"定义矩形阵列"对话框（2）　　　　图 8-95　生成的矩形阵列（2）

18.　绘制"草图.8"

（1）单击"草图编辑器"工具栏中的"草图"按钮 ▨，在视图中选择"凸台.3"的下表
面为草图绘制平面，进入草图绘制平台。

（2）单击"轮廓"工具栏中的"矩形"按钮▢，绘制如图 8-96 所示的"草图.8"。单击"工作台"工具栏中的"退出工作台"按钮↥，退出草图绘制平台。

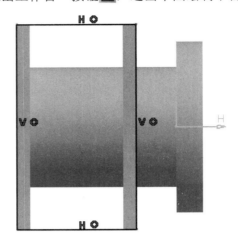

图 8-96　绘制"草图.8"

19.　创建"凸台.5"

（1）单击"基于草图的特征"工具栏中的"凸台"按钮⵿，弹出"定义凸台"对话框。

（2）在该对话框"第一限制"选项组的"类型"下拉列表中选择"尺寸"选项，在"长度"文本框中输入"6mm"，在"轮廓/曲面"选项组中选择步骤 18 绘制的"草图.8"为凸台拉伸的轮廓，如图 8-97 所示。单击"反转方向"按钮，调整拉伸方向。

（3）单击"确定"按钮，创建"凸台.5"，如图 8-98 所示。

图 8-97　"定义凸台"对话框（5）

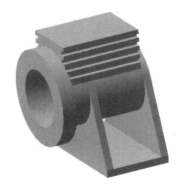

图 8-98　创建"凸台.5"

20.　创建螺纹孔

（1）选中"凸台.4"的外表面，单击"基于草图的特征"工具栏中的"孔"按钮◉，弹出"定义孔"对话框。

（2）在该对话框的"扩展"选项卡中，选择孔的生成方式为"盲孔"，输入孔深度值"10mm"，如图 8-99（a）所示。

（3）在"定义螺纹"选项卡中，勾选"螺纹孔"复选框，并选择"公制粗牙螺纹"类型，在"螺纹描述"下拉列表中选择"M6"选项，输入螺纹深度值"8mm"和孔深度值"10mm"，如图 8-99（b）所示。

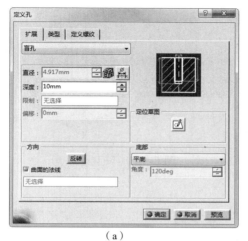
（a）

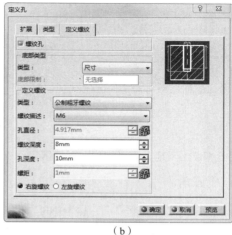
（b）

图 8-99　"定义孔"对话框

（4）在"扩展"选项卡中，单击"定位草图"按钮，进入草图绘制平台，绘制如图 8-100 所示的孔。单击"工作台"工具栏中的"退出工作台"按钮，退出草图绘制平台。

（5）返回"定义孔"对话框，单击"确定"按钮，完成螺纹孔的创建，如图 8-101 所示。

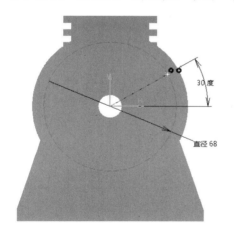

图 8-100　绘制孔

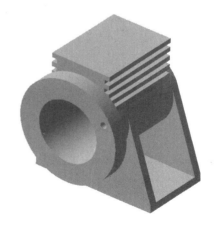

图 8-101　创建螺纹孔

21. 圆形阵列螺纹孔

（1）单击"阵列"工具栏中的"圆形阵列"按钮，弹出"定义圆形阵列"对话框。

（2）在该对话框中输入实例个数"3"和角度间距值"120deg"，选择"凹槽.1"的内圆柱面为参考元素，选择步骤 20 创建的"孔.2"特征为要阵列的对象，其他选项采用默认设置，如图 8-102 所示。

（3）单击"确定"按钮，完成螺纹孔的阵列，如图 8-103 所示。

图 8-102 "定义圆形阵列"对话框

图 8-103 阵列螺纹孔

22. 倒圆角

（1）单击"修饰特征"工具栏中的"倒圆角"按钮 ，弹出"倒圆角定义"对话框。

（2）在该对话框中单击"半径"按钮 和"常量"按钮 ，在"半径"文本框中输入圆角半径值"1mm"，选择如图 8-104 所示的边线为要圆角化的对象。

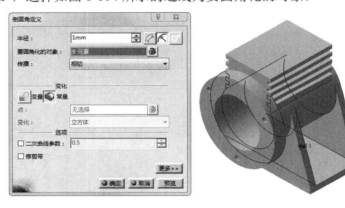

图 8-104 "倒圆角定义"对话框与边线选择

（3）单击"确定"按钮，倒圆角后的实体如图 8-105 所示。

图 8-105 倒圆角后的实体

23. 保存文件

选择菜单栏中的"文件"→"保存"命令，弹出"另存为"对话框，采用默认设置，单击"保存"按钮，保存文件。

8.5.2　打印模型

根据 7.1.2 节相应的步骤 1～3 进行操作后，为了获得较好的打印质量，可以将模型旋转放置。单击图形编辑工具栏中的"旋转"按钮 ，弹出"旋转"对话框，将 y 轴所对应的数值修改为 270°，单击"应用"按钮，即可实现模型绕 y 轴旋转 270°，旋转后的模型如图 8-106 所示。

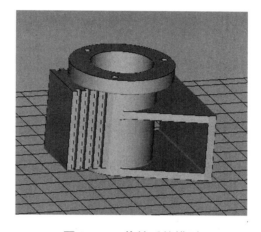

图 8-106　旋转后的模型

剩余步骤参考 7.1.2 节相应的步骤 4～8 进行操作，即可完成打印。

8.5.3　处理模型

1. 取出模型

打印完成后，将工作台调整至液态树脂平面之上，使用平铲等工具将模型底部与平台底部撬开，以便取出模型。取出后的电机机座模型如图 8-107 所示。

2. 清洗模型

打印完成后，需要使用酒精等溶剂对模型的表面进行清洗，以防止影响模型表面质量。将适量酒精倒入盆内，使用毛刷将电机机座模型表面残留的液态树脂清洗干净。

3. 去除支撑

取出后的电机机座模型存在一些打印过程中生成的支撑，可以使用尖嘴钳、刀片、钢丝钳、镊子等工具将电机机座模型的支撑去除。

4. 打磨模型

根据去除支撑后的模型粗糙程度，可先用锉刀、粗砂纸等工具对支撑与模型接触的部位进行粗磨,然后用较细粒度的砂纸对模型进一步打磨,处理后的电机机座模型如图 8-108 所示。

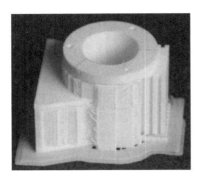

图 8-107　取出后的电机机座模型　　　　　图 8-108　处理后的电机机座模型

8.6　外壳

首先利用 CATIA 软件创建外壳模型,然后利用 RPData 软件进行参数设置并打印,最后对打印出来的外壳模型进行清洗、去除支撑和毛刺处理,如图 8-109 所示。

图 8-109　外壳模型的创建流程

8.6.1　创建模型

首先创建与底座连接部分的主体,然后通过"肋"、"多截面实体"、"倒圆角"和"抽壳"命令创建出风口,最后通过"凸台"、"孔"、"矩形阵列"和"凹槽"命令对连接部分进行处理。

1. 新建文件

选择菜单栏中的"开始"→"机械设计"→"零件设计"命令,弹出"新建零件"对话框,输入零件名称"lip",单击"确定"按钮,进入零件设计平台。

2. 绘制"草图.1"

(1)单击"草图编辑器"工具栏中的"草图"按钮,在特征树中选择"yz 平面"为草图绘制平面,进入草图绘制平台。

(2)绘制如图 8-110 所示的"草图.1"。单击"工作台"工具栏中的"退出工作台"按钮,退出草图绘制平台。

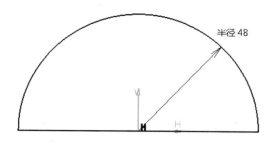

半径 48

图 8-110　绘制"草图.1"

3．创建"凸台.1"

（1）单击"基于草图的特征"工具栏中的"凸台"按钮 ，弹出"定义凸台"对话框。

（2）在该对话框"第一限制"选项组的"类型"下拉列表中选择"尺寸"选项，在"长度"文本框中输入"32mm"，在"轮廓/曲面"选项组中选择步骤 2 绘制的"草图.1"为凸台拉伸的轮廓，勾选"镜像范围"复选框，使草图沿两侧拉伸，如图 8-111 所示。

（3）单击"确定"按钮，创建"凸台.1"，如图 8-112 所示。

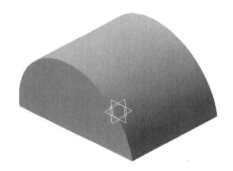

图 8-111　"定义凸台"对话框（1）　　　　图 8-112　创建"凸台.1"

4．绘制"草图.2"

（1）单击"草图编辑器"工具栏中的"草图"按钮 ，在特征树中选择"xy 平面"为草图绘制平面，进入草图绘制平台。

（2）单击"轮廓"工具栏中的"矩形"按钮 ，绘制如图 8-113 所示的"草图.2"。单击"工作台"工具栏中的"退出工作台"按钮 ，退出草图绘制平台。

5．绘制"草图.3"

（1）单击"草图编辑器"工具栏中的"草图"按钮 ，在特征树中选择"yz 平面"为草图绘制平面，进入草图绘制平台。

（2）单击"圆"工具栏中的"起始受限的三点弧"按钮 和"轮廓"工具栏中的"直线"按钮 ，绘制如图 8-114 所示的"草图.3"。单击"工作台"工具栏中的"退出工作台"按钮 ，退出草图绘制平台。

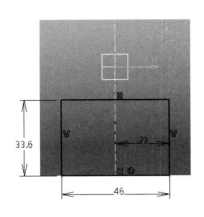

图 8-113　绘制"草图.2"

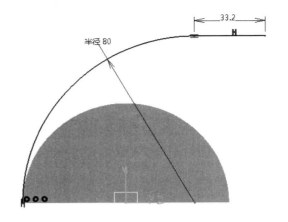

图 8-114　绘制"草图.3"

6. 创建肋

（1）单击"基于草图的特征"工具栏中的"肋"按钮 ，弹出"定义肋"对话框。

（2）在该对话框中选择步骤 5 绘制的"草图.3"作为扫掠轮廓，选择步骤 4 绘制的"草图.2"作为扫掠的中心曲线，在"控制轮廓"选项组中选择"保持角度"选项，如图 8-115所示。

（3）单击"确定"按钮，完成肋的创建，如图 8-116 所示。

图 8-115　"定义肋"对话框

图 8-116　创建肋

7. 绘制"草图.4"

（1）单击"草图编辑器"工具栏中的"草图"按钮 ，在视图中选取肋的前端面为草图绘制平面，进入草图绘制平台。

（2）单击"操作"工具栏中的"投影 3D 元素"按钮 ，提取肋的端面边线，如图 8-117所示。单击"工作台"工具栏中的"退出工作台"按钮 ，退出草图绘制平台。

8. 创建平面

（1）单击"参考元素"工具栏中的"平面"按钮 ，弹出"平面定义"对话框。

（2）在该对话框中选择"偏移平面"平面类型，在视图中选择步骤 6 创建的肋特征的前端面为参考平面，输入偏移值"46mm"，如图 8-118 所示。

（3）单击"确定"按钮，完成平面的创建。

9．绘制"草图.5"

（1）单击"草图编辑器"工具栏中的"草图"按钮 🖊️，选择步骤 8 创建的平面为草图绘制平面，进入草图绘制平台。

（2）单击"轮廓"工具栏中的"矩形"按钮 ▢，绘制如图 8-119 所示的"草图.5"。单击"工作台"工具栏中的"退出工作台"按钮 🔼，退出草图绘制平台。

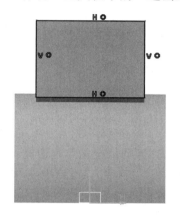

图 8-117　提取边线

图 8-118　"平面定义"对话框

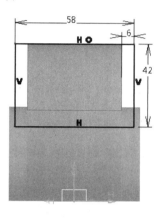

图 8-119　绘制草图.5

10．创建多截面实体

（1）单击"基于草图的特征"工具栏中的"多截面实体"按钮 🖊️，弹出"多截面实体定义"对话框。

（2）在该对话框中依次选择"草图.4"和"草图.5"为截面轮廓，调整闭合点大致位于同一条直线上，且保证旋转方向相同，如图 8-120 所示。

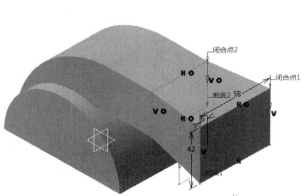

图 8-120　"多截面实体定义"对话框与截面轮廓选择

（3）单击"确定"按钮，完成多截面实体的创建，如图 8-121 所示。

图 8-121 创建多截面实体

提示： 若闭合点的位置不对，则可以右击闭合点，在弹出的快捷菜单中选择"替换"命令，替换闭合点，使闭合点大致一致。

11. 倒圆角（1）

（1）单击"修饰特征"工具栏中的"倒圆角"按钮，弹出"倒圆角定义"对话框。

（2）在该对话框中单击"半径"按钮和"常量"按钮，在"半径"文本框中输入圆角半径值"32mm"，选择如图 8-122 所示的边线为要圆角化的对象。

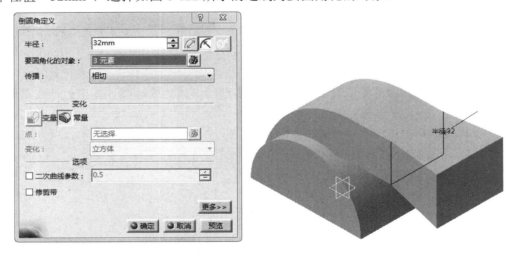

图 8-122 "倒圆角定义"对话框与边线选择（1）

（3）单击"确定"按钮，完成倒圆角操作。

（4）重复执行"倒圆角"命令，选择如图 8-123 所示的边线进行倒圆角处理，设置圆角半径为 12mm。

（5）重复执行"倒圆角"命令，选择如图 8-124 所示的边线进行倒圆角处理，设置圆角半径为 4mm，倒圆角后的实体如图 8-125 所示。

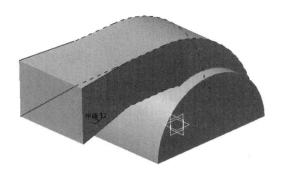

图 8-123　选择倒圆角的边线（1）

图 8-124　选择倒圆角的边线（2）

图 8-125　倒圆角后的实体（1）

12. 抽壳

（1）单击"修饰特征"工具栏中的"抽壳"按钮，弹出"定义盒体"对话框。

（2）在该对话框中选择如图 8-126 所示的两个面为要移除的面，设置抽壳厚度为 2mm，其他选项采用默认设置。

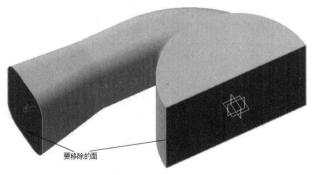

要移除的面

图 8-126　"定义盒体"对话框与面选择

（3）单击"确定"按钮，抽壳后的实体如图 8-127 所示。

13. 绘制"草图.6"

（1）单击"草图编辑器"工具栏中的"草图"按钮，在视图中选择"凸台.1"的一个端面为草图绘制平面，进入草图绘制平台。

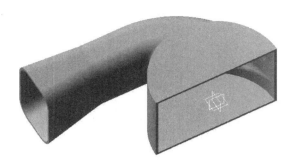

图 8-127　抽壳后的实体

（2）绘制如图 8-128 所示的"草图.6"。单击"工作台"工具栏中的"退出工作台"按钮 ⬆，退出草图绘制平台。

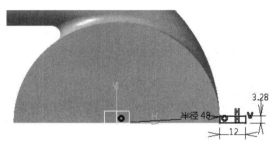

图 8-128　绘制"草图.6"

14．创建"凸台.2"

（1）单击"基于草图的特征"工具栏中的"凸台"按钮 ⬛，弹出"定义凸台"对话框。

（2）在该对话框"第一限制"选项组的"类型"下拉列表中选择"直到平面"选项，选择"凸台.1"的另一个端面为限制平面，在"轮廓/曲面"选项组中选择步骤 13 绘制的"草图.6"为凸台拉伸的轮廓，如图 8-129 所示。

（3）单击"确定"按钮，创建"凸台.2"，如图 8-130 所示。

图 8-129　"定义凸台"对话框（2）

图 8-130　创建"凸台.2"

15. 创建简单孔（1）

（1）选择"凸台.2"的上表面为孔放置面，单击"基于草图的特征"工具栏中的"孔"按钮⊙，弹出"定义孔"对话框。

（2）在该对话框的"扩展"选项卡中，选择孔的生成方式为"盲孔"，输入孔直径值"5mm"和深度值"7mm"，如图8-131所示。

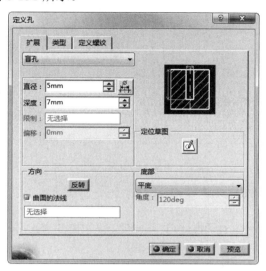

图8-131 "定义孔"对话框（1）

（3）单击该对话框中的"定位草图"按钮，进入草图绘制平台，对孔的定位点进行尺寸约束，如图8-132所示。单击"工作台"工具栏中的"退出工作台"按钮，退出草图绘制平台。

（4）返回"定义孔"对话框，单击"确定"按钮，完成简单孔的创建，如图8-133所示。

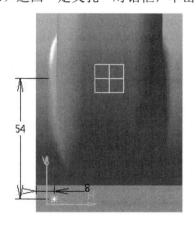

图8-132 孔的定位点（1）

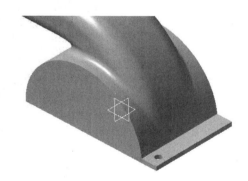

图8-133 创建简单孔（1）

16. 矩形阵列孔（1）

（1）单击"变换特征"工具栏中的"矩形阵列"按钮，弹出"定义矩形阵列"对话框。

（2）在该对话框中选择"孔.1"特征为要阵列的对象，在"参数"下拉列表中选择"实例和间距"选项，在"实例"文本框中输入"4"，在"间距"文本框中输入"16mm"，选择"凸台.2"的边线为参考元素，如图 8-134 所示，单击"确定"按钮，生成的矩形阵列孔如图 8-135 所示。

图 8-134 "定义矩形阵列"对话框（1）

图 8-135 矩形阵列孔（1）

17. 绘制"草图.8"

（1）单击"草图编辑器"工具栏中的"草图"按钮，在视图中选择图 8-135 中标识的平面 1 为草图绘制平面，进入草图绘制平台。

（2）绘制如图 8-136 所示的"草图.8"（注意，在创建孔时，会自动生成定位草图，所以此处为"草图.8"）。单击"工作台"工具栏中的"退出工作台"按钮，退出草图绘制平台。

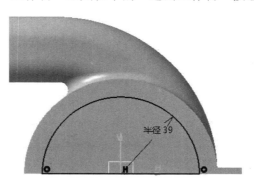

图 8-136 绘制"草图.8"

18. 创建"凹槽.1"

（1）单击"凹槽"工具栏中的"凹槽"按钮，弹出"定义凹槽"对话框。

（2）在该对话框"第一限制"选项组的"类型"下拉列表中选择"直到平面"选项，选择抽壳后的内表面为限制平面，在"轮廓/曲面"选项组中选择步骤 17 绘制的"草图.8"为凹槽轮廓，其他选项采用默认设置，如图 8-137 所示。

（3）单击"确定"按钮，完成"凹槽.1"的创建，如图 8-138 所示。

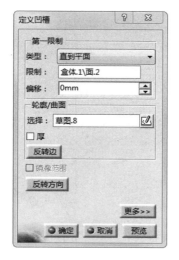

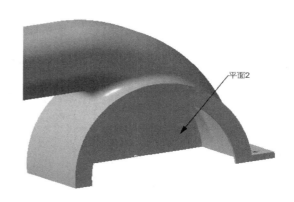

图 8-137　"定义凹槽"对话框（1）　　　　图 8-138　创建"凹槽.1"

19. 绘制"草图.9"

（1）单击"草图编辑器"工具栏中的"草图"按钮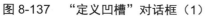，在视图中选择图 8-138 中标识的平面 2 为草图绘制平面，进入草图绘制平台。

（2）绘制如图 8-139 所示的"草图.9"。单击"工作台"工具栏中的"退出工作台"按钮，退出草图绘制平台。

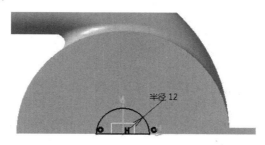

图 8-139　绘制"草图.9"

20. 创建"凹槽.2"

（1）单击"凹槽"工具栏中的"凹槽"按钮，弹出"定义凹槽"对话框。

（2）在该对话框"第一限制"选项组的"类型"下拉列表中选择"直到平面"选项，选择"凸台.1"的前端面为限制平面，在"轮廓/曲面"选项组中选择步骤 19 绘制的"草图.9"为凹槽轮廓，其他选项采用默认设置，如图 8-140 所示。

（3）单击"确定"按钮，完成"凹槽.2"的创建，如图 8-141 所示。

21. 绘制"草图.10"

（1）单击"草图编辑器"工具栏中的"草图"按钮，在特征树中选择"凸台.1"的一个端面为草图绘制平面，进入草图绘制平台。

（2）绘制如图 8-142 所示的"草图.10"。单击"工作台"工具栏中的"退出工作台"按钮，退出草图绘制平台。

图 8-140　"定义凹槽"对话框（2）

图 8-141　创建"凹槽.2"

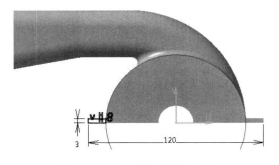

图 8-142　绘制"草图.10"

22. 创建"凸台.3"

（1）单击"基于草图的特征"工具栏中的"凸台"按钮，弹出"定义凸台"对话框。

（2）在该对话框"第一限制"选项组的"类型"下拉列表中选择"直到平面"选项，选择"凸台.1"的另一个端面为限制平面，在"轮廓/曲面"选项组中选择步骤 21 绘制的"草图.10"为凸台拉伸的轮廓，如图 8-143 所示。

（3）单击"确定"按钮，创建"凸台.3"，如图 8-144 所示。

图 8-143　"定义凸台"对话框（3）

图 8-144　创建"凸台.3"

23. 创建简单孔（2）

（1）选择"凸台.3"的上表面为孔放置面，单击"基于草图的特征"工具栏中的"孔"按钮 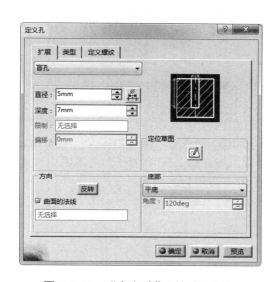，弹出"定义孔"对话框。

（2）在该对话框的"扩展"选项卡中，选择孔的生成方式为"盲孔"，输入孔直径值"5mm"和深度值"7mm"，如图 8-145 所示。

（3）单击该对话框中的"定位草图"按钮 ，进入草图绘制平台，对孔的定位点进行尺寸约束，如图 8-146 所示。单击"工作台"工具栏中的"退出工作台"按钮 ，退出草图绘制平台。

图 8-145　"定义孔"对话框（2）

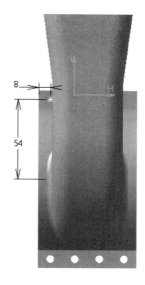

图 8-146　孔的定位点（2）

（4）返回"定义孔"对话框，单击"确定"按钮，完成简单孔的创建，如图 8-147 所示。

图 8-147　创建简单孔（2）

24. 矩形阵列孔（2）

（1）单击"变换特征"工具栏中的"矩形阵列"按钮 ，弹出"定义矩形阵列"对话框。

（2）在该对话框中选择"孔.3"特征为要阵列的对象，在"参数"下拉列表中选择"实例和间距"选项，在"实例"文本框中输入"4"，在"间距"文本框中输入"16mm"，选择"凸台.3"的边线为参考元素，如图 8-148 所示，单击"确定"按钮，生成的矩形阵列孔如图 8-149 所示。

图 8-148　"定义矩形阵列孔"对话框（2）

图 8-149　矩形阵列孔（2）

25. 倒圆角（2）

（1）单击"修饰特征"工具栏中的"倒圆角"按钮，弹出"倒圆角定义"对话框。

（2）在该对话框中单击"半径"按钮和"常量"按钮，在"半径"文本框中输入圆角半径值"5mm"，选择如图 8-150 所示的 4 条边线为要圆角化的对象。

图 8-150　"倒圆角定义"对话框与边线选择（2）

（3）单击"确定"按钮，倒圆角后的实体如图 8-151 所示。

图 8-151　倒圆角后的实体（2）

26. 保存文件

选择菜单栏中的"文件"→"保存"命令，弹出"另存为"对话框，采用默认设置，单击"保存"按钮，保存文件。

8.6.2 打印模型

根据 7.1.2 节相应的步骤 1～3 进行操作后，为了获得较好的打印质量，可以将模型旋转放置。单击图形编辑工具栏中的"旋转"按钮，弹出"旋转"对话框，将 y 轴所对应的数值修改为 90°，单击"应用"按钮，即可实现模型绕 y 轴旋转 90°，旋转后的模型如图 8-152 所示。

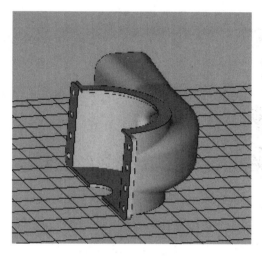

图 8-152 旋转后的模型

剩余步骤参考 7.1.2 节相应的步骤 4～8 进行操作，即可完成打印。

8.6.3 处理模型

1. 取出模型

打印完成后，将工作台调整至液态树脂平面之上，使用平铲等工具将模型底部与平台底部撬开，以便取出模型。取出后的外壳模型如图 8-153 所示。

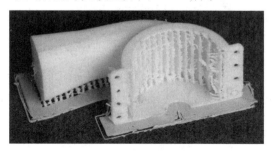

图 8-153 取出后的外壳模型

2. 清洗模型

打印完成后，需要使用酒精等溶剂对模型的表面进行清洗，以防止影响模型表面质量。将适量酒精倒入盆内，使用毛刷将外壳模型表面残留的液态树脂清洗干净。

3. 去除支撑

取出后的外壳模型存在一些打印过程中生成的支撑，可以使用尖嘴钳、刀片、钢丝钳、镊子等工具将外壳模型的支撑去除。

4. 打磨模型

根据去除支撑后的模型粗糙程度，可先用锉刀、粗砂纸等工具对支撑与模型接触的部位进行粗磨，然后用较细粒度的砂纸对模型进一步打磨，处理后的外壳模型如图 8-154 所示。

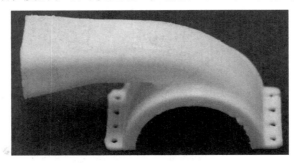

图 8-154   处理后的外壳模型

8.7   底座

首先利用 CATIA 软件创建底座模型，然后利用 RPData 软件进行参数设置并打印，最后对打印出来的底座模型进行清洗、去除支撑和毛刺处理，如图 8-155 所示。

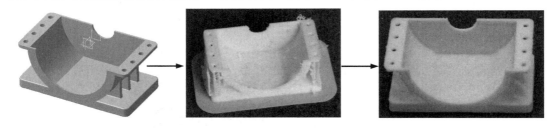

图 8-155   底座模型的创建流程

8.7.1   创建模型

1. 新建文件

选择菜单栏中的"开始"→"机械设计"→"零件设计"命令，弹出"新建零件"对话框，输入零件名称"cabinet"，单击"确定"按钮，进入零件设计平台。

2. 绘制"草图.1"

（1）单击"草图编辑器"工具栏中的"草图"按钮⟋，在特征树中选择"xy 平面"为草图绘制平面，进入草图绘制平台。

（2）绘制如图 8-156 所示的"草图.1"。单击"工作台"工具栏中的"退出工作台"按钮⬆，退出草图绘制平台。

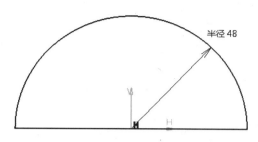

图 8-156　绘制"草图.1"

3. 创建"凸台.1"

（1）单击"基于草图的特征"工具栏中的"凸台"按钮⟐，弹出"定义凸台"对话框。

（2）在该对话框"第一限制"选项组的"类型"下拉列表中选择"尺寸"选项，在"长度"文本框中输入"32mm"，在"轮廓/曲面"选项组中选择步骤 2 绘制的"草图.1"为凸台拉伸的轮廓，勾选"镜像范围"复选框，使草图沿两侧拉伸，如图 8-157 所示。

（3）单击"确定"按钮，创建"凸台.1"，如图 8-158 所示。

图 8-157　"定义凸台"对话框（1）

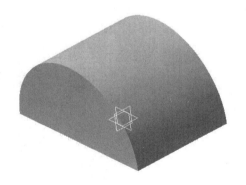

图 8-158　创建"凸台.1"

4. 抽壳

（1）单击"修饰特征"工具栏中的"抽壳"按钮⟐，弹出"定义盒体"对话框。

（2）选择图 8-159 中标识的面为要移除的面，设置抽壳厚度为"2mm"，其他选项采用默认设置，如图 8-159 所示。

（3）单击"确定"按钮，抽壳后的实体如图 8-160 所示。

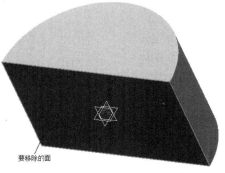

图 8-159　"定义盒体"对话框与面选择

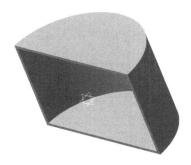

图 8-160　抽壳后的实体

5. 绘制"草图.2"

（1）单击"草图编辑器"工具栏中的"草图"按钮，在特征树中选择"xy 平面"为草图绘制平面，进入草图绘制平台。

（2）绘制如图 8-161 所示的"草图.2"。单击"工作台"工具栏中的"退出工作台"按钮，退出草图绘制平台。

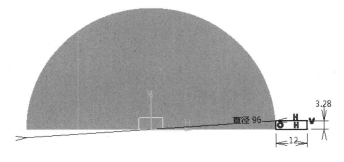

图 8-161　绘制"草图.2"

6. 创建"凸台.2"

（1）单击"基于草图的特征"工具栏中的"凸台"按钮，弹出"定义凸台"对话框。

（2）在该对话框"第一限制"选项组的"类型"下拉列表中选择"尺寸"选项，输入长度值"32mm"，在"轮廓/曲面"选项组中选择步骤 5 绘制的"草图.2"为凸台拉伸的轮廓，勾选"镜像范围"复选框，如图 8-162 所示。

（3）单击"确定"按钮，创建"凸台.2"，如图 8-163 所示。

图 8-162 "定义凸台"对话框（2）

图 8-163 创建"凸台.2"

7. 镜像"凸台.2"

（1）单击"变换特征"工具栏中的"镜像"按钮，弹出"定义镜像"对话框，如图 8-164 所示。

（2）选择"yz 平面"为镜像元素，选择"凸台.2"特征为要镜像的对象。

（3）单击"确定"按钮，完成"凸台.2"的镜像，如图 8-165 所示。

图 8-164 "定义镜像"对话框（1）

图 8-165 镜像"凸台.2"

8. 创建简单孔

（1）选择"凸台.2"的上表面为孔放置面，单击"基于草图的特征"工具栏中的"孔"按钮，弹出"定义孔"对话框。

（2）在该对话框的"扩展"选项卡中，选择孔的生成方式为"盲孔"，输入孔直径值"5mm"和深度值"7mm"，如图 8-166 所示。

（3）单击该对话框中的"定位草图"按钮，进入草图绘制平台，对孔的定位点进行尺寸约束，如图 8-167 所示。单击"工作台"工具栏中的"退出工作台"按钮，退出草图绘制平台。

（4）返回"定义孔"对话框，单击"确定"按钮，完成简单孔的创建，如图 8-168 所示。

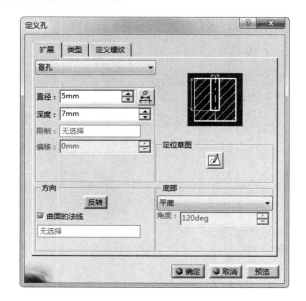

图 8-166　"定义孔"对话框

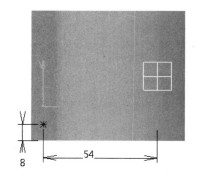

图 8-167　孔的定位点

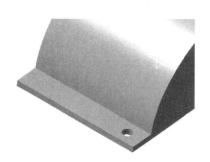

图 8-168　创建简单孔

9. 矩形阵列孔

（1）单击"变换特征"工具栏中的"矩形阵列"按钮，弹出"定义矩形阵列"对话框。

（2）在该对话框中选择"孔.1"特征为要阵列的对象，在"第一方向"选项卡的"参数"下拉列表中选择"实例和间距"选项，在"实例"文本框中输入"4"，在"间距"文本框中输入"16mm"，选择"凸台.2"的边线为参考元素。

（3）在"第二方向"选项卡的"参数"下拉列表中选择"实例和间距"选项，在"实例"文本框中输入"2"，在"间距"文本框中输入"108mm"，选择"凸台.1"的边线为参考元素，如图 8-169 所示。

（4）单击"确定"按钮，生成的矩形阵列孔如图 8-170 所示。

10. 绘制"草图.4"

（1）单击"草图编辑器"工具栏中的"草图"按钮，在视图中选择图 8-170 中标识的面 1 为草图绘制平面，进入草图绘制平台。

（2）绘制如图 8-171 所示的"草图.4"（注意，在创建孔时，会自动生成定位草图，所以此处为"草图.4")。单击"工作台"工具栏中的"退出工作台"按钮，退出草图绘制平台。

图 8-169　设置阵列参数

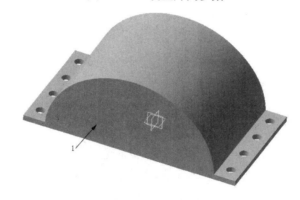

图 8-170　矩形阵列孔

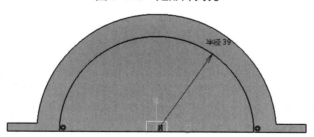

图 8-171　绘制"草图.4"

11. 创建"凹槽.1"

（1）单击"凹槽"工具栏中的"凹槽"按钮，弹出"定义凹槽"对话框。

（2）在该对话框"第一限制"选项组的"类型"下拉列表中选择"直到平面"选项，选择抽壳后的内表面为限制平面，在"轮廓/曲面"选项组中选择步骤10绘制的"草图.4"为凹槽轮廓，其他选项采用默认设置，如图8-172所示。

（3）单击"确定"按钮，完成"凹槽.1"的创建，如图8-173所示。

图 8-172 "定义凹槽"对话框（1）

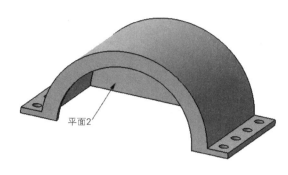

图 8-173 创建"凹槽.1"

12. 绘制"草图.5"

（1）单击"草图编辑器"工具栏中的"草图"按钮 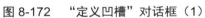，在视图中选择图 8-173 中标识的平面 2 为草图绘制平面，进入草图绘制平台。

（2）绘制如图 8-174 所示的"草图.5"。单击"工作台"工具栏中的"退出工作台"按钮，退出草图绘制平台。

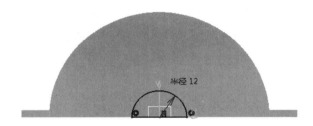

图 8-174 绘制"草图.5"

13. 创建"凹槽.2"

（1）单击"凹槽"工具栏中的"凹槽"按钮，弹出"定义凹槽"对话框。

（2）在该对话框"第一限制"选项组的"类型"下拉列表中选择"直到最后"选项，在"轮廓/曲面"选项组中选择步骤 12 绘制的"草图.5"作为凹槽轮廓，其他选项采用默认设置，如图 8-175 所示。

（3）单击"确定"按钮，完成"凹槽.2"的创建，如图 8-176 所示。

14. 绘制"草图.6"

（1）单击"草图编辑器"工具栏中的"草图"按钮，在特征树中选择"xy 平面"为草图绘制平面，进入草图绘制平台。

（2）单击"轮廓"工具栏中的"矩形"按钮，绘制如图 8-177 所示的"草图.6"。单击"工作台"工具栏中的"退出工作台"按钮，退出草图绘制平台。

图 8-175　"定义凹槽"对话框（2）

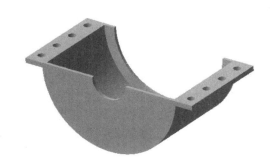

图 8-176　创建"凹槽.2"

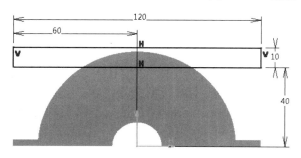

图 8-177　绘制"草图.6"

15. 创建"凸台.3"

（1）单击"基于草图的特征"工具栏中的"凸台"按钮 ，弹出"定义凸台"对话框。

（2）在该对话框"第一限制"选项组的"类型"下拉列表中选择"尺寸"选项，输入长度值"32mm"，在"轮廓/曲面"选项组中选择步骤 14 绘制的"草图.6"为凸台拉伸的轮廓，勾选"镜像范围"复选框，如图 8-178 所示。

（3）单击"确定"按钮，创建"凸台.3"，如图 8-179 所示。

图 8-178　"定义凸台"对话框（3）

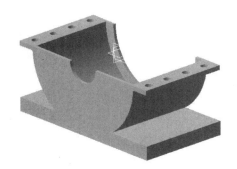

图 8-179　创建"凸台.3"

16. 创建平面

（1）单击"参考元素"工具栏中的"平面"按钮，弹出如图 8-180 所示的"平面定义"对话框。

图 8-180　"平面定义"对话框

（2）在"平面类型"下拉列表中选择"偏移平面"选项，单击"参考"选择框后在特征树中选择"xy 平面"为参考平面，在"偏移"文本框中输入"16mm"，单击"确定"按钮，完成平面的创建。

17. 绘制"草图.7"

（1）单击"草图编辑器"工具栏中的"草图"按钮，在特征树中选择步骤 16 创建的平面为草图绘制平面，进入草图绘制平台。

（2）单击"轮廓"工具栏中的"直线"按钮，绘制如图 8-181 所示的"草图.7"。单击"工作台"工具栏中的"退出工作台"按钮，退出草图绘制平台。

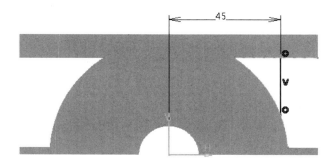

图 8-181　绘制"草图.7"

18. 创建加强肋

（1）单击"基于草图的特征"工具栏中的"加强肋"按钮，弹出"定义加强肋"对话框。

（2）在该对话框的"模式"选项组中选中"从侧面"单选按钮，在"厚度 1"文本框中输入"4mm"，单击"轮廓"选项组的"选择"选择框后选择步骤 17 绘制的"草图.7"为加强肋的轮廓，如图 8-182 所示。

（3）单击"确定"按钮，创建加强肋，如图 8-183 所示。

图 8-182 "定义加强肋"对话框

图 8-183 创建加强肋

19. 倒圆角（1）

（1）单击"修饰特征"工具栏中的"倒圆角"按钮 ，弹出"倒圆角定义"对话框。

（2）在该对话框中单击"半径"按钮 和"常量"按钮 ，在"半径"文本框中输入圆角半径值"0.8mm"，选择如图 8-184 所示的加强肋边线为要圆角化的对象。

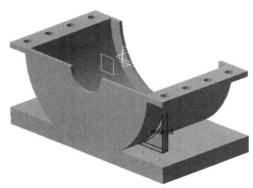

图 8-184 "倒圆角定义"对话框与边线选择（1）

（3）单击"确定"按钮，倒圆角后的实体如图 8-185 所示。

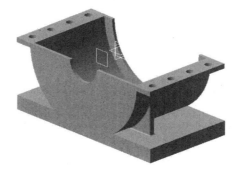

图 8-185 倒圆角后的实体（1）

20. 矩形阵列肋板

（1）单击"变换特征"工具栏中的"矩形阵列"按钮▦，弹出"定义矩形阵列"对话框。

（2）在该对话框中选择加强肋特征和倒圆角特征为要阵列的对象，在"参数"下拉列表中选择"实例和间距"选项，在"实例"文本框中输入"3"，在"间距"文本框中输入"16mm"，选择"凸台.3"的边线为参考元素，单击"反转"按钮，调整阵列方向，如图 8-186 所示，单击"确定"按钮，生成的矩形阵列肋板如图 8-187 所示。

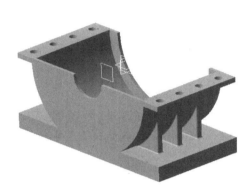

图 8-186　"定义矩形阵列"对话框　　　　　图 8-187　矩形阵列肋板

21. 镜像肋板

（1）单击"变换特征"工具栏中的"镜像"按钮，弹出"定义镜像"对话框，如图 8-189 所示。

（2）选择"yz 平面"为镜像元素，选择步骤 20 创建的阵列后的肋板为要镜像的对象。

（3）单击"确定"按钮，完成肋板的镜像，如图 8-189 所示。

图 8-188　"定义镜像"对话框（2）　　　　　图 8-189　镜像肋板

22. 倒圆角（2）

（1）单击"修饰特征"工具栏中的"倒圆角"按钮，弹出"倒圆角定义"对话框。

（2）在该对话框中单击"半径"按钮和"常量"按钮，在"半径"文本框中输入圆角半径值"5mm"，选择如图 8-190 所示的 8 条边线为要圆角化的对象。单击"确定"按钮，完成倒圆角操作。

（3）重复执行"倒圆角"命令，选择如图 8-191 所示的边线进行倒圆角处理，设置圆角半径为 1mm，倒圆角后的实体如图 8-192 所示。

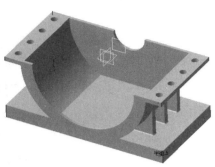

图 8-190　"倒圆角定义"对话框与边线选择（2）

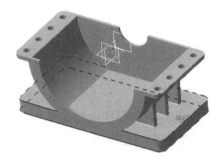
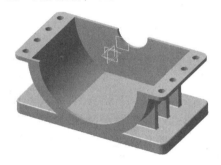

图 8-191　选择边线　　　　　　　图 8-192　倒圆角后的实体（2）

23. 保存文件

选择菜单栏中的"文件"→"保存"命令，弹出"另存为"对话框，采用默认设置，单击"保存"按钮，保存文件。

8.7.2　打印模型

根据 7.1.2 节相应的步骤 1～3 进行操作后，为了获得较好的打印质量，可以将模型旋转放置。单击图形编辑工具栏中的"旋转"按钮，弹出"旋转"对话框，将 x 轴所对应的数值修改为 270°，单击"应用"按钮，即可实现模型绕 x 轴旋转 270°，旋转后的模型如图 8-193 所示。

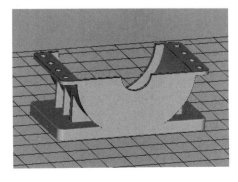

图 8-193　旋转后的模型

剩余步骤参考 7.1.2 节相应的步骤 4～8 进行操作，即可完成打印。

8.7.3　处理模型

1. 取出模型

打印完成后，将工作台调整至液态树脂平面之上，使用平铲等工具将模型底部与平台底部撬开，以便取出模型。取出后的底座模型如图 8-194 所示。

2. 清洗模型

打印完成后，需要使用酒精等溶剂对模型的表面进行清洗，以防止影响模型表面质量。将适量酒精倒入盆内，使用毛刷将底座模型表面残留的液态树脂清洗干净。

3. 去除支撑

取出后的底座模型存在一些打印过程中生成的支撑，可以使用尖嘴钳、刀片、钢丝钳、镊子等工具将底座模型的支撑去除。

4. 打磨模型

根据去除支撑后的模型粗糙程度，可先用锉刀、粗砂纸等工具对支撑与模型接触的部位进行粗磨，然后用较细粒度的砂纸对模型进一步打磨，处理后的底座模型如图 8-195 所示。

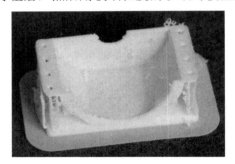
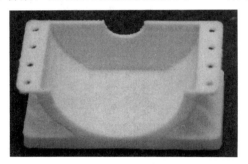

图 8-194　取出后的底座模型　　　　图 8-195　处理后的底座模型